高等院校机械类应用型本科"十二五"创新规划系列教材

顾问●张 策 张福润 赵敖生

互换性与技术测量（第二版）

主 编 楼应侯 卢桂萍 蒋亚南
副主编 李 平 江 琴 刘秀杰

U0278602

HUHUANXING YU JISHU CELIANG

华中科技大学出版社
http://press.hust.edu.cn
中国·武汉

内 容 简 介

本书针对应用型本科院校"互换性与技术测量"课程应用性强、学时少的特点，突出实用、适用、够用和创新的"三用一新"的编写原则。书中采用了现行最新国家标准，在介绍相关国家标准的基础上，重点讲解对标准的理解和具体的工程应用。

本书包括精度设计及检测两个方面，共分 9 章，内容包括绪论、孔与轴的尺寸极限与配合、测量技术基础、几何公差及检测、表面粗糙度及其检测、光滑极限量规、尺寸链基础、零件典型表面的公差配合与检测、渐开线圆柱齿轮精度及检测。

本书可作为应用型本科院校机械类或近机类各专业的教学用书，也可供企业工程技术人员参考。

图书在版编目（CIP）数据

互换性与技术测量/楼应侯，卢桂萍，蒋亚南主编.—2 版.—武汉：华中科技大学出版社，2016.9(2024.8 重印)
高等院校机械类应用型本科"十二五"创新规划系列教材
ISBN 978-7-5680-2163-0

Ⅰ.①互…　Ⅱ.①楼…　②卢…　③蒋…　Ⅲ.①零部件-互换性-高等学校-教材　②零部件-技术测量-高等学校-教材　Ⅳ.①TG801

中国版本图书馆 CIP 数据核字（2016）第 202988 号

互换性与技术测量（第二版）　　　　　　　　　楼应侯　卢桂萍　蒋亚南　主编
Huhuanxing yu Jishu Celiang(Di-er Ban)

策划编辑：俞道凯
责任编辑：刘　飞
封面设计：陈　静
责任校对：张　琳
责任监印：朱　玢
出版发行：华中科技大学出版社（中国·武汉）　　电话：(027)81321913
　　　　　武汉市东湖新技术开发区华工科技园　　邮编：430223
录　　排：武汉市洪山区佳年华文印部
印　　刷：武汉市籍缘印刷厂
开　　本：787mm×1092mm　1/16
印　　张：15
字　　数：359 千字
版　　次：2024 年 8 月第 2 版第 8 次印刷
定　　价：45.80 元

高等院校机械类应用型本科"十二五"创新规划系列教材

编审委员会

高等院校机械类应用型本科"十二五"创新规划系列教材

总　　序

　　《国家中长期教育改革和发展规划纲要》(2010—2020)颁布以来,胡锦涛总书记指出:教育是民族振兴、社会进步的基石,是提高国民素质、促进人的全面发展的根本途径。温家宝总理在 2010 年全国教育工作会议上的讲话中指出:民办教育是我国教育的重要组成部分。发展民办教育,是满足人民群众多样化教育需求、增强教育发展活力的必然要求。目前,我国高等教育发展正进入一个以注重质量、优化结构、深化改革为特征的新时期,从 1998 年到 2010 年,我国民办高校从 21 所发展到了 676 所,在校生从 1.2 万人增长为 477 万人。独立学院和民办本科学校在拓展高等教育资源,扩大高校办学规模,尤其是在培养应用型人才等方面发挥了积极作用。

　　当前我国机械行业发展迅猛,急需大量的机械类应用型人才。全国应用型高校中设有机械专业的学校众多,但这些学校使用的教材中,既符合当前改革形势又适用于目前教学形式的优秀教材却很少。针对这种现状,急需推出一系列切合当前教育改革需要的高质量优秀专业教材,以推动应用型本科教育办学体制和运行机制的改革,提高教育的整体水平,加快改进应用型本科的办学模式、课程体系和教学方式,形成具有多元化特色的教育体系。现阶段,组织应用型本科教材的编写是独立学院和民办普通本科院校内涵提升的需要,是独立学院和民办普通本科院校教学建设的需要,也是市场的需要。

　　为了贯彻落实教育规划纲要,满足各高校的高素质应用型人才培养要求,2011 年 7 月,华中科技大学出版社在教育部高等学校机械学科教学指导委员会的指导下,召开了高等院校机械类应用型本科"十二五"创新规划系列教材编写会议。本套教材以"符合人才培养需求,体现教育改革成果,确保教材质量,形式新颖创新"为指导思想,内容上体现思想性、科学性、先进性和实用性,把握行业岗位要求,突出应用型本科院校教育特色。在独立学院、民办普通本科院校教育改革逐步推进的大背景下,本套教材特色鲜明,教材编写参与面广泛,具有代表性,适合独立学院、民办普通本科院校等机械类专业教学的需要。

　　本套教材邀请有省级以上精品课程建设经验的教学团队引领教材的建设,邀请本专业领域内德高望重的教授张策、张福润、赵敖生等担任学术顾问,邀请国家级教学名师、教育部机械基础学科教学指导委员会副主任委员、华中科技大学机械学院博士生导师吴昌林教授担任总主编,并成立编审委员会对教材质量进行把关。

　　我们希望本套教材的出版,能有助于培养适应社会发展需要的、素质全面的新型机械工程建设人才,我们也相信本套教材能达到这个目标,从形式到内容都成为精品,真正成为高等院校机械类应用型本科教材中的全国性品牌。

高等院校机械类应用型本科"十二五"创新规划系列教材

编审委员会

2012-5-1

第二版前言

"互换性与技术测量"是工科院校机械类专业的一门重要的技术基础课程,包括精度设计及检测两个方面。该课程以相关国家标准为基础,旨在帮助学生正确理解国家标准,并根据具体情况,合理开展精度设计,满足产品的使用性能要求,降低生产成本。"互换性与技术测量"与机械设计、机械制造、质量控制等具有密切的联系,是机械工程技术人员和管理人员必备的基本知识和技能。

本书是高等院校机械类应用型本科"十二五"创新规划系列教材。本书针对应用型本科应用性强、学时少的特点,突出实用、适用、够用和创新的"三用一新"原则。书中采用现行最新国家标准,在每章开头对主要内容及相关国家标准进行介绍,重点讲解基本概念和标准的应用,减少理论推导,增加应用实例,与生产实际结合密切;误差检测在标准介绍之后,侧重于原理及具体应用,测量仪器不便于课堂讲授,可放在实验指导书中介绍。书中引用借鉴了大量的参考资料,在此向其作者及出版单位表示衷心感谢。

本次修订工作如下:调整了第3章与第6章内容;对第8章的标准做了更新,并加以完善;修改、增加了习题,如第2章、第5章等。

本书按36~45学时编写,共分9章,内容包括绪论、孔与轴的尺寸极限与配合、测量技术基础、几何公差及检测、表面粗糙度及其检测、光滑极限量规、尺寸链基础、零件典型表面的公差配合与检测、渐开线圆柱齿轮精度及检测。参加本书编写的有浙江大学宁波理工学院楼应侯(第1章、第4章4.4节和4.5节、第6章、第7章及附录)、南京理工大学紫金学院江琴(第2章)、武昌首义学院李平(第3章)、北京理工大学珠海学院卢桂萍(第4章4.1~4.3节)、山东科技大学泰山科技学院刘秀杰(第5章)、宁波大学科学与技术学院蒋亚南(第8章、第9章)。本书终稿由楼应侯按教材编写思路进行统稿和修改。感谢东南大学成贤学院易茜和浙江大学城市学院孙树礼两位老师对本书的支持。

由于作者水平有限,书中难免存在缺点和错误,恳请读者批评指正(E-mail:louyh@nit.zju.edu.cn)。

编 者
2016 年 6 月

目　　录

第1章 绪 论

互换性是现代化大批量生产的基础,标准是规范生产与生活的准则,互换性与标准化涉及产品的设计、制造及质量控制、组织管理、维修服务等许多领域。本课程主要讲述"产品几何量技术规范与认证"(简称 GPS)方面的标准,为产品设计与制造提供重要的依据。本章内容涉及的标准主要有:GB/T 321—2005《优先数和优先数系》,GB/Z 20308—2006《产品几何技术规范(GPS)总体规划》。

1.1 互换性概述

在现代生产和生活中,互换现象随处可见。例如,水笔芯用完了,换一根即可再用;自行车某个零件坏了,很容易另配一个;工厂生产的一批零件,可以相互替换,装配时用哪一个都可以。由此可以看出,这些零件的共同之处在于:只要是相同规格,就能相互替换,满足相同的使用要求。这种零部件所具有的不经任何挑选或修配便能在同规格范围内互相替换的特性称为互换性。

机械制造中的零件互换应满足几何参数及力学性能两个方面的要求,本课程仅讨论几何参数方面的互换。几何参数主要包括尺寸、形状(宏观、微观)及位置等。理想的互换零件的几何参数完全相同,但实际上是不可能也没必要,而是允许在规定的范围内变动。

允许零件几何参数的变动量称为公差,实际零件的某一几何参数值与理想值之差称为加工误差。

零件互换的实现就是控制加工误差在设计规定的公差范围内。设计人员需要合理设计零件公差,综合权衡零件性能与加工成本之间的关系,以获取最佳技术经济效益。

互换性按其互换程度分为完全互换和不完全互换。完全互换是指零部件不需任何挑选、调整或修配等辅助处理,便可顺利装配,并在功能上满足使用性能要求。不完全互换可分为分组互换、调整互换及修配互换等。分组互换是指零件加工后,按尺寸大小分成若干组,对应组零件进行装配,组内零件可互换;调整互换采用调整零件安装位置或采用合适尺寸的零件实现装配要求;修配互换采用修磨的方法改变零件尺寸满足装配要求。完全互换对于自动装配、生产协作、维修优势明显,应当优先选用,不完全互换的优点在于适当地放宽了制造公差,降低了零件制造成本,适合在特定场合使用。

零部件互换性的实现对于机械产品的设计、制造、维护具有重要意义。零部件的互换奠定了"三化"(标准化、系列化、通用化)基础,可以大大简化设计工作,缩短设计周期,便于开展计算机辅助设计;互换性有利于组织专业化生产,采用先进高效的生产设备,提高产品质量,降低制造成本;零件互换极大地提高了设备维护的方便性,减少了维修时间及费用,提高了设备的使用率。

1.2　公差与配合标准及其发展

早期的机械制造业没有互换性的概念,相配的零件基本采用一一对应的"配作"。例如,车轮与车轴,需要通过一一对应不断的修配,才能获得合适的间隙。近代的互换性始于18世纪后半期,英、法等国首先将互换性用于兵器生产。

最早的公差制度出现在1902年的伦敦。生产批量的增加及配件供应的需要,促使企业内部具备统一的公差与配合标准,以生产剪羊毛机为主的英国纽瓦(Newell)公司制定了尺寸公差的"极限表"。1906年,英国颁布公差国家标准B. S. 27。其他国家也陆续颁布相关标准。

为便于国际交流,1926年成立了国际标准化协会(ISA),并于1940年正式颁布国际公差与配合标准。1947年2月,国际标准化协会重建并改名为国际标准化组织(ISO),1962年起修订公布了一系列标准,构成现行的国际标准。

新中国成立后,我国在前苏联标准的基础上,于1955年由原第一机械工业部制定、颁布了第一个公差与配合标准。为适应改革开放需要,从1979年起,标准化工作逐步与国际标准接轨。为便于国际贸易与合作,我国于1999年8月成立"全国产品尺寸和几何技术规范标准化技术委员会"(SAC/TC 240),和国际标准化组织ISO/TC 213工作对口,开展"产品几何技术规范与认证(geometrical product specifications and verification)",简称GPS认证,不断修订国家标准。

1.3　标准与标准化

标准是指对需要协调统一的重复性事物和概念所作的统一规定。它以科学、技术和实践经验的综合成果为基础,经有关方面协商一致,由主管机构批准,以特定形式发布,作为共同遵守的准则和依据。

标准化是指在经济、技术、科学及管理等社会实践中,对重复性事物和概念通过制订、发布和实施标准,达到统一,以获得最佳秩序和社会效益的全部活动过程。标准化包括制订标准和贯彻标准的全部活动过程。

标准按性质分为技术标准和管理标准两大类,按对象特征,技术标准分为基础标准、产品标准、方法标准、卫生标准和安全及环境保护标准等,管理标准分为生产组织标准、经济管理标准及服务标准。

我国现有标准按使用范围分四级:国家标准、行业标准、地方标准及企业标准。国家标准(GB)由国务院标准化管理委员会编制计划和组织草拟,并统一审批、编号和发布。国家标准在全国范围内适用,其他各级标准不得与国家标准相抵触,国家标准是四级标准体系的主体。行业标准是指对没有相应的国家标准而又需要在全国某个行业范围内统一的技术要求所制定的标准。如机械行业标准代号为JB。行业标准是国家标准的补充,是特定行业内的统一标准,在相应国家标准实施后,应自行废止。地方标准是指省、直辖市和自治区制定并发布的标准。企业标准是指企业自行制定的标准。企业可以根据自身情况,制定高于国家标准的标准,即"内控标准"。企业标准的修订可以为国家标准的修订提高奠定基础。不同标准在实施过程中的强制程度存在差异,如国家标准分强制性标准 GB、指导性标准 GB/Z 及推荐性标准 GB/T 等。

国际标准由国际标准化组织或其他机构组织制定,并公开发布。主要有 ISO 及 IEC(国际电工委员会)发布的标准。其他常见区域和国家标准有欧共体标准 EN、美国国家标准学会标准 ANSI、德国工业标准 DIN、英国国家标准 B.S、日本工业标准 JIS。

1.4 优先数与优先数系

为了满足不同用户的要求,产品的性能参数(如功率、转速等)和规格参数(如加工直径、容积等)均需要系列化。由于产品的参数不是孤立的,一旦确定,会按一定的规律扩散传播。例如,螺栓的尺寸确定后,会影响螺母的尺寸、丝锥和板牙的尺寸、螺栓孔的尺寸、加工螺栓孔的钻头尺寸及扳手尺寸等。由此可见,产品技术参数不能随意确定,不然会导致产品规格繁杂,给生产组织、协调配套及使用维护带来极大困难。

为使产品的参数能够合理分档、分级,必须推行科学、统一的数值标准,即优先数和优先数系。这是一种科学的数值制度,适用于各种数值的分级,是国际上统一的数值分级制度。我国目前的国家标准为 GB/T 321—2005。本课程中的许多标准,如尺寸分段、公差分级及表面粗糙度等参数系列,都选用优先数系。

优先数系由一些十进制数等比数列构成,代号为 Rr(R 是优先数创始人 Renard 的首字母,r 取 5,10,20,40,80 等),公比 $q_r = \sqrt[r]{10}$,其含义是在每个十进制数的区间(如 1.0~10,10~100)各有 r 个优先数。R5,R10,R20,R40 为基本系列,优先选用 R5,其次为 R10,R80 为补充系列,仅用于分级很细的特殊场合。各系列公比为

$$\text{R5 系列} \qquad q_5 = \sqrt[5]{10} \approx 1.5849 \approx 1.6$$

$$\text{R10 系列} \qquad q_{10} = \sqrt[10]{10} \approx 1.2589 \approx 1.25$$

$$\text{R20 系列} \qquad q_{20} = \sqrt[20]{10} \approx 1.1220 \approx 1.12$$

$$\text{R40 系列} \qquad q_{40} = \sqrt[40]{10} \approx 1.0593 \approx 1.06$$

$$\text{R80 系列} \qquad q_{80} = \sqrt[80]{10} \approx 1.0292 \approx 1.03$$

按上述公比计算得到的优先数的理论值,除了 10 的整数幂外,都是无理数,工程上无法应用。实际应用的都是经过圆整后的近似值(见表 1-1)。

国家标准允许从基本系列和补充系列 Rr 中,每 p 项取值导出派生系列,表示为 Rr/p。如派生系列 R10/3 的公比为 $q_{3/10} = 10^{3/10} \approx 2$,可导出三种不同项值的数列

$$1.00, 2.00, 4.00, 8.00$$

$$1.25, 2.50, 5.00, 10.0$$

$$1.60, 3.15, 6.30, 12.5$$

根据生产的情况,有时需要在某些数值区段分得密一些,其他区段疏一些,这时可以采

用复合系列,即由若干个等公比的系列混合构成的多公比系列。如 10,16,25,50,100 是由 R5 与 R10/3 两个系列构成的复合系列。

表 1-1　优先数基本系列(摘自 GB/T 321—2005)

R5	R10	R20	R40	R5	R10	R20	R40	R5	R10	R20	R40
1.00	1.00	1.00	1.00			2.24	2.24		5.00	5.00	5.00
			1.06				2.36				5.30
		1.12	1.12	2.50	2.50	2.50	2.50			5.60	5.60
			1.18				2.65				6.00
	1.25	1.25	1.25			2.80	2.80	6.30	6.30	6.30	6.30
			1.32				3.00				6.70
		1.40	1.40		3.15	3.15	3.15			7.10	7.10
			1.50				3.35				7.50
1.60	1.60	1.60	1.60			3.55	3.55		8.00	8.00	8.00
			1.70				3.75				8.50
		1.80	1.80	4.00	4.00	4.00	4.00			9.00	9.00
			1.90				4.25				9.50
	2.00	2.00	2.00			4.50	4.50	10.00	10.00	10.00	10.00
			2.12				4.75				

1.5　课程特点与要求

本课程是机械类专业十分重要的专业基础课程,是机械设计及制造类课程必备的先修课程。本课程的内容是在机械设计后,产品及零件结构确定的基础上,完成精度设计,包括产品装配图中的零件配合精度及装配精度的确定,以及零件图中尺寸精度、形状精度、位置精度和表面粗糙度的确定,如图 1-1 所示。此项工作直接影响产品的使用性能及零件加工的成本。因此,本课程是一门综合性、实践性、应用性很强的课程,学习过程中应始终保持工程应用意识。

本课程的学习也是了解和贯彻相关国家标准的过程。课程涉及的标准很多,必然带来众多的术语、定义、符号、代号、规定、图形、表格等,导致内容多而逻辑性和推理性少。因此初学时往往感到内容枯燥、繁杂,不会应用等情况,需要在学习过程中注重基本概念的理解和具体应用。

本课程要求能够理解和正确标注产品装配图和零件图中相关的配合、尺寸公差、几何公差及表面粗糙度,初步掌握产品及零件进行精度设计的能力,熟悉常见的几何量测量检验方法。具体表现如下:

(1)建立标准化、互换性及测量技术的基本概念;

(2)熟悉公差与配合的相关标准,清楚各基本术语的定义,能够合理选择或设计配合,正确绘制孔、轴公差带图及配合公差带图;

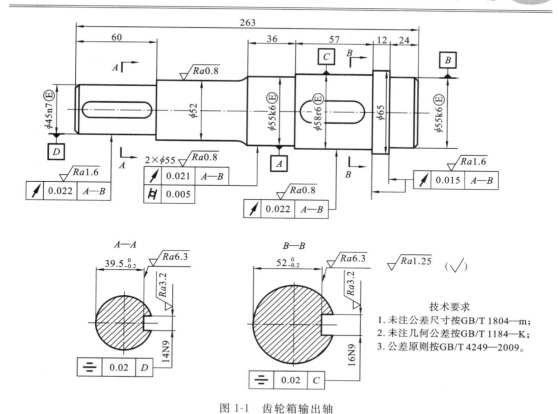

图 1-1 齿轮箱输出轴

（3）熟悉几何公差各项目内容及其定义，具备初步的设计能力，熟悉公差原则及其应用；

（4）在产品装配图及零件工作图中正确标注相关的配合、尺寸公差、几何公差及粗糙度；

（5）熟悉常见的测量仪器，掌握常见的几何量测量方法；

（6）了解量规的特点与应用，能够设计光滑极限量规；

（7）了解零件典型表面的公差配合与检测。

习　　题

1-1　举例说明互换性在工业生产中的意义。

1-2　试述工业产品及零件互换的实现方式。

1-3　什么是优先数系？举例说明优先数系的现实应用。

1-4　写出下列优先数基本系列和派生系列中 10 以后的 5 个优先数的常用值：R5，R5/2，R10，R10/3，R20，R20/5。

1-5　摇臂钻床的主参数（最大钻孔直径，单位为 mm）：25，40，63，80，100，125 等，属于哪种优先数系列，公比为多少？

第2章　孔、轴的尺寸极限与配合

公差与配合是一项应用广泛而重要的标准,也是最基础、最典型的标准。在机械制造业中,"公差"用于协调机器零件的使用要求与制造经济性之间的矛盾,"配合"反映机器零件之间有关功能要求的相互关系。合理地选用公差与配合,有利于机器的设计、制造、使用和维修,直接影响产品的使用性能和寿命,是评定产品质量的重要技术指标。本章讲述公差与配合的有关国家标准及其合理选用。相关的国家标准主要有 GB/T 1800.1—2009《产品几何技术规范(GPS) 极限与配合 第1部分:公差、偏差和配合的基础》、GB/T 18780.1—2002《产品几何量技术规范(GPS) 几何要素 第1部分:基本术语和定义》、GB/T 1800.2—2009《产品几何技术规范(GPS) 极限与配合 第2部分:标准公差等级和孔、轴极限偏差表》、GB/T 1801—2009《产品几何技术规范(GPS) 极限与配合 公差带和配合的选择》、GB/T 1804—2000《一般公差 未注公差的线性和角度尺寸的公差》。

2.1　基本术语及定义

2.1.1　孔、轴与尺寸

1. 孔和轴(hole and shaft)

孔通常是指工件的圆柱形内尺寸要素,也包括非圆柱形的内尺寸要素(由两平行平面或切面形成的包容面)。

轴通常是指工件的圆柱形外尺寸要素,也包括非圆柱形的外尺寸要素(由两平行平面或切面形成的被包容面)。

根据定义可以看出,孔、轴的概念是广义的,不只是一般概念中的圆柱形的,如图 2-1 所示。它可以从以下几个方面理解。

(1) 孔和轴一定是尺寸要素,图 2-1(a)中的 d_1、d_2、d_3 和图 2-1(b)中的 d_4 表示轴的尺

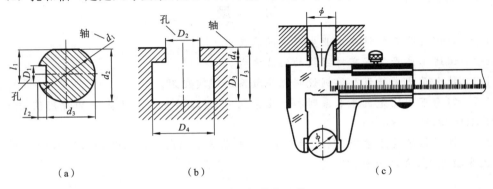

(a)　　　　　　　　(b)　　　　　　　　(c)

图 2-1　孔与轴的区分

寸,图 2-1(a)中的键槽宽度 D_1 和图 2-1(b)中的 D_2、D_3、D_4 表示孔的尺寸;而图 2-1(a)和(b)中的尺寸 l_1、l_2、l_3 不属于孔或轴的尺寸。

(2)从装配关系看,孔是包容面,轴是被包容面。

(3)从切削加工的角度看,随着材料的去除,孔的尺寸是越加工越大,轴的尺寸是越加工越小。

(4)从测量方法看,测量孔用内卡脚,测量轴用外卡脚,如图 2-1(c)所示。

2. 尺寸(size)

尺寸是以特定单位表示线性尺寸值的数值,也称线性尺寸或称长度尺寸。如直径、长度、宽度、高度、深度等都是尺寸。

3. 公称尺寸(nominal size)

公称尺寸是由图样规范确定的理想形状要素的尺寸。公称尺寸是在设计零件时,由设计者根据使用要求,通过运动分析、结构设计、刚度计算和强度计算后给定的尺寸。公称尺寸可以是一个整数或一个小数值。孔的公称尺寸用 D 表示,轴的公称尺寸用 d 表示。

4. 实际尺寸(actual size)

实际尺寸是通过测量获得的某一孔、轴的尺寸。由于加工误差的存在,按同一图样加工的零件,实际尺寸往往存在差异,即使同一零件的不同位置、不同方向的实际尺寸(局部实际尺寸)也往往不一样(见图 2-2)。因此实际尺寸是实际零件上某一位置测得的值。孔、轴的实际尺寸分别用 D_a 和 d_a 表示。

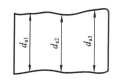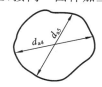

图 2-2　圆柱销实际尺寸

5. 极限尺寸(limits of size)

极限尺寸是一个孔或轴的尺寸允许的两个极端。其中,孔、轴允许的最大尺寸称为最大极限尺寸,允许的最小尺寸称为最小极限尺寸。孔的最大、最小极限尺寸分别用 D_{max}、D_{min} 表示,轴的最大、最小极限尺寸分别用 d_{max}、d_{min} 表示。

加工后的实际尺寸应处于最大与最小极限尺寸之间,即满足 $D_{max} \geqslant D_a \geqslant D_{min}$,$d_{max} \geqslant d_a \geqslant d_{min}$。

2.1.2　偏差、公差与公差带

1. 零线(zero line)

在极限与配合图解中,表示公称尺寸的一条直线,以其为基准确定偏差和公差。通常,零线沿水平方向绘制,正偏差位于其上,负偏差位于其下。

2. 偏差(deviation)

偏差是指某一尺寸减其公称尺寸所得的代数差。

1)实际偏差(actual deviation)

实际尺寸减其公称尺寸所得的代数差称为实际偏差。孔的实际偏差用字母 E_a 表示,轴的实际偏差用字母 e_a 表示。实际偏差是零件上实际存在的偏差,能测出其大小。对一批零件而言,它是一个随机变量。

2)极限偏差(limit deviation)

极限偏差是指上极限偏差和下极限偏差。轴的上、下极限偏差代号用小写字母 es、ei 表示;孔的上、下极限偏差代号用大写字母 ES、EI 表示。上极限尺寸减其公称尺寸所得的代数差称为上极限偏差,下极限尺寸减其公称尺寸所得的代数差称为下极限偏差。上、下极限偏差与极限尺寸、公称尺寸之间的关系可表示为

$$\text{上极限偏差(ES、es)} \quad ES=D_{max}-D, \quad es=d_{max}-d \qquad (2\text{-}1)$$

$$\text{下极限偏差(EI、ei)} \quad EI=D_{min}-D, \quad ei=d_{min}-d \qquad (2\text{-}2)$$

3)基本偏差(fundamental deviation)

基本偏差是指在极限与配合制标准中,确定公差带相对零线位置的那个极限偏差。它可以是上极限偏差或下极限偏差,一般为靠近零线的那个偏差,如图 2-3 所示,孔的基本偏差为下极限偏差,轴的基本偏差为上极限偏差。

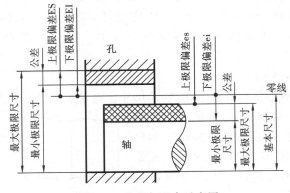

图 2-3 公差与配合示意图

4)偏差的标注

几何尺寸可能大于、小于或等于其公称尺寸。因此,偏差的数值可能是正值、负值或零。故在偏差值的前面(除偏差值为零外),应标上相应的"+"号或"-"号。上偏差标在公称尺寸右上角;下偏差标在公称尺寸右下角。如 $\phi25^{+0.020}_{-0.033}$ 表示公称尺寸为 $\phi25$ mm,上偏差为 $+0.020$ mm,下偏差为 -0.033 mm。

3. 公差与公差带

1)尺寸公差(size tolerance)

尺寸公差(简称公差)是上极限尺寸减下极限尺寸之差,或上极限偏差减下极限偏差之差。它是允许尺寸的变动量,如图 2-3 所示。尺寸公差是一个没有符号的绝对值。孔的尺寸公差用 T_D 表示,轴的尺寸公差用 T_d 表示。公差、极限尺寸和极限偏差的关系为

$$T_D=D_{max}-D_{min}=ES-EI \qquad (2\text{-}3)$$

$$T_d=d_{max}-d_{min}=es-ei \qquad (2\text{-}4)$$

2)公差带、公差带图(tolerance zone)

由于公差、偏差的数值与公称尺寸和极限尺寸的数值相比,差别很大,不便用同一比例表示,故采用公差带图(见图 2-4)表示。在公差带图中,公差带是由代表上极限偏差和下极限偏差或上极限尺寸和下极限尺寸的两条直线所限定的一个区域。公差值的大小确定了公差带的宽度,基本偏差确定了公差带的位置。零线表示零件的公称尺寸,以零线为基准确定偏差。

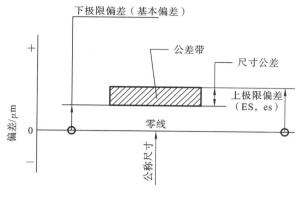

图 2-4　公差带图

2.1.3　间隙、过盈与配合

1. 配合（fit）

配合是指公称尺寸相同、相互结合的孔和轴公差带之间的关系。配合决定结合零件间的松紧程度,如图 2-3 所示。

2. 间隙或过盈

孔的尺寸减去相配合的轴的尺寸之差为正时称为间隙(用 X 表示);孔的尺寸减去相配合的轴的尺寸之差为负时称为过盈(用 Y 表示)。

3. 配合类型

根据相互结合的孔、轴公差带不同的相对位置关系,可形成间隙配合、过盈配合、过渡配合三类。

1）间隙配合（clearance fit）

具有间隙(包括最小间隙等于零)的配合称为间隙配合。此时,孔的公差带在轴的公差带之上,如图 2-5 所示。其特征值是最大间隙 $X_{\max}$ 和最小间隙 $X_{\min}$。

最大间隙（为正）
$$X_{\max}=D_{\max}-d_{\min}=ES-ei \tag{2-5}$$

最小间隙（为正或零）
$$X_{\min}=D_{\min}-d_{\max}=EI-es \tag{2-6}$$

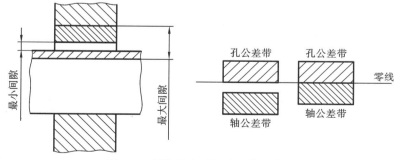

图 2-5　间隙配合及间隙配合示意图

2）过盈配合（interference fit）

具有过盈(包括最小过盈等于零)的配合称为过盈配合。此时,孔的公差带在轴的公差带之下,如图 2-6 所示。

最小过盈(为负或零)　　　　　$Y_{min}=D_{max}-d_{min}=ES-ei$　　　　　(2-7)

最大过盈(为负)　　　　　　　$Y_{max}=D_{min}-d_{max}=EI-es$　　　　　(2-8)

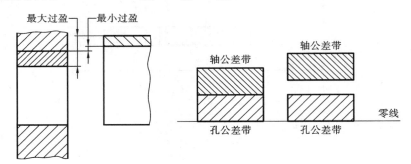

图 2-6　过盈配合及过盈配合示意图

3)过渡配合(transition fit)

可能具有间隙或过盈的配合。此时,孔的公差带与轴的公差带相互交叠,如图 2-7 所示。

最大间隙(为正)　　　　　　　$X_{max}=D_{max}-d_{min}=ES-ei$　　　　　(2-9)

最大过盈(为负)　　　　　　　$Y_{max}=D_{min}-d_{max}=EI-es$　　　　　(2-10)

标准中规定在各种配合中的最大(小)间隙称为极限间隙,最大(小)过盈称为极限过盈。极限间隙和极限过盈分别反映了孔轴结合中允许间隙或过盈的变动界限值。

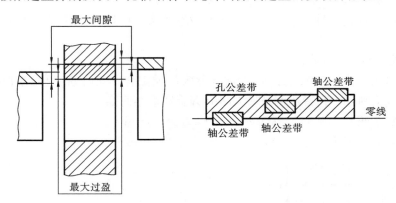

图 2-7　过渡配合及过渡配合示意图

4. 配合公差(variation of fit)

配合公差指组成配合的孔与轴的公差之和,它是允许间隙或过盈的变动量。用 T_f 表示配合公差,则配合公差可表示为

$$T_f=T_D+T_d \qquad (2-11)$$

式(2-11)表明:配合精度(公差)取决于相互配合的孔和轴的尺寸精度(公差)。在设计时,可根据配合公差来确定孔和轴的尺寸公差。

【例 2-1】　计算孔 $\phi50^{+0.025}_{0}$ mm 分别与轴(1)$\phi50^{-0.025}_{-0.041}$ mm、轴(2)$\phi50^{+0.059}_{+0.043}$ mm 和轴

（3）$\phi 50^{+0.018}_{+0.002}$ mm 配合的极限间隙或极限过盈、配合公差并画出公差带图，说明配合类别。

解　（1）最大间隙　$X_{\max}=\mathrm{ES}-\mathrm{ei}=[+0.025-(-0.041)]$ mm $=+0.066$ mm

最小间隙　$X_{\min}=\mathrm{EI}-\mathrm{es}=[0-(-0.025)]$ mm $=+0.025$ mm　（间隙配合）

配合公差　$T_{\mathrm{f}}=|X_{\max}-X_{\min}|=|+0.066-(+0.025)|$ mm $=0.041$ mm

或孔公差　$T_{\mathrm{D}}=\mathrm{ES}-\mathrm{EI}=0.025$ mm

轴公差　$T_{\mathrm{d}}=\mathrm{es}-\mathrm{ei}=[-0.025-(-0.041)]$ mm $=0.016$ mm

配合公差　$T_{\mathrm{f}}=T_{\mathrm{D}}+T_{\mathrm{d}}=(0.025+0.016)$ mm $=0.041$ mm

（2）最大过盈　$Y_{\max}=\mathrm{EI}-\mathrm{es}=[0-(+0.059)]$ mm $=-0.059$ mm

最小过盈　$Y_{\min}=\mathrm{ES}-\mathrm{ei}=[+0.025-(+0.043)]$ mm $=-0.018$ mm　（过盈配合）

配合公差　$T_{\mathrm{f}}=|Y_{\min}-Y_{\max}|=|-0.018-(-0.059)|$ mm $=0.041$ mm

或孔公差　$T_{\mathrm{D}}=\mathrm{ES}-\mathrm{EI}=0.025$ mm

轴公差　$T_{\mathrm{d}}=\mathrm{es}-\mathrm{ei}=(+0.059-0.041)$ mm $=0.016$ mm

配合公差　$T_{\mathrm{f}}=T_{\mathrm{D}}+T_{\mathrm{d}}=(0.025+0.016)$ mm $=0.041$ mm

（3）最大间隙　$X_{\max}=\mathrm{ES}-\mathrm{ei}=[+0.025-(+0.002)]$ mm $=+0.023$ mm

最大过盈　$Y_{\max}=\mathrm{EI}-\mathrm{es}=[0-(+0.018)]$ mm $=-0.018$ mm　（过渡配合）

配合公差　$T_{\mathrm{f}}=|X_{\max}-Y_{\max}|=|+0.023-(-0.018)|$ mm $=0.041$ mm

或孔公差　$T_{\mathrm{D}}=\mathrm{ES}-\mathrm{EI}=0.025$ mm

轴公差　$T_{\mathrm{d}}=\mathrm{es}-\mathrm{ei}=(+0.018-0.002)$ mm $=0.016$ mm

配合公差　$T_{\mathrm{f}}=T_{\mathrm{D}}+T_{\mathrm{d}}=(0.025+0.016)$ mm $=0.041$ mm

各配合的公差带图如图 2-8 所示。

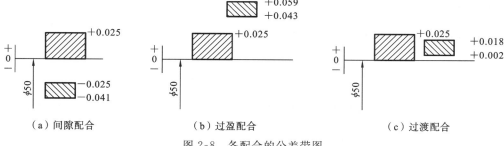

（a）间隙配合　　　　　（b）过盈配合　　　　　（c）过渡配合

图 2-8　各配合的公差带图

5. 配合制（fit system）

同一极限制的孔和轴组成的一种配合制度称为配合制。GB/T 1801—2009 中规定了两种平行的配合制：基孔制配合和基轴制配合。

1）基孔制配合（hole-basis system of fits）

基孔制配合是指基本偏差为一定的孔的公差带，与不同基本偏差的轴的公差带形成各种配合的一种制度，如图 2-9 所示。基孔制配合的孔是基准孔，孔的下极限尺寸与公称尺寸相同，下偏差为零，代号为"H"。如例 2-7 为基孔制的情况，同一孔和公差等级相同、基本偏差不同的轴可以组成间隙配合、过盈配合或过渡配合，满足不同的使用要求。

2）基轴制配合（shaft-basis system of fits）

基轴制配合是指基本偏差为一定的轴的公差带与不同基本偏差孔的公差带形成各种配

合的一种制度。基轴制中的轴为基准轴,轴的上极限尺寸与公称尺寸相等,轴的上偏差为零,代号为"h"。如图 2-9 所示。

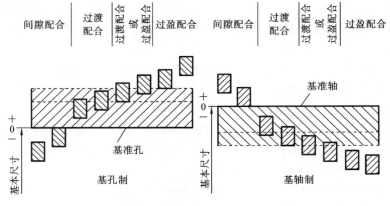

图 2-9　基孔制配合与基轴制配合

2.2　极限与配合的国家标准

极限与配合国家标准主要由标准公差系列、基准制、基本偏差系列组成。GB/T 1800.2—2009 规定了公称尺寸至 3 150 mm 的标准公差和基本偏差。在机械制造业中,常用尺寸为小于或等于 500 mm 的尺寸。本节着重对该尺寸段进行介绍。

2.2.1　标准公差(standard tolerance)

标准公差是指国家标准中规定的任一公差。

1. 标准公差系列

标准公差系列是国家标准制定的一系列标准公差数值,如表 2-1 所示。

表 2-1　标准公差数值(摘自 GB/T 1800.1—2009)

公称尺寸 /mm		标准公差等级																	
		IT1	IT2	IT3	IT4	IT5	IT6	IT7	IT8	IT9	IT10	IT11	IT12	IT13	IT14	IT15	IT16	IT17	IT18
大于	至	μm											mm						
—	3	0.8	1.2	2	3	4	6	10	14	25	40	60	0.1	0.14	0.25	0.4	0.6	1	1.4
3	6	1	1.5	2.5	4	5	8	12	18	30	48	75	0.12	0.18	0.3	0.48	0.75	1.2	1.8
6	10	1	1.5	2.5	4	6	9	15	22	36	58	90	0.15	0.22	0.36	0.58	0.9	1.5	2.2
10	18	1.2	2	3	5	8	11	18	27	43	70	110	0.18	0.27	0.43	0.7	1.1	1.8	2.7
18	30	1.5	2.5	4	6	9	13	21	33	52	84	130	0.21	0.33	0.52	0.84	1.3	2.1	3.3
30	50	1.5	2.5	4	7	11	16	25	39	62	100	160	0.25	0.39	0.62	1	1.6	2.5	3.9
50	80	2	3	5	8	13	19	30	46	74	120	190	0.3	0.46	0.74	1.2	1.9	3	4.6
80	120	2.5	4	6	10	15	22	35	54	87	140	220	0.35	0.54	0.87	1.4	2.2	3.5	5.4
120	180	3.5	5	8	12	18	25	40	63	100	160	250	0.4	0.63	1	1.6	2.5	4	6.3

续表

公称尺寸 /mm		标准公差等级																		
		IT1	IT2	IT3	IT4	IT5	IT6	IT7	IT8	IT9	IT10	IT11	IT12	IT13	IT14	IT15	IT16	IT17	IT18
大于	至	μm											mm						
180	250	4.5	7	10	14	20	29	46	72	115	185	290	0.46	0.72	1.15	1.85	2.9	4.6	7.2
250	315	6	8	12	16	23	32	52	81	130	210	320	0.52	0.81	1.3	2.1	3.2	5.2	8.1
315	400	7	9	13	18	25	36	57	89	140	230	360	0.57	0.89	1.4	2.3	3.6	5.7	8.9
400	500	8	10	15	20	27	40	63	97	155	250	400	0.63	0.97	1.55	2.5	4	6.3	9.7

注：① 基本尺寸小于或等于 1 mm 时，无 IT14 至 IT18；
　　② IT01 和 IT0 的公差数值在 GB/T 1800.1—2009 附录 A 中给出。

2. 标准公差等级及代号

确定尺寸精确程度的等级称为标准公差等级，又称精度等级。标准公差等级用标准公差符号 IT 及等级数字组成。我国标准公差等级规定为 20 个等级，依次为：IT01、IT0、IT1……IT18。从 IT01 到 IT18，等级依次降低，标准公差值依次增大。标准公差值的计算公式如表 2-2 所示。

表 2-2　标准公差计算公式 μm

公差等级	公　　　式	公差等级	公　　　式	公差等级	公　式	公差等级	公　式
IT01	$0.3+0.008D$	IT4	$(IT1)(IT5/IT1)^{3/4}$	IT9	$40i$	IT14	$400i$
IT0	$0.5+0.012D$	IT5	$7i$	IT10	$64i$	IT15	$640i$
IT1	$0.8+0.020D$	IT6	$10i$	IT11	$100i$	IT16	$1\,000i$
IT2	$(IT1)(IT5/IT1)^{1/4}$	IT7	$16i$	IT12	$160i$	IT17	$1\,600i$
IT3	$(IT1)(IT5/IT1)^{2/4}$	IT8	$25i$	IT13	$250i$	IT18	$2\,500i$

从表中可以看出 IT5～IT18 的标准公差 IT 按下式计算

$$IT = ai \qquad (2\text{-}12)$$

式中：i——标准公差因子；

　　　a——公差等级系数（见表 2-2）。

对于公称尺寸小于等于 500 mm，IT5～IT18，$i = 0.45\sqrt[3]{D}+0.001D$。其中 D 为公称尺寸段的几何平均值，单位为 mm。例如，对于大于 3 mm 至 6 mm 的尺寸段（见表 2-1），对应的 $D = \sqrt{3\times6}$ mm $= 4.243$ mm。

从上可以看出，标准公差值与公差等级及公称尺寸有关。公差等级相同，尺寸大，对应公差值大，但同一尺寸段内取相同公差值；公称尺寸相同，精度等级低，对应公差值大。

【例 2-2】　确定公称尺寸为 27 mm、50 mm 的 IT7 标准公差数值。

解　查表 2-1，27 mm 属于大于 18 mm 至 30 mm 尺寸段，所以 IT7 标准公差数值为 21 μm $= 0.021$ mm。

50 mm 属于大于 30 mm 至 50 mm 尺寸段，而不属于大于 50 mm 至 80 mm 尺寸段（半开半闭区间），所以 IT7 标准公差数值为 25 μm $= 0.025$ mm。

2.2.2 孔、轴的基本偏差系列

1. 基本偏差

基本偏差是用来确定公差带相对于零线的位置的。不同的公差带位置与基准件可以形成不同的配合。基本偏差的数量决定配合种类的数量。为了满足各种不同松紧程度的配合需要,同时尽量减少配合种类,以利于互换,国家标准对孔和轴分别规定了 28 种基本偏差。

2. 基本偏差代号

基本偏差代号用拉丁字母表示,其中孔用大写字母表示,轴用小写字母表示。26 个拉丁字母中,剔除易与其他含义混淆的 5 对字母:I、L、O、Q、W(i、l、o、q、w)外,增加 7 对双写字母:CD、EF、FG、JS、ZA、ZB、ZC(cd、ef、fg、js、za、zb、zc)组成 28 对基本偏差代号,构成基本偏差系列,如图 2-10 所示。

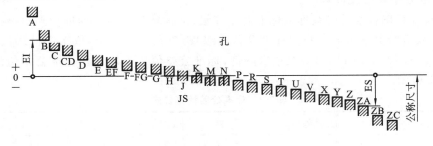

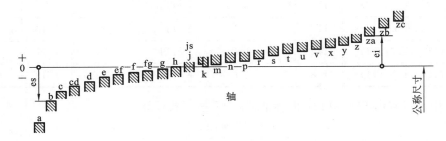

图 2-10　基本偏差系列

3. 基本偏差系列图及其特点

从基本偏差系列图可以看出,孔基本偏差与轴基本偏差大致以零线为对称轴,孔以 JS(J)、轴以 js(j)为分界。

孔的基本偏差中,A～G 的基本偏差为下偏差,EI 为正,绝对值逐渐减小;H 的基本偏差 EI=0,是基准孔,与不同基本偏差的轴形成基孔制配合;JS 是完全对称(J 是近似对称)基本偏差,ES=+Th/2,EI=-Th/2;J～ZC 的基本偏差为上偏差,ES 为负(除 J、K 外),绝对值逐渐增大。

轴的基本偏差中,a～g 的基本偏差为上偏差,es 为负,绝对值逐渐减小;h 的基本偏差 es=0,是基准轴,与不同基本偏差的孔形成基轴制配合;js 的基本偏差相对于零线完全对称(j 近似对称),es=+Ts/2,ei=-Ts/2;j～zc 的基本偏差为下偏差,ei 为正(除 J 外),绝对值逐渐增大。

4．轴的基本偏差数值

轴的基本偏差数值是以基准孔为基础的,根据各种配合要求,在生产实践和大量的试验基础上,通过统计分析结果得出的一系列公式计算后经圆整尾数而得出。轴的基本偏差计算公式可参考相关资料。公称尺寸小于等于 500 mm 的轴的基本偏差数值如表 2-3 所示。

5．孔的基本偏差数值

孔的基本偏差数值是根据相同字母代号轴的基本偏差,在相应的公差等级的基础上按一定的规则换算得来的。

换算的原则是:同名配合,配合性质相同。同名配合:公差等级和非基准件的基本偏差代号都相同,只是基准制不同的配合。如:基孔制的 ϕ90H9/a9 与基轴制的 ϕ90A9/h9 为同名配合。基孔制的 ϕ60H7/t6 与基轴制的 ϕ60T7/h6 为同名配合。配合性质相同即具有相同的极限间隙或极限过盈。如:ϕ50H6/k5 与 ϕ50K6/h5 配合的 X_{max} 与 Y_{max} 分别对应相等。ϕ40H8/f8 与 ϕ40F8/h8 配合的 X_{max} 与 X_{min} 分别对应相等。

根据以上原则,孔的基本偏差按以下两种规则换算。

1）通用规则

同名代号的孔和轴的基本偏差的绝对值相等,符号相反。孔的基本偏差等于轴的基本偏差相对于零线的倒影,即

$$EI = -es \quad (适用于 A \sim H) \tag{2-13}$$

$$ES = -ei \quad (适用于同级配合的 J \sim ZC) \tag{2-14}$$

【例 2-3】 已知 ϕ50H7$\binom{+0.025}{0}$/f6$\binom{-0.025}{-0.041}$,求 ϕ50F7/h6 的极限间隙或过盈量,并画出两者的公差带图。

解　轴 ϕ50f6 和孔 ϕ50F7 同名,满足通用规则。

孔 ϕ50F7:

$$EI = -es = -(-0.025) \text{ mm} = +0.025 \text{ mm}$$
$$IT7 = (0.025 - 0) \text{ mm} = 0.025 \text{ mm}$$

孔的另一个极限偏差

$$ES = EI + IT7 = (+0.025 + 0.025) \text{ mm} = +0.050 \text{ mm}$$

轴 ϕ50h6:

$$es = 0$$
$$IT6 = [-0.025 - (-0.041)] \text{ mm} = 0.016 \text{ mm}$$

轴的另一个极限偏差

$$ei = es - IT6 = -0.016 \text{ mm}$$
$$X_{max} = ES - ei = [+0.050 - (-0.016)] \text{ mm} = +0.066 \text{ mm}$$
$$X_{min} = EI - es = (+0.025 - 0) \text{ mm} = +0.025 \text{ mm}$$

公差带如图 2-11 所示。从图中可以看出两者的配合性质相同。

2）特殊规则

同名代号的孔和轴的基本偏差的符号相反,而绝对值相差一个 Δ 值,即

$$ES = -ei + \Delta \tag{2-15}$$

$$\Delta = ITn - ITn-1 = T_D - T_d \tag{2-16}$$

对于公称尺寸大于 3 mm 或小于等于 500 mm,标准公差小于等于 IT8 的 K、M、N 和标

表 2-3 公称尺寸小于或等于 500 mm 的轴的基本偏差数值（摘自 GB/T 1800.1—2009）

单位：μm

基本尺寸/mm 大于	至	a[1]	b[1]	c	cd	d	e	ef	f	fg	g	h	js[2]	j(5,6)	j(7)	j(8)	k(4~7)	k(≤3,>7)	m	n	p	r	s	t	u	v	x	y	z	za	zb	zc
		上偏差 es（所有的级）													公差等级				下偏差 ei														
—	3	−270	−140	−60	−34	−20	−14	−10	−6	−4	−2	0	±IT/2	−2	−4	−6	0	0	+2	+4	+6	+10	+14	—	+18	—	+20	—	+26	+32	+40	+60
3	6	−270	−140	−70	−46	−30	−20	−14	−10	−6	−4	0	±IT/2	−2	−4	—	+1	0	+4	+8	+12	+15	+19	—	+23	—	+28	—	+35	+42	+50	+80
6	10	−280	−150	−80	−56	−40	−25	−18	−13	−8	−5	0	±IT/2	−2	−5	—	+1	0	+6	+10	+15	+19	+23	—	+28	—	+34	—	+42	+52	+67	+97
10	14	−290	−150	−95	—	−50	−32	—	−16	—	−6	0	±IT/2	−3	−6	—	+1	0	+7	+12	+18	+23	+28	—	+33	—	+40	—	+50	+64	+90	+130
14	18	−290	−150	−95	—	−50	−32	—	−16	—	−6	0	±IT/2	−3	−6	—	+1	0	+7	+12	+18	+23	+28	—	+33	+39	+45	—	+60	+77	+108	+150
18	24	−300	−160	−110	—	−65	−40	—	−20	—	−7	0	±IT/2	−4	−8	—	+2	0	+8	+15	+22	+28	+35	—	+41	+47	+54	+63	+73	+98	+136	+188
24	30	−300	−160	−110	—	−65	−40	—	−20	—	−7	0	±IT/2	−4	−8	—	+2	0	+8	+15	+22	+28	+35	+41	+48	+55	+64	+75	+88	+118	+160	+218
30	40	−310	−170	−120	—	−80	−50	—	−25	—	−9	0	±IT/2	−5	−10	—	+2	0	+9	+17	+26	+34	+43	+48	+60	+68	+80	+94	+112	+148	+200	+274
40	50	−320	−180	−130	—	−80	−50	—	−25	—	−9	0	±IT/2	−5	−10	—	+2	0	+9	+17	+26	+34	+43	+54	+70	+81	+97	+114	+136	+180	+242	+325
50	65	−340	−190	−140	—	−100	−60	—	−30	—	−10	0	±IT/2	−7	−12	—	+2	0	+11	+20	+32	+41	+53	+66	+87	+102	+122	+144	+172	+226	+300	+405
65	80	−360	−200	−150	—	−100	−60	—	−30	—	−10	0	±IT/2	−7	−12	—	+2	0	+11	+20	+32	+43	+59	+75	+102	+120	+146	+174	+210	+274	+360	+480
80	100	−380	−220	−170	—	−120	−72	—	−36	—	−12	0	±IT/2	−9	−15	—	+3	0	+13	+23	+37	+51	+71	+91	+124	+146	+178	+214	+258	+335	+445	+585
100	120	−410	−240	−180	—	−120	−72	—	−36	—	−12	0	±IT/2	−9	−15	—	+3	0	+13	+23	+37	+54	+79	+104	+144	+172	+210	+254	+310	+400	+525	+690
120	140	−460	−260	−200	—	−145	−85	—	−43	—	−14	0	±IT/2	−11	−18	—	+3	0	+15	+27	+43	+63	+92	+122	+170	+202	+248	+300	+365	+470	+620	+800
140	160	−520	−280	−210	—	−145	−85	—	−43	—	−14	0	±IT/2	−11	−18	—	+3	0	+15	+27	+43	+65	+100	+134	+190	+228	+280	+340	+415	+535	+700	+900
160	180	−580	−310	−230	—	−145	−85	—	−43	—	−14	0	±IT/2	−11	−18	—	+3	0	+15	+27	+43	+68	+108	+146	+210	+252	+310	+380	+465	+600	+780	+1000
180	200	−660	−340	−240	—	−170	−100	—	−50	—	−15	0	±IT/2	−13	−21	—	+4	0	+17	+31	+50	+77	+122	+166	+236	+284	+350	+425	+520	+670	+880	+1150
200	225	−740	−380	−260	—	−170	−100	—	−50	—	−15	0	±IT/2	−13	−21	—	+4	0	+17	+31	+50	+80	+130	+180	+258	+310	+385	+470	+575	+740	+960	+1250
225	250	−820	−420	−280	—	−170	−100	—	−50	—	−15	0	±IT/2	−13	−21	—	+4	0	+17	+31	+50	+84	+140	+196	+284	+340	+425	+520	+640	+820	+1050	+1350
250	280	−920	−480	−300	—	−190	−110	—	−56	—	−17	0	±IT/2	−16	−26	—	+4	0	+20	+34	+56	+94	+158	+218	+315	+385	+475	+580	+710	+920	+1200	+1550
280	315	−1050	−540	−330	—	−190	−110	—	−56	—	−17	0	±IT/2	−16	−26	—	+4	0	+20	+34	+56	+98	+170	+240	+350	+425	+525	+650	+790	+1000	+1300	+1700
315	355	−1200	−600	−360	—	−210	−125	—	−62	—	−18	0	±IT/2	−18	−28	—	+4	0	+21	+37	+62	+108	+190	+268	+390	+475	+590	+730	+900	+1150	+1500	+1900
355	400	−1350	−680	−400	—	−210	−125	—	−62	—	−18	0	±IT/2	−18	−28	—	+4	0	+21	+37	+62	+114	+208	+294	+435	+530	+660	+820	+1000	+1300	+1650	+2100
400	450	−1500	−760	−440	—	−230	−135	—	−68	—	−20	0	±IT/2	−20	−32	—	+5	0	+23	+40	+68	+126	+232	+330	+490	+595	+740	+920	+1100	+1450	+1850	+2400
450	500	−1650	−840	−480	—	−230	−135	—	−68	—	−20	0	±IT/2	−20	−32	—	+5	0	+23	+40	+68	+132	+252	+360	+540	+660	+820	+1000	+1250	+1600	+2100	+2600

注：① 1 mm 以下各级 a 和 b 均不采用；

② js 的数值中，对 IT7 至 IT11，若 IT$_n$ 的数值为奇数，则取偏差 = (IT$_n$−1)/2。

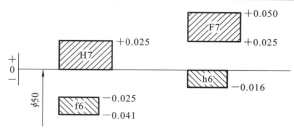

图 2-11　公差带图

准公差小于等于 IT7 的 P～ZC 的孔,其基本偏差 ES 采用特殊规则换算。由于孔比轴难加工,因此国家标准规定,为使孔和轴在工艺上等价,在较高精度等级的配合中,孔比轴的公差等级低一级。因此,特殊规则中孔的公差等级 $T_D=ITn$,轴的公差等级 $T_d=ITn-1$。

孔的基本偏差换算规则见表 2-4,据此表算出的孔的基本偏差数值,如表 2-5 所示。

表 2-4　孔的基本偏差换算规则表

配合类型	间隙配合	过渡配合	过盈配合
孔轴同级	通用规则	通用规则	通用规则
孔比轴 低一级	通用规则	特殊规则 ≤IT8 的 K、M、N	特殊规则 ≤IT7 的 P～ZC

注:J 的基本偏差无规则,公差等级只有 6、7、8 级。

【**例 2-4**】　已知 $\phi56H7(^{+0.030}_{0})/p6(^{+0.051}_{+0.032})$,求 $\phi56P7/h6$ 的孔与轴的上下极限偏差并查表验证。

解　由 $\phi56H7(^{+0.030}_{0})/p6(^{+0.051}_{+0.032})$ 得:

$$IT7=0.030 \text{ mm}, \quad IT6=(0.051-0.032) \text{ mm}=0.019 \text{ mm}$$

配合 $\phi56H7/p6$ 与 $\phi56P7/h6$ 为同名配合,且满足特殊规则。

$\phi56P7$:

$$\Delta=IT7-IT6=(0.030-0.019) \text{ mm}=0.011 \text{ mm}$$

其基本偏差 $ES=-ei+\Delta=(-0.032+0.011) \text{ mm}=-0.021 \text{ mm}$(查表 2-5 得,$ES=-32 \mu m+\Delta,\Delta=11 \mu m$,查表与计算结果一致)。

另一极限偏差

$$EI=ES-IT7=(-0.021-0.030) \text{ mm}=-0.051 \text{ mm}$$

$\phi56h6$:

为基准轴　$es=0$,　$ei=es-IT6=(0-0.019) \text{ mm}=-0.019 \text{ mm}$

即 $\phi56P7(^{-0.021}_{-0.051})/h6(^{0}_{-0.019})$ 其公差带如图 2-12 所示。

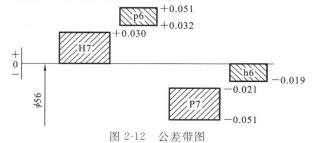

图 2-12　公差带图

表 2-5　公称尺寸小于等于 500 mm 的孔的基本偏差数值（摘自 GB/T 1800.1—2009）

μm

说明：JS 列偏差等于 ±IT/2。A~H 为下偏差 EI（所有的级）；J~ZC 为上偏差 ES；P~ZC 栏在大于 7 级时，在相应数值上增加一个 Δ 值。

大于	至	A①	B①	C	CD	D	E	EF	F	FG	G	H	JS	J6	J7	J8	K≤8	K>8	M≤8	M>8	N≤8	N>8	P	R	S	T	U	V	X	Y	Z	ZA	ZB	ZC	Δ IT3	Δ IT4	Δ IT5	Δ IT6	Δ IT7	Δ IT8
—	3	+270	+140	+60	+34	+20	+14	+10	+6	+4	+2	0	±IT/2	+2	+4	+6	0	0	-2	-2	-4	-4	-6	-10	-14	—	-18	—	-20	—	-26	-32	-40	-60	—	—	—	—	—	—
3	6	+270	+140	+70	+46	+30	+20	+14	+10	+6	+4	0	±IT/2	+5	+6	+10	-1+Δ	0	-4+Δ	-4	-8+Δ	0	-12	-15	-19	—	-23	—	-28	—	-35	-42	-50	-80	1	1.5	1	3	4	6
6	10	+280	+150	+80	+56	+40	+25	+18	+13	+8	+5	0	±IT/2	+5	+8	+12	-1+Δ	0	-6+Δ	-6	-10+Δ	0	-15	-19	-23	—	-28	—	-34	—	-42	-52	-67	-97	1	1.5	2	3	6	7
10	14	+290	+150	+95	—	+50	+32	—	+16	—	+6	0	±IT/2	+6	+10	+15	-1+Δ	0	-7+Δ	-7	-12+Δ	0	-18	-23	-28	—	-33	—	-40	—	-50	-64	-90	-130	1	2	3	3	7	9
14	18	+290	+150	+95	—	+50	+32	—	+16	—	+6	0	±IT/2	+6	+10	+15	-1+Δ	0	-7+Δ	-7	-12+Δ	0	-18	-23	-28	—	-33	-39	-45	—	-60	-77	-108	-150	1	2	3	3	7	9
18	24	+300	+160	+110	—	+65	+40	—	+20	—	+7	0	±IT/2	+8	+12	+20	-2+Δ	0	-8+Δ	-8	-15+Δ	0	-22	-28	-35	—	-41	-47	-54	-63	-73	-98	-136	-188	1.5	2	3	4	8	12
24	30	+300	+160	+110	—	+65	+40	—	+20	—	+7	0	±IT/2	+8	+12	+20	-2+Δ	0	-8+Δ	-8	-15+Δ	0	-22	-28	-35	-41	-48	-55	-64	-75	-88	-118	-160	-218	1.5	2	3	4	8	12
30	40	+310	+170	+120	—	+80	+50	—	+25	—	+9	0	±IT/2	+10	+14	+24	-2+Δ	0	-9+Δ	-9	-17+Δ	0	-26	-34	-43	-48	-60	-68	-80	-94	-112	-148	-200	-274	1.5	3	4	5	9	14
40	50	+320	+180	+130	—	+80	+50	—	+25	—	+9	0	±IT/2	+10	+14	+24	-2+Δ	0	-9+Δ	-9	-17+Δ	0	-26	-34	-43	-54	-70	-81	-97	-114	-136	-180	-242	-325	1.5	3	4	5	9	14
50	65	+340	+190	+140	—	+100	+60	—	+30	—	+10	0	±IT/2	+13	+18	+28	-2+Δ	0	-11+Δ	-11	-20+Δ	0	-32	-41	-53	-66	-87	-102	-122	-144	-172	-226	-300	-405	2	3	5	6	11	16
65	80	+360	+200	+150	—	+100	+60	—	+30	—	+10	0	±IT/2	+13	+18	+28	-2+Δ	0	-11+Δ	-11	-20+Δ	0	-32	-43	-59	-75	-102	-120	-146	-174	-210	-274	-360	-480	2	3	5	6	11	16
80	100	+380	+220	+170	—	+120	+72	—	+36	—	+12	0	±IT/2	+16	+22	+34	-3+Δ	0	-13+Δ	-13	-23+Δ	0	-37	-51	-71	-91	-124	-146	-178	-214	-258	-335	-445	-585	2	4	5	7	13	19
100	120	+410	+240	+180	—	+120	+72	—	+36	—	+12	0	±IT/2	+16	+22	+34	-3+Δ	0	-13+Δ	-13	-23+Δ	0	-37	-54	-79	-104	-144	-172	-210	-254	-310	-400	-525	-690	2	4	5	7	13	19
120	140	+460	+260	+200	—	+145	+85	—	+43	—	+14	0	±IT/2	+18	+26	+41	-3+Δ	0	-15+Δ	-15	-27+Δ	0	-43	-63	-92	-122	-170	-202	-248	-300	-365	-470	-620	-800	3	4	6	7	15	23
140	160	+520	+280	+210	—	+145	+85	—	+43	—	+14	0	±IT/2	+18	+26	+41	-3+Δ	0	-15+Δ	-15	-27+Δ	0	-43	-65	-100	-134	-190	-228	-280	-340	-415	-535	-700	-900	3	4	6	7	15	23
160	180	+580	+310	+230	—	+145	+85	—	+43	—	+14	0	±IT/2	+18	+26	+41	-3+Δ	0	-15+Δ	-15	-27+Δ	0	-43	-68	-108	-146	-210	-252	-310	-380	-465	-600	-780	-1000	3	4	6	7	15	23
180	200	+660	+340	+240	—	+170	+100	—	+50	—	+15	0	±IT/2	+22	+30	+47	-4+Δ	0	-17+Δ	-17	-31+Δ	0	-50	-77	-122	-166	-236	-284	-350	-425	-520	-670	-880	-1150	3	4	6	9	17	26
200	225	+740	+380	+260	—	+170	+100	—	+50	—	+15	0	±IT/2	+22	+30	+47	-4+Δ	0	-17+Δ	-17	-31+Δ	0	-50	-80	-130	-180	-258	-310	-385	-470	-575	-740	-960	-1250	3	4	6	9	17	26
225	250	+820	+420	+280	—	+170	+100	—	+50	—	+15	0	±IT/2	+22	+30	+47	-4+Δ	0	-17+Δ	-17	-31+Δ	0	-50	-84	-140	-196	-284	-340	-425	-520	-640	-820	-1050	-1350	3	4	6	9	17	26
250	280	+920	+480	+300	—	+190	+110	—	+56	—	+17	0	±IT/2	+25	+36	+55	-4+Δ	0	-20+Δ	-20	-34+Δ	0	-56	-94	-158	-218	-315	-385	-475	-580	-710	-920	-1200	-1550	4	4	7	9	20	29
280	315	+1050	+540	+330	—	+190	+110	—	+56	—	+17	0	±IT/2	+25	+36	+55	-4+Δ	0	-20+Δ	-20	-34+Δ	0	-56	-98	-170	-240	-350	-425	-525	-650	-790	-1000	-1300	-1700	4	4	7	9	20	29
315	355	+1200	+600	+360	—	+210	+125	—	+62	—	+18	0	±IT/2	+29	+39	+60	-4+Δ	0	-21+Δ	-21	-37+Δ	0	-62	-108	-190	-268	-390	-475	-590	-730	-900	-1150	-1500	-1900	4	5	7	11	21	32
355	400	+1350	+680	+400	—	+210	+125	—	+62	—	+18	0	±IT/2	+29	+39	+60	-4+Δ	0	-21+Δ	-21	-37+Δ	0	-62	-114	-208	-294	-435	-530	-660	-820	-1000	-1300	-1650	-2100	4	5	7	11	21	32
400	450	+1500	+760	+440	—	+230	+135	—	+68	—	+20	0	±IT/2	+33	+43	+65	-5+Δ	0	-23+Δ	-23	-40+Δ	0	-68	-126	-232	-330	-490	-595	-740	-920	-1100	-1450	-1850	-2400	5	5	7	13	23	34
450	500	+1650	+840	+480	—	+230	+135	—	+68	20	+20	0	±IT/2	+33	+43	+65	-5+Δ	0	-23+Δ	-23	-40+Δ	0	-68	-132	-252	-360	-540	-660	-820	-1000	-1250	-1600	-2100	-2600	5	5	7	13	23	34

注：① 例如大于 18～30 mm 的 P7，Δ＝8，因此 ES＝-14；
② 1 mm 以下，各级 A 和 B 级及大于 8 级的 N 均不采用；
③ 标准公差≤IT8 级的 K、M、N 及标准公差≤IT7 级的 P～ZC 时，从表的右侧选取 Δ 值。

【例 2-5】 基本偏差与公差表格应用。查表确定 $\phi50j6$、$\phi65K8$、$\phi90R7$ 的上下极限偏差。

解　查标准公差表 2-1 得 $\phi50j6$、$\phi65K8$、$\phi90R7$ 的公差值分别为 16 μm、46 μm、35 μm。

查表 2-3 得 $\phi50j6$ 的基本偏差为下极限偏差，且 ei＝－5 μm，则

$$es＝ei+IT6＝(-5+16)\ \mu m＝+11\ \mu m$$

即

$$\phi50j6\rightarrow\phi50^{+0.011}_{-0.005}\ mm$$

查表 2-5 得 $\phi65K8$ 的基本偏差为上极限偏差，且

$$ES＝-2+\Delta＝(-2+16)\ \mu m＝+14\ \mu m$$

则

$$EI＝ES-IT8＝(+14-46)\ \mu m＝-32\ \mu m$$

即

$$\phi65K8\rightarrow\phi65^{+0.014}_{-0.032}\ mm$$

查表 2-5 得 $\phi90R7$ 的基本偏差为上极限偏差，且

$$ES＝-51+\Delta＝(-51+13)\ \mu m＝-38\ \mu m$$

则

$$EI＝ES-IT7＝(-38-35)\ \mu m＝-73\ \mu m$$

即

$$\phi90R7\rightarrow\phi90^{-0.038}_{-0.073}\ mm$$

2.2.3　公差带与配合

1. 代号与标注

1）公差带代号与配合代号

公差带代号由基本偏差代号（字母）和公差等级（数字）组成。如 $\phi56H7$、$\phi50G9$、$\phi50K6$、$\phi60Js6$ 等为孔的公差带代号；$\phi50h7$、$\phi50g8$、$\phi50k6$、$\phi50m6$ 等为轴的公差带代号。

配合代号由孔与轴的公差带代号组合而成，配合的代号写成分数形式，分子为孔的公差代号，分母为轴的公差带代号，如 P7/h6 或 $\frac{P7}{h6}$。如指某公称尺寸的配合，则公称尺寸标注在配合代号之前，如 $\phi56P7/h6$。

2）标注形式

在装配图中标注时，由于装配图主要反映零件间的装配关系，一般以公差带代号的方式标注。如 $\phi56H7$、$\phi56P7/h6$ 或 $\phi56\frac{P7}{h6}$。在零件图或其他加工图上，以极限偏差的形式标注为主，如 $\phi56\binom{-0.021}{-0.051}$，某些情况下也会出现代号与极限偏差组合的形式，如 $\phi56P7\binom{-0.021}{-0.051}/h6\binom{0}{-0.019}$、$\phi56P7\binom{-0.021}{-0.051}$ 等。

2. 一般、常用和优先的公差带与配合

按照国家标准中提供的标准公差及基本偏差系列，可将任一基本偏差与任一标准公差组合，从而得到大小与位置不同的一系列公差带。在公称尺寸小于等于 500 mm 时，同一基本尺寸中孔公差带有 20×27＋3＝543 个（基本偏差 J 限用 3 个公差等级），轴公差带有 20×27＋4＝544 个（基本偏差 j 限用 4 个公差等级）。如果这些公差带都使用显然是不经济的，因为它必然会导致定值刀具和量具规格繁多，以及相应工艺装备品种和规格增多。为此，国家标准规定了一系列标准公差带以供选用。

1）一般、常用和优先的公差带

GB/T 1801—2009 规定了公称尺寸小于等于 500 mm 的一般、常用和优先选用的公差

带。轴的一般用途公差带共 116 种,如图 2-13 所示,图中方框内的为常用公差带共 59 种,圆圈内为优先公差带共 13 种。

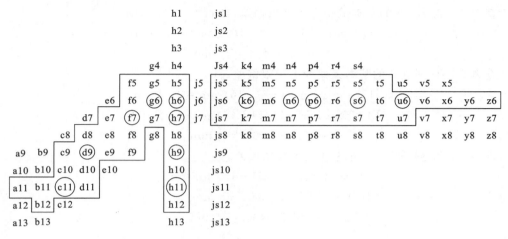

图 2-13　尺寸至 500 mm 的一般、常用和优先的轴公差带

孔的一般公差带共 105 种,如图 2-14 所示,图中方框内的为常用公差带共 44 种,圆圈内为优先公差带共 13 种。

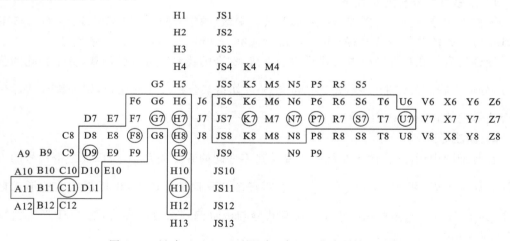

图 2-14　尺寸至 500 mm 的一般、常用和优先的孔公差带

选用公差带时应按优先、常用、一般的顺序选取。若一般公差带中没有满足的公差带,则按国家标准规定的标准公差及基本偏差组成的公差带来选取。

2) 常用和优先配合

国家标准规定基孔制常用配合 59 种,优先配合 13 种,如表 2-6 所示;基轴制常用配合 47 种,优先配合 13 种,如表 2-7 所示。

3. 一般公差(线性尺寸的未注公差)

一般公差是指在车间普通工艺条件下,机械加工设备的一般加工能力可保证的公差。在正常维护和操作情况下,它代表车间的常规加工精度(即经济加工精度)。

表 2-6　基孔制常用和优先配合（GB/T 1801—2009）

基准孔	a	b	c	d	e	f	g	h	js	k	m	n	p	r	s	t	u	v	x	y	z
				间隙配合						过渡配合						过盈配合					
H6						$\frac{H6}{f5}$	$\frac{H6}{g5}$	$\frac{H6}{h5}$	$\frac{H6}{js5}$	$\frac{H6}{k5}$	$\frac{H6}{m5}$	$\frac{H6}{n5}$	$\frac{H6}{p5}$	$\frac{H6}{r5}$	$\frac{H6}{s5}$	$\frac{H6}{t5}$					
H7						$\frac{H7}{f6}$	$\frac{H7}{g6}$	$\frac{H7}{h6}$	$\frac{H7}{js6}$	$\frac{H7}{k6}$	$\frac{H7}{m6}$	$\frac{H7}{n6}$	$\frac{H7}{p6}$	$\frac{H7}{r6}$	$\frac{H7}{s6}$	$\frac{H7}{t6}$	$\frac{H7}{u6}$	$\frac{H7}{v6}$	$\frac{H7}{x6}$	$\frac{H7}{y6}$	$\frac{H7}{z6}$
H8					$\frac{H8}{e7}$	$\frac{H8}{f7}$	$\frac{H8}{g7}$	$\frac{H8}{h7}$	$\frac{H8}{js7}$	$\frac{H8}{k7}$	$\frac{H8}{m7}$	$\frac{H8}{n7}$	$\frac{H8}{p7}$	$\frac{H8}{r7}$	$\frac{H8}{s7}$	$\frac{H8}{t7}$	$\frac{H8}{u7}$				
				$\frac{H8}{d8}$	$\frac{H8}{e8}$	$\frac{H8}{f8}$		$\frac{H8}{h8}$													
H9			$\frac{H9}{c9}$	$\frac{H9}{d9}$	$\frac{H9}{e9}$	$\frac{H9}{f9}$		$\frac{H9}{h9}$													
H10			$\frac{H10}{c10}$	$\frac{H10}{d10}$				$\frac{H10}{h10}$													
H11	$\frac{H11}{a11}$	$\frac{H11}{b11}$	$\frac{H11}{c11}$	$\frac{H11}{d11}$				$\frac{H11}{h11}$													
H12		$\frac{H12}{b12}$						$\frac{H12}{h12}$													

注：① $\frac{H6}{n5}$、$\frac{H7}{p6}$ 在公称尺寸小于或等于 3 mm 和 $\frac{H8}{r7}$ 在小于或等于 100 mm 时，为过渡配合；

② 标注 ▶ 的配合为优先配合。

表 2-7　基轴制常用和优先配合（GB/ T 1801—2009）

基准轴	A	B	C	D	E	F	G	H	JS	K	M	N	P	R	S	T	U	V	X	Y	Z
				间隙配合						过渡配合						过盈配合					
h5						$\frac{F6}{h5}$	$\frac{G6}{h5}$	$\frac{H6}{h5}$	$\frac{JS6}{h5}$	$\frac{K6}{h5}$	$\frac{M6}{h5}$	$\frac{N6}{h5}$	$\frac{P6}{h5}$	$\frac{R6}{h5}$	$\frac{S6}{h5}$	$\frac{T6}{h5}$					
h6						$\frac{F7}{h6}$	$\frac{G7}{h6}$	$\frac{H7}{h6}$	$\frac{JS7}{h6}$	$\frac{K7}{h6}$	$\frac{M7}{h6}$	$\frac{N7}{h6}$	$\frac{P7}{h6}$	$\frac{R7}{h6}$	$\frac{S7}{h6}$	$\frac{T7}{h6}$	$\frac{U7}{h6}$				
h7					$\frac{E8}{h7}$	$\frac{F8}{h7}$		$\frac{H8}{h7}$	$\frac{JS8}{h7}$	$\frac{K8}{h7}$	$\frac{M8}{h7}$	$\frac{N8}{h7}$									
h8				$\frac{D8}{h8}$	$\frac{E8}{h8}$	$\frac{F8}{h8}$		$\frac{H8}{h8}$													
h9				$\frac{D9}{h9}$	$\frac{E9}{h9}$	$\frac{F9}{h9}$		$\frac{H9}{h9}$													

续表

基准轴	A	B	C	D	E	F	G	H	JS	K	M	N	P	R	S	T	U	V	X	Y	Z
	间隙配合								过渡配合				过盈配合								
h10				$\frac{D10}{h10}$				$\frac{H10}{h10}$													
h11	$\frac{A11}{h11}$	$\frac{B11}{h11}$	$\frac{C11}{h11}$	$\frac{D11}{h11}$				$\frac{H11}{h11}$													
h12		$\frac{B12}{h12}$						$\frac{H12}{h12}$													

国家标准 GB/T 1804—2000 对线性尺寸的一般公差规定了四个公差等级:f(精密级)、m(中等级)、c(粗糙级)、v(最粗级)。f、m、c、v 四个公差等级分别相当于 IT12、IT14、IT16、IT17。国家标准分别给出了线性尺寸和角度尺寸的各公差等级的极限偏差数值,以便选用车间常规加工和精度校核。

(1)线性尺寸。如表 2-8 所示,无论是孔、轴还是长度尺寸,在基本尺寸 0.5~4 000 mm 范围内分为 8 个尺寸段,极限偏差均对称分布。标准同时也对倒圆半径和倒角高度尺寸的极限偏差数值作了规定,如表 2-9 所示。

表 2-8　线性尺寸的极限偏差数值　　　　　　　　　　　　　　　　mm

公差等级	尺 寸 分 段							
	0.5~3	>3~6	>6~30	>30~120	>120~400	>400~1 000	>1 000~2 000	>2 000~4 000
f(精密级)	±0.05	±0.05	±0.1	±0.15	±0.2	±0.3	±0.5	—
m(中等级)	±0.1	±0.1	±0.2	±0.3	±0.5	±0.8	±1.2	±2
c(粗糙级)	±0.2	±0.3	±0.5	±0.8	±1.2	±2	±3	±4
v(最粗级)	—	±0.5	±1	±1.5	±2.5	±3	±6	±8

表 2-9　倒圆半径和倒角高度尺寸的极限偏差数值　　　　　　　　　　mm

公差等级	尺 寸 分 段			
	0.5~3	>3~6	>6~30	>30
f(精密级)	±0.2	±0.5	±1	±2
m(中等级)				
c(粗糙级)	±0.4	±1	±2	±4
v(最粗级)				

(2)角度尺寸。表 2-10 给出了角度尺寸的极限偏差数值,其值按角度短边长度确定,对圆锥角按圆锥素线长度确定。

表 2-10 角度尺寸的极限偏差数值 mm

公差等级	长度分段				
	～10	>10～50	>50～120	>120～400	>400
f(精密级)	±1°	±30′	±20′	±10′	±5′
m(中等级)					
c(粗糙级)	±1°30′	±1°	±30′	±15′	±10′
v(最粗级)	±3°	±2°	±1°	±30′	±20′

当采用一般公差时,在图中只标注公称尺寸,不标注极限偏差(如 φ30、100 等),但应在图样的技术要求或相关技术文件中用标准号和公差等级代号作出总的说明。例如,当选用中等级 m 时,则表示为 GB/T 1804—m。

一般公差主要用于较低精度的非配合尺寸,可以简化制图、节约设计、检验时间,突出重要尺寸。当零件的功能要求允许一个比一般公差大的公差,而该公差比一般公差更经济时,应在公称尺寸后直接标注具体的极限偏差数值。

2.3 尺寸精度设计

尺寸精度设计主要是尺寸公差与配合的选择。它是机械设计中,在基本尺寸确定后的至关重要的一个设计环节,其内容包括基准制、公差等级和配合种类三个方面。公差与配合的选用是否恰当,对机械的使用性能和制造成本有着很大的影响。选择的原则是在满足使用要求的前提下获得最佳的技术经济效益。

公差与配合的选择方法有计算法、试验法和类比法。

(1)计算法就是根据使用要求,按照一定的理论或公式来确定需要的极限间隙或过盈,然后确定孔和轴的公差带。如根据液体润滑理论,计算保证液体摩擦状态下所需要的最小间隙。对依靠过盈来传递运动和负载的过盈配合,可根据弹性变形理论公式,计算出能保证传递一定负载所需要的最小过盈和不使工件损坏的最大过盈。由于影响间隙和过盈的因素较复杂,理论的计算也是近似的,所以在实际应用中还需要经过试验来进行修正。一般情况下很少使用计算法。

(2)试验法就是用试验的方法确定满足产品工作性能的间隙或过盈范围。这种方法主要用于对机器的工作性能影响较大且很重要的配合,通过试验或统计分析来确定间隙或过盈。这种方法合理、可靠,但是代价较高,因而适用于重要产品的重要配合处。

(3)类比法就是通过对类似机器和零部件进行调查研究、分析对比,吸取前人的经验教训,结合实际情况来选取公差与配合。这是目前机械设计中最为常见的方法,要求设计人员必须有较丰富的实践经验。

2.3.1 基准制的选用

基准制的选择与使用要求无关,而主要是从结构、工艺性及经济性等方面综合考虑。

1. 优先选用基孔制

从加工工艺的角度考虑,对应用最广泛的中、小直径尺寸的孔,通常采用价格较贵的定尺寸刀具(如钻头、铰刀和拉刀等)进行加工,用定尺寸量具(如塞规等)进行检验。每把刀具只能加工某一尺寸的孔,每把量具,也只能检验某一尺寸的孔。当孔的公称尺寸和公差等级相同而基本偏差不同时,就需要用不同的刀具和量具。而用一把刀具(如车刀或砂轮)就可以加工不同尺寸的轴,用一种通用的外尺寸量具,也能方便地对不同尺寸的轴进行检验。因此采用基孔制可以减少定尺寸刀具(如钻头、铰刀和拉刀等)、量具(如塞规)的规格品种,降低生产成本,从而获得显著的经济效益,也有利于刀具、量具的标准化和系列化。

至于尺寸较大的孔及低精度的孔,一般不采用定尺寸刀具和量具加工检验,从工艺上讲,采用基孔制和基轴制都一样,但为了统一和考虑习惯,也宜采用基孔制。

2. 基轴制的选用

下列情况下选用基轴制较为经济合理。

(1) 直接使用冷拔光轴。直接使用具有一定公差等级(IT7～IT11)而不再进行机械加工的冷拔钢材(这种钢材是按基准轴的公差带制造的)制作轴时,应选用基轴制。这种情况主要应用在农业机械、纺织机械中,采用基轴制减少了加工量,较为经济合理,对于细小直径的轴尤为明显。

(2) 同一公称尺寸的轴上装配几个具有不同配合性质的零件时,采用基轴制。

如图 2-15(a)所示,发动机的活塞销轴与连杆铜套孔和活塞孔之间的配合,连杆要转动,故连杆与铜套采用间隙配合,而与支承孔活塞孔配合可紧些,采用过渡配合。如果采用基孔制配合,则如图 2-15(b)所示,活塞需做成中间小、两头大的形状,这不仅对加工不利,同时装配也有困难,易拉毛连杆铜套孔。改用基轴制如图 2-15(c)所示,活塞销可尺寸不变,而连杆孔、活塞孔分别按不同要求加工,较为经济合理且便于安装。

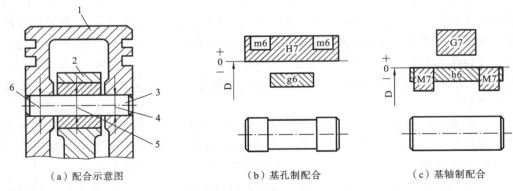

(a) 配合示意图　　　　(b) 基孔制配合　　　　(c) 基轴制配合

图 2-15　基准制选择示例

1—活塞;2—连杆;3—活塞销;4、6—过渡配合;5—间隙配合

(3) 若与标准件(零件或部件)配合,应以标准件为基准件来确定采用基孔制还是基轴制。如平键、半圆键等键连接,由于键是标准件,键与键槽的配合应采用基轴制。如图 2-16所示,滚动轴承是标准件,滚动轴承外圈与箱体孔的配合应采用基轴制,滚动轴承内圈与轴

的配合应采用基孔制。

3. 非基准制的选用

在实际生产中，由于结构或某些特殊的需要，允许采用非配合制配合，即非基准孔和非基准轴配合。如：当机构中出现一个非基准孔（轴）和两个以上的轴（孔）配合时，其中肯定会有一个非配合制配合。如图 2-16 所示，箱体孔与滚动轴承和轴承端盖的配合。由于滚动轴承是标准件，它与箱体孔的配合选用基轴制配合，箱体孔的公差带代号为 J7，这时如果端盖与箱体孔的配合也要坚持基轴制，则配合为 J/h，属于过渡配合。但轴承端盖需要经常拆卸，显然这种配合过于紧密，而应选用间隙配合为好。端盖公差带不能用 h，只能选择非基准制公差带。考虑到端盖的性

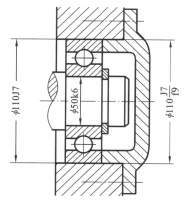

图 2-16　基准制选择示例

能要求和加工的经济性，采用公差等级 9 级，最后选择箱体孔与端盖之间的配合为间隙配合 J7/f9，既便于拆卸又能保证轴承的轴向定位，还有利于降低成本。

2.3.2　公差等级的选用

1. 选择原则

在满足使用要求的前提下，尽可能选较低的公差等级或较大的公差值。如果在工艺条件许可，成本增加不多的情况下，也可适当提高公差等级，来保证机器的可靠性、延长使用寿命、提供一定精度储备，以取得更好的经济效益。

2. 选择方法

公差等级的选用一般采用类比法，即参照类似的机构、工作条件和使用要求的经验资料，进行比照来选取相应的公差等级。用类比法选择公差等级时主要应从以下几个方面进行考虑。

（1）工艺等价性。根据配合件的使用要求（即配合的松紧程度要求），就可以确定出孔、轴的配合公差 T_f。由于配合公差为孔、轴的公差之和。所以孔、轴公差选取应满足 $T_f \geqslant T_D + T_d$。分配孔、轴的公差要使孔、轴的公差等级相适应，使孔和轴的加工难易程度相同，即所谓的工艺等价性。

在常用尺寸段内，当公差等级小于等于 IT8 时，孔比相同尺寸、相同公差等级的轴难加工，为保证工艺等价性，按优先、常用配合（如表 2-6、表 2-7 所示）推荐孔比轴公差等级低一级，如 H8/f7；当公差等级为 IT8 时，也可采用孔轴同级配合，如 H8/f8。但当公差等级大于 IT8 级时，推荐采用孔、轴同级配合，如 H9/c9。在大尺寸段（公称尺寸大于 500 mm）内，孔的测量较轴容易一些，一般采用孔、轴同级配合。

（2）加工零件的经济性。有时为了降低加工成本，孔轴公差等级可相差较多。在非基准制配合中，有的零件精度要求不高，可与相配合零件的公差等级相差 2～3 级。如轴承盖和轴承座内孔的配合。允许采用较大的间隙和较低的公差等级，轴承盖可以比轴承座内孔的公差等级低 2～3 级，如图 2-16 所示，轴承盖和轴承座内孔的配合为 $\phi110$J7/f9，公差等级相差 2 级。

（3）公差等级与配合类型相适应。公差等级的高低将影响配合的稳定性和一致性。

对过渡和过盈配合，一般不允许其间隙或过盈的变动范围太大，如果公差等级过低，可能会使过盈量超过零件材料的极限强度。因此在过渡或过盈配合中，孔、轴的公差等级应有较高的精度。通常，孔可选公差等级小于等于 IT8，轴可选公差等级小于等于 IT7。

对间隙配合，大间隙配合可选用较低的公差等级，如 H11/c11。但间隙小的配合，公差等级应较高，如 H7/g6，而选用 H7/a6 则无实际意义（间隙大而公差带宽度小）。

（4）公差等级应与典型零件或部件精度相匹配。齿轮是比较常见的传动件，齿轮孔及与齿轮孔相配合的轴，其公差等级取决于齿轮的精度等级。例如，齿轮的精度等级为 8 级，一般取齿轮孔的公差等级为 7 级，与齿轮孔相配合的轴的公差等级为 6 级。与滚动轴承配合的外壳孔和轴颈的公差等级取决于滚动轴承的公差等级，如表 2-12 所示。

了解各公差等级应用范围及各种方法所具有的加工精度对选用孔、轴的公差等级是极为有益的，特别是用类比法选择公差等级时。表 2-11 至表 2-13 所示分别为公差等级应用范围、IT5 至 IT12 的应用和各种加工方法能够达到的公差等级。

表 2-11　公差等级的应用范围

应　用	公　差　等　级　（IT）																		
	01	0	1	2	3	4	5	6	7	8	9	10	11	12	13	14	15	16	17	18
块　规	—	—	—																	
量　规			—	—	—	—	—	—												
配合尺寸							—	—	—	—	—	—	—	—						
特别精密零件的配合				—	—	—														
非配合尺寸（大制造公差）														—	—	—	—	—	—	—
原材料公差								—	—	—	—	—	—	—	—	—				

表 2-12　IT5 至 IT12 的应用

公差等级	应　用
IT5	主要用在配合公差、形状公差要求很小的地方，它的配合性质稳定，一般在机床、发动机、仪表等重要部位应用。例如：与 5 级滚动轴承相配的机床箱体孔，与 6 级滚动轴承孔相配的机床主轴，精密机械及高速机械的轴颈，机床尾座与套筒，高精度分度盘轴颈，分度头主轴，精密丝杠轴颈等
IT6	配合性质能达到较高的均匀性，例如：与 6 级滚动轴承相配合的孔、轴径；与齿轮、涡轮、联轴器、带轮、凸轮等联接的轴径，机床丝杆轴径；摇臂钻立柱；机床夹具中导向件外径尺寸；6 级精度等级的基准孔，7、8 级精度齿轮基准轴径
IT7	7 级精度比 6 级稍低，应用条件与 6 级基本相似，在一般机械制造中应用较为普遍。如联轴器、带轮、凸轮等孔径；机床卡盘座孔，夹具中固定钻套、可换钻套；7、8 级齿轮基准孔，9、10 级齿轮基准轴
IT8	在机械制造中属于中等精度。例如：轴承座衬套沿宽度方向尺寸，9～12 级齿轮基准孔；11～12 级齿轮基准轴

续表

公差等级	应 用
IT9～IT10	主要用于机械制造中轴套外径与孔;操纵件与轴;空轴带轮与轴;单键与花键
IT11～IT12	配合精度要求很低,装配后有很大的间隙,适用于基本上无配合要求的场合。例如:机床上法兰盘与止口;滑块与滑移齿轮;非配合尺寸及工序间尺寸;冲压加工的配合件;机床制造业中扳手孔和扳手座的连接等

表 2-13　各种加工方法能够达到的公差等级

加工方法	公 差 等 级 (IT)																	
	01	0	1	2	3	4	5	6	7	8	9	10	11	12	13	14	15	16
研磨	─	─	─	─	─	─	─											
珩						─	─	─	─									
圆磨、平磨							─	─	─	─								
金刚石车、金刚石镗							─	─	─									
拉削							─	─	─	─								
铰孔								─	─	─	─	─						
车、镗									─	─	─	─	─					
铣										─	─	─	─					
刨、插										─	─	─	─					
钻孔												─	─	─				
滚压、挤压												─	─	─				
冲压												─	─	─	─	─		
压铸													─	─	─			
粉末冶金成型								─	─	─								
粉末冶金烧结									─	─	─							
砂型铸造																─	─	─
锻造																	─	─

对于某些配合,可用计算法确定公差等级。例如,根据经验和使用要求,已知配合的间隙或过盈的变化范围(即配合公差),则可用计算查表法分配孔和轴的公差,确定公差等级。

【例 2-6】 对尺寸为 $\phi65$ 的孔、轴相配合,要求最小间隙为 15 μm,最大间隙为 70 μm,试确定孔、轴的公差等级。

解 间隙配合公差

$$T_f = X_{max} - X_{min} = (70 - 15)\ \mu m = 55\ \mu m$$

(1) 在单件小批量生产中可用 $T_f = T_D + T_d$ 计算,查表得 $\phi65$ mm,IT6 $= 19\ \mu m$,IT7 $= 30\ \mu m$。较高精度的孔的加工较困难,故可选比轴低一级的精度,轴选 IT6 级 $T_d = 19\ \mu m$,

孔选用 IT7 级 $T_D = 30\ \mu m$，$T_f = T_D + T_d = (30 + 19)\ \mu m = 49\ \mu m < 55\ \mu m$，符合题目要求。

（2）在大批量生产中，一般采用自动机床进行加工，工件尺寸接近正态分布，即大部分尺寸位于平均公差处，故可用均方根法计算间隙配合公差 $T_f = \sqrt{T_D^2 + T_d^2}$，查表得，$\phi 65$ mm，IT7 = 30 μm，IT8 = 46 μm，轴选 IT7 级 $T_d = 30\ \mu m$，孔选用 IT8 级 $T_D = 46\ \mu m$，故 $T_f = \sqrt{T_D^2 + T_d^2} = \sqrt{46^2 + 30^2} = 54.9\ \mu m < 55\ \mu m$，符合题目要求。

随着公差等级的提高，成本也随之提高，在低精度区，精度提高，成本增加不多；在高精度区，精度稍提高，成本急剧增加，故选用高精度公差等级时应特别慎重。

2.3.3 配合的选用

配合的选择包括：配合类别的选择和非基准件基本偏差代号的选择。

1. 根据使用要求确定配合的类别

配合的选择首先要确定配合的类别。选择时，应根据具体的使用要求确定是间隙配合还是过渡或过盈配合。例如，孔、轴有相对运动（转动或移动）要求，必须选间隙配合；若孔、轴间无相对运动，应根据具体工作条件的不同确定过盈、过渡甚至间隙配合。对于受力小或者基本上不受力，或是主要要求为对中、定心或便于拆装时，则可选过渡配合。表 2-14 供选择时参考。

表 2-14　配合类别选择

无相对运动	要传递转矩	永久结合	较大过盈的过盈配合
		可拆结合 要精确同轴	轻型过盈配合、过渡配合或基本偏差为 H(h) 的间隙配合加紧固件
		可拆结合 不要精确同轴	间隙配合加紧固件
	不需要传递转矩，要精确同轴		过渡配合或轻的过盈配合
有相对运动	只有移动		基本偏差为 H(h)、G(g) 等间隙配合
	转动或转动和移动的复合运动		基本偏差 A~F(a~f) 等间隙配合

用类比法选择配合，首先要掌握各种配合的特征和应用场合，尤其是对国家标准所规定的优先配合要非常熟悉。表 2-15 所示为基孔制轴的基本偏差的应用。表 2-16 所示为优先配合的特性及应用。

表 2-15　基孔制轴的基本偏差的应用

配合种类	基本偏差	配合特性及应用
间隙配合	a、b	可得到特别大的间隙，很少应用
	c	可得到大的间隙，应用一般适用于缓慢、松弛的动配合。用于工作条件较差（如农业机械），受力变形，或为了便于装配，而必须保证有较大的间隙时。推荐的配合为 H11/c11，其较高级的配合，如 H8/c7 适用于轴在高温工作的紧密动配合，例如内燃机排气阀和导管
	d	配合一般用于 IT7~IT11，适用于松动的转动配合，如密封盖、滑轮、空转带轮等与轴的配合。也适用于大直径滑动轴承配合，如透平机、球磨机、轧辊成形和重型弯曲机及其他重型机械中的一些滑动支架

配合种类	基本偏差	配合特性及应用
间隙配合	e	多用于 IT7～IT9 级,通常适用于要求有明显间隙,易于转动的支承配合,如大跨距、多点支承等。高精度等级的 e 轴适用于大型、高速、重载支承配合,如涡轮发电机、大型电动机、内燃机、凸轮轴及摇臂支承等
间隙配合	f	多用于 IT6～IT8 级的一般转动配合。当温度影响不大时,被广泛用于普通润滑油(或润滑脂)润滑的支承。如齿轮箱、小电动机、泵等的转轴与滑动支承的配合
间隙配合	g	配合间隙很小,制造成本高,除很轻负荷的精密装置外,不推荐用于转动配合。多用于 IT5～IT7 级,最适合不回转的精密滑动配合,也用于插销等定位配合。如精密连杆轴承、活塞及滑阀、连杆销及分度头轴颈与轴的配合等。例如钻套与衬套的配合为 H7/g6
间隙配合	h	多用于 IT4～IT11 级,广泛用于无相对转动的零件,作为一般定位配合。若无温度、变形影响,也用于精密滑动配合。例如车床尾座孔与顶尖套筒的配合为 H6/h5
过渡配合	js	为完全对称偏差(±IT/2),平均为稍有间隙的配合,多用于 IT4～IT7 级,要求间隙比 h 轴小,并允许略有过盈的定位配合。如联轴器,可用手或木锤装配
过渡配合	k	平均为没有间隙的配合,适用于 IT4～IT7 级,推荐用于稍有过盈的定位配合。例如为了消除振动用的定位配合。一般用木锤装配
过渡配合	m	平均为具有不大过盈的过渡配合,适用于 IT4～IT7 级,一般可用木锤装配,但在最大过盈时,要求相当的压入力
过渡配合	n	平均过盈比 m 轴稍大,很少得到间隙,适用于 IT4～IT7 级,用锤或压力机装配,通常推荐用于紧密的组件配合。H6/n5 配合时为过盈配合
过盈配合	p	与 H6 或 H7 配合时是过盈配合,与 H8 配合时则为过渡配合。对非铁类零件,为较轻的压入配合,当需要时易于拆卸。对钢、铸铁或铜、钢组件装配是标准压入配合
过盈配合	r	对铁类零件是中等打入配合,对非铁类零件,为轻打入的配合,当需要时可以拆卸。与 H8 孔配合,直径在 100 mm 以上时为过盈配合,直径小时为过渡配合
过盈配合	s	用于钢和铁制零件的永久性或半永久性装配,可产生相当大的结合力。当用弹性材料,如轻合金时,配合性质与铁类零件的 p 轴相当。例如套环压装在轴上、阀座等配合。尺寸较大时,为了避免损伤配合表面,需用热胀或冷缩法装配
过盈配合	t～z	过盈量依次增大。一般不作推荐

表 2-16　优先配合的特性及应用

基孔制	基轴制	优先配合特性及其应用举例
H11/c11	C11/h11	间隙非常大,用于很松的、转动很慢的动配合;要求大公差与大间隙的外露组件;要求装配方便的很松的配合
H9/d9	D9/h9	间隙很大的自由转动配合;用于精度非主要要求时,或有大的温度变动、高转速或大的轴颈压力时
H8/f7	F8/h7	间隙不大的转动配合;用于中等转速与中等轴颈压力的精确转动;也用于装配较易的中等定位配合

续表

基 孔 制	基 轴 制	优先配合特性及其应用举例
H7/g6	G7/h6	间隙很小的滑动配合;用于不希望自由转动,但可以自由移动和滑动并精确定位时,也可用于要求明确的定位配合
H7/h6 H8/h7 H9/h9 H11/h11	H7/h6 H8/h7 H9/h9 H11/h11	均为间隙定位配合,零件可自由装拆,而工作时一般相对静止不动。在最大实体条件下的间隙为零,在最小实体条件下的间隙由公差等级决定
H7/k6	K7/h6	过渡配合,用于精密定位
H7/n6	N7/h6	过渡配合,允许有较大过盈的更精密定位
H7 * /p6	P7/p6	过盈定位配合,即小过盈配合,用于定位精度特别重要时,能以最好的定位精度达到部件的刚性及对中要求,而对内孔承受压力无特殊要求,不依靠配合的紧固性传递摩擦负荷
H7/s6	S7/h6	中等压入配合,适用于一般钢件,或用于薄壁件的冷缩配合,用于铸铁件可得到最紧的配合
H7/u6	U7/h6	压入配合,适用于可承受大压入力的零件或承受大压入力的冷缩配合

注:* 小于或等于 3 mm 时为过渡配合。

各种机器的应用场合、加工批量、材料的许用应力、负荷的大小和特性、装配条件及温度都会有或多或少的差异。因此,在对照实例选取配合时,应根据所设计的机器的具体情况对间隙或过盈量进行适当的修正(如表 2-17 所示)。

表 2-17 按照具体情况考虑间隙或过盈的修正

具 体 情 况	过盈量	间隙量	具 体 情 况	过盈量	间隙量
材料许用应力小	减	—	装配时可能歪斜	减	增
经常拆卸	减	—	旋转速度较高	增	减
有冲击负荷	增	减	有轴向运动	—	增
工作时,孔的温度高于轴的温度	增	减	润滑油黏度大	—	增
工作时,孔的温度低于轴的温度	减	增	表面粗糙度大	增	减
配合长度较长	减	增	装配精度高	减	减
配合表面几何误差大	减	增	单件小批量生产	减	增

总之,间隙配合的选择主要看运动速度、受载荷情况、定心要求和润滑要求。相对运动速度高、工作温度高,则间隙应选得大一些;相对运动速度低,则间隙可选得小一些。

过盈配合的选择主要参照扭矩的大小以及是否加紧固件与拆装困难程度等情况。无紧固件的过盈配合,其最小过盈量产生的结合力应保证能传递所需的扭矩和轴向力;且最大过盈量产生的内应力不允许超过材料的屈服强度。

过渡配合的选择主要考虑定心要求与拆装等因素。对于定位配合,要求保证不松动;如需要传递扭矩,则还需要加键、销等紧固件;经常拆装的部位要比不经常拆装的部位配合松一些。具体情况按表 2-17 进行修正。

2. 非基准件基本偏差代号的选择

当基准制和公差等级确定以后,即确定了基准件的上下偏差和配合件的公差等级,选择非基准件的基本偏差代号的问题也就是具体的间隙或过盈量的确定问题。选择基本偏差的方法有计算法、试验法和类比法。

若已知极限间隙(过盈)时,首先根据要求选取基准制,然后按计算-查表法确定公差等级,最后按相应公式计算基本偏差值后,查表确定基本偏差代号。

2.3.4　尺寸精度设计举例

【例 2-7】　用计算法确定配合和公差等级。

设有一孔、轴配合,公称尺寸为 $\phi60$ mm,要求配合的间隙在 $+0.025 \sim +0.11$ mm 之间,试用计算法确定孔和轴的公差等级和配合种类,并画出其尺寸公差带图。

解　(1)选择基准制。

因为没有特殊要求,优先选用基孔制配合。孔的基本偏差代号为 H,EI=0。

(2)确定公差等级。

根据使用要求,其配合公差为

$$T_f = X_{max} - X_{min} = T_D + T_d = (0.11 - 0.025) \text{ mm} = 0.085 \text{ mm} = 85 \ \mu\text{m}$$

为满足使用要求,孔、轴的公差等级之和应接近 T_f,而不大于 T_f。假设孔、轴同级配合,则

$$T_D = T_d = T_f/2 = 42.5 \ \mu\text{m}$$

查标准公差数值表 2-1 得:孔和轴的公差等级介于 IT7 和 IT8 之间。根据工艺等价原则,在 IT7 和 IT8 的公差等级范围内,孔应比轴低一个公差等级,故取

孔公差:$T_D = \text{IT8} = 46 \ \mu\text{m}$;　轴公差:$T_d = \text{IT7} = 30 \ \mu\text{m}$

则配合公差为 $T_f = T_D + T_d = (46 + 30) \ \mu\text{m} = 76 \ \mu\text{m} < 85 \ \mu\text{m}$,满足使用要求。

(3)确定孔、轴公差代号。

因为是基孔制配合,且孔的公差等级为 IT8,所以孔的公差带为 $\phi60\text{H8}$。孔的极限偏差为 $\text{ES} = \text{EI} + T_D = 0 + 0.046 \text{ mm} = +0.046 \text{ mm}$。孔的公差代号为 $\phi60\text{H8}(^{+0.046}_{0})$ mm。

根据 $X_{min} = \text{EI} - \text{es} = 0 - \text{es} = 0.025$ mm,得 $\text{es} = -0.025$ mm。

基孔制间隙配合,轴的上偏差为基本偏差,查基本偏差表,得轴的基本偏差为 f,$\text{ei} = \text{es} - \text{IT} = -0.030 - (+0.030) = -0.060$ mm(注意:式中 es 不能取 -0.025 mm,因为它不是国家标准规定的偏差值),故轴的公差带为 $\phi60\text{f7}(^{-0.03}_{-0.06})$ mm。

(4)检验:

$$X_{max} = \text{ES} - \text{ei} = [0.046 - (-0.06)] \text{ mm} = 0.106 \text{ mm} = 106 \ \mu\text{m}$$

$$X_{min} = \text{EI} - \text{es} = [0 - (-0.03)] \text{ mm} = 0.03 \text{ mm} = 30 \ \mu\text{m}$$

故 X_{min}、X_{max} 在 $(25 \sim 110) \ \mu\text{m}$ 之间,符合设计要求。公差带图如图 2-17 所示。

在选择配合中,所选取的极限间隙(过盈)应在原要求的范围内。

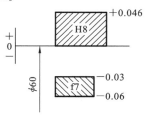

图 2-17　公差带图

本例为基孔制间隙配合,轴的上偏差为基本偏差,故用公式 $X_{min}=EI-es$ 求轴的基本偏差。如果为基孔制过渡配合,轴的基本偏差代号为 j~p,基本偏差为下偏差,应用公式 $X_{max}=ES-ei$ 求轴的基本偏差 ei。如果为基孔制过盈配合,轴的下偏差为基本偏差,应用公式 $Y_{min}=ES-ei$ 求轴的基本偏差。在基轴制配合中,非基准件的基本偏差的确定方法与基孔制相似,用含有相应孔的基本偏差的极限间隙或过盈量的公式求解。然后再查基本偏差表来确定非基准件的偏差代号。

【例 2-8】 用类比法确定配合类型与公差等级。

图 2-18 所示为钻模的一部分。钻模板 3 上有衬套 2,快换钻套 1 在工作中要求能迅速

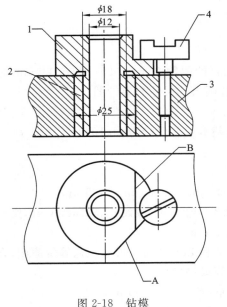

图 2-18 钻模
1—快换钻套;2—衬套;3—钻模板;4—钻套螺钉

更换,当快换钻套 1 以其铣成的缺边 A 对正钻套螺钉 4 后可以直接装入衬套 2 的孔中,当快换钻套 1 再顺时针旋转至钻套螺钉 4 的下端面时,拧紧螺钉 4,快换钻套就被固定,防止了它的轴向窜动和周向转动。当钻孔后更换钻套 1 时,可将钻套 1 逆时针旋转一个角度后直接取下,换上另一个孔径不同的快换钻套而不必将钻套螺钉 4 取下。

零件公称尺寸见图 2-18,试确定相应的配合。

解 (1)基准制的选择。对衬套 2 与钻模板 3 的配合以及钻套 1 与衬套 2 的配合,因结构无特殊要求,按国标规定,应优先选用基孔制配合。

对钻头与钻套 1 内孔的配合,因钻头是标准件,所以应选择基轴制配合。

(2)公差等级的选择。参见表 2-12,本例中钻模板 3 的孔、衬套孔、钻套孔统一选 IT7;而衬套的外圆、钻套 1 的外圆则按 IT6 选用。

(3)配合种类的选择。衬套 2 与钻模板 3 的配合,要求连接牢靠,能承受轻微冲击载荷,且更换的次数不多,因此参考表 2-15 及表 2-16 选择平均过盈率大的过渡配合 n,所以应选择过渡配合 $\phi25H7/n6$。

快换钻套 1 与衬套 2 的配合,要求经常性用手更换,故需要一定的间隙保证更换迅速,且要求准确定心,因此间隙不能过大,参考表 2-15 及表 2-16,可选择精密滑动的间隙配合 $\phi18H7/g6$。

快换钻套 1 内孔,因需要引导旋转的刀具进给,钻孔速度一般为中速,参考表 2-16,且夹具标准统一规定:钻套内孔与衬套内孔的公差带均选择 F7。所以钻套内孔可选择 $\phi12F7$。而衬套内孔公差带为 F7 的前提下,选用相当于 H7/g6 配合的 F7/k6 非基准制配合。具体对比如图 2-19 所示,从图上可以看出,两者的极限间隙基本相同。

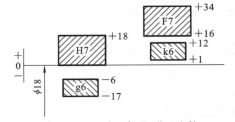

图 2-19 H7/g6 与 F7/k6 比较

习   题

2-1 什么是公称尺寸、极限尺寸和实际尺寸？它们之间有何区别和联系？

2-2 什么是尺寸公差、极限偏差和实际偏差？它们之间有何区别和联系？

2-3 什么是标准公差？什么是基本偏差？

2-4 什么是基准制？在哪些情况下采用基轴制？

2-5 配合有哪几种？简述各种配合的特点。

2-6 计算出下表中空格处的数值，并按规定填写在表中。

公称尺寸	最大极限尺寸	最小极限尺寸	上偏差	下偏差	公差	尺寸标注
孔 $\phi12$	12.050	12.032				
轴 $\phi60$			$+0.072$		0.019	
孔 $\phi30$		29.959			0.021	
轴 $\phi80$			-0.010	-0.056		
孔 $\phi50$				-0.034	0.039	
孔 $\phi40$						$\phi40^{+0.014}_{-0.011}$
轴 $\phi70$	69.970				0.074	

2-7 根据下表中给出的数据计算出空格中的数据，并填入空格内（注意：公称尺寸单位为 mm，其他单位均为 μm）。

公称尺寸	孔			轴			X_{max} 或 Y_{min}	X_{min} 或 Y_{max}	T_f
	ES	EI	T_D	es	ei	T_d			
$\phi25$	$+11$		11	-16			$+40$		
$\phi14$		0				10		-12	24
$\phi45$			25	0			-5	-50	

2-8 判断下列说法是否正确，并简单说明理由。

(1) 轴、孔的加工精度愈高，则其配合精度也愈高。   （   ）

(2) 零件的实际尺寸越接近公称尺寸，则其精度越高。   （   ）

(3) $\phi12F5$、$\phi12F8$、$\phi12F12$ 三种孔的上极限偏差不同，而下极限偏差相同。   （   ）

(4) $\phi12S5$、$\phi12S7$、$\phi12S10$ 三种孔的下极限偏差不同，而上极限偏差相同。   （   ）

(5) 过渡配合可能有间隙或过盈，因此过渡配合可能是间隙配合或过盈配合。   （   ）

(6) 公称尺寸不同的零件，只要它们的公差值相同，就可以说明它们的精度要求相同。

                                                        （   ）

(7) 有相对运动的配合应选用间隙配合，无相对运动的配合均选用过盈配合。   （   ）

(8) $\phi50\dfrac{H7}{s6}$ 和 $\phi50\dfrac{S7}{h6}$ 的配合性质完全相同。   （   ）

2-9 图 2-20 所示为钻床夹具简图。根据表中所列的已知条件选择合适的配合种类，并填入表中。

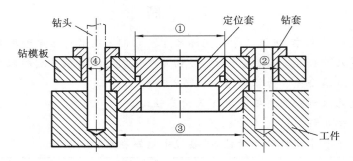

图 2-20　钻床夹具简图

配 合 部 位	已 知 条 件	配 合 种 类
①	有定心要求,不可拆连接	
②	有定心要求,可拆连接(钻套磨损后可更换)	
③	有定心要求,安装和取出定位套时有轴向移动	
④	有导向要求,钻头高速旋转下能够进入钻套	

2-10　如图 2-21 所示为一车床溜板箱手动机构的部分结构简图。转动手轮,通过键带动轴Ⅰ、齿轮副、轴Ⅱ,再通过轴Ⅱ上的小齿轮,与床身上的齿条(未画出)啮合,使溜板箱沿导轨作纵向移动。各配合面的公称尺寸为:① $\phi40$;② $\phi28$;③ $\phi28$;④ $\phi46$;⑤ $\phi32$;⑥ $\phi32$;⑦ $\phi18$。滑动轴承套压装在溜板箱座上,内孔用油润滑,②、③处配合应方便加工与装配。试选择它们的基准制、公差等级及配合种类。

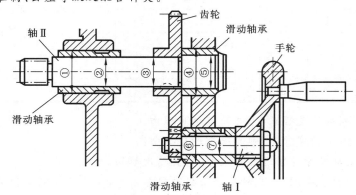

图 2-21　车床溜板箱手动机构的部分结构简图

2-11　查表确定下列各配合的孔、轴的极限偏差,计算极限间隙或过盈、配合公差,并判断基准制和配合类别,最后画出尺寸公差带图。

(1) $\phi50K7/h6$　　　　(2) $\phi30H8/f7$　　　　(3) $\phi140H7/s6$

(4) $\phi25H7/g6$　　　　(5) $\phi40U7/h6$　　　　(6) $\phi15JS8/g7$

2-12　设有一公称尺寸为 $\phi80mm$ 的配合,经计算确定其过盈应为($-25\sim-110$) μm;若已决定采用基孔制,试确定此配合的孔、轴公差带代号,并画出其尺寸公差带图。

第3章　测量技术基础

要使零、部件具有互换性，必须按标准正确设计它们的技术参数公差，如长度、角度公差和表面粗糙度等。零、部件加工完成后是否达到设计规定的要求，还需要通过测量来验证。检测必须确定合理的验收极限，选择合适的计量器具。测量结果的精确与否直接影响零、部件的互换性。因此，在互换性生产中，测量十分重要，它是保证零、部件具有互换性不可缺少的措施和手段。相关的标准有 GB/T 6093—2001《几何量技术规范(GPS) 长度标准 量块》、JJG 146—2003《量块检定规程》、GB/T 3177—2009《产品几何技术规范(GPS)光滑工件尺寸的检验》等。

3.1　概述

检测是测量与检验的总称。测量是指将被测量与作为测量单位的标准量进行比较，从而确定被测量的实验过程；而检验则是判断零件是否合格而不需要测出具体数值。由测量的定义可知，任何一个测量过程都必须有明确的被测对象和确定的测量单位，还要有与被测对象相适应的测量方法，而且测量结果还要达到所要求的测量精度。因此，一个完整的测量过程应包括如下四个要素。

1. 被测对象

通常研究的被测对象是几何量，即长度、角度、形状、位置、表面粗糙度以及螺纹、齿轮等零件的几何参数。

2. 测量单位

在采用国际单位制的基础上，规定我国计量单位一律采用中华人民共和国法定计量单位。在几何量测量中，长度的计量单位为米(m)，在机械零件制造中，常用的长度计量单位是毫米(mm)；在几何量精密测量中，常用的长度计量单位是微米(μm)；在超精密测量中，常用的长度计量单位是纳米(nm)；常用的角度计量单位是弧度(rad)、微弧度(μrad)和度(°)、分(′)、秒(″)，其中 1 μrad＝10^{-6} rad，1°＝0.017 453 3 rad。

3. 测量方法

测量方法是测量时所采用的测量原理、测量器具和测量条件的总和。根据被测对象的特点，如精度、大小、轻重、材质、数量等来确定所用的计量器具，分析研究被测对象的特点和它与其他参数的关系，确定最合适的测量方法以及测量的主客观条件。

4. 测量精度

测量精度是指测量结果与被测量真值的一致程度。精密测量要将误差控制在允许的范围内，以保证测量精度。为此，除了合理地选择测量器具和测量方法，还应正确估计测量误差的性质和大小，以便保证测量结果具有较高的置信度。

3.2 尺寸传递

3.2.1 长度基准与尺寸传递

目前,世界各国所使用的长度单位有米制(公制)和英制两种。我国长度计量采用公制,长度基本计量单位是米。按 1983 年第十七届国际计量大会的决议规定米的定义为:米是光在真空中,在 1/299 792 458 s 时间间隔内行程的长度。国际计量大会推荐用激光辐射来复现它,其不确定度可达 10^{-9}。我国用碘吸收稳定的 0.633 μm 氦氖激光辐射波长来复现长度基准。

在实际生产和科学研究中,不可能按照上述米的定义来测量零件尺寸,而是用各种计量器具进行测量。为了保证零件在国内、国际上具有互换性,必须保证量值的统一,必须把长度基准的量值准确地传递到生产中应用的计量器具和被测工件上。长度基准的量值传递系统如图 3-1 所示。

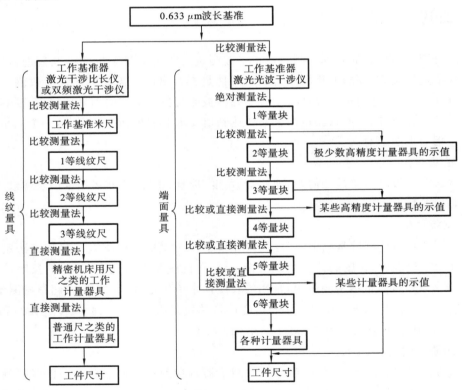

图 3-1　长度基准的量值传递系统

3.2.2 角度基准与尺寸传递

角度是重要的几何量之一,一个圆周角定义为 $360°$,角度不需要像长度一样建立自然基准。但在计量部门,为了方便,仍采用多面棱体(棱形块)作为角度量值的基准。机械制造中的角度标准一般是角度量块、测角仪或分度头等。

多面棱体有 4 面、6 面、8 面、12 面、24 面、36 面及 72 面等。以多面棱体作角度基准的量值传递系统,如图 3-2 所示。

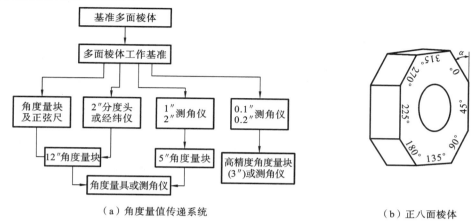

（a）角度量值传递系统　　　　　　　　（b）正八面棱体

图 3-2　角度量值传递系统及正八面棱体

3.2.3　量块

1. 量块的作用

量块又称块规,用途很广,除了作为长度基准的传递媒介外,还可有以下的作用。

（1）用于检定和校准测量工具或量仪。

（2）相对测量时用来调整量具或量仪的零位。

（3）直接用于精密测量、精密划线和精密机床的调整。

2. 量块的构成

量块用铬锰钢等特殊合金钢或线膨胀系数小、性质稳定、耐磨以及不易变形的其他材料制成。

量块的形状有长方体和圆柱体两种。常用的是长方体,它有两个平行的测量面和四个非测量面。测量面极为光滑、平整,其表面粗糙度为 $Ra = 0.008 \sim 0.012\ \mu m$。两测量面之间的距离即为量块的工作长度,称为标称长度(公称尺寸)。标称长度到 5.5 mm 的量块,其标称长度值刻印在上测量面上;标称长度大于 5.5 mm 的量块,其标称长度值刻印在上测量面的左侧平面上。标称长度到 10 mm 的量块,其截面尺寸为 30 mm×9 mm;标称长度从大于 10 mm 到 1000 mm 的量块,其截面尺寸为 35 mm×9 mm,如图 3-3 所示。

3. 量块的精度

按 GB/T 6093—2001 的规定,量块按制造精度分为 5 级,即 0、1、2、3 和 K 级。其中 0 级精度最高,3 级精度最低,K 级为校准级。级主要是根据量块长度极限偏差、量块长度变动量允许值、测量面的平面度、量块测量面的表面粗糙度及量块的研合性等指标来划分的。

量块长度是指量块上测量面上任意一点到与此量块下测量面相研合的辅助体(如平晶)表面之间的垂直距离。量块的中心长度是指量块测量面上中心点的量块长度,如图 3-4 所示的 L_0。

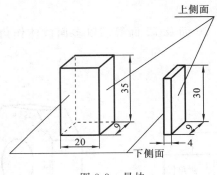

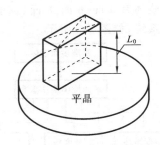

图 3-3　量块　　　　　　　　图 3-4　量块的长度定义

制造高精度量块的工艺要求高,成本也高,而且即使制造成高精度量块,在使用一段时间后,也会因磨损而引起尺寸减小。所以按"级"使用量块(即以标称长度为准),必然要引入量块本身的制造误差和磨损引起的误差。因此,需要定期检定出全套量块的实际尺寸,再按检定的实际尺寸来使用量块,这样比按标称尺寸使用量块的准确度高。按照 JJG 146—2003《量块检定规程》的规定,量块按其检定精度分为五等,即 1、2、3、4、5 等,其中 1 等精度最高,5 等精度最低。

量块按"级"使用时,是以标记在量块上的标称尺寸作为工作尺寸,该尺寸包含了量块实际制造误差。按"等"使用时,则是以量块检定后给出的实测中心长度作为工作尺寸,该尺寸不包含制造误差,但包含了量块检定时的测量误差。一般来说,检定时的测量误差要比制造误差小得多。所以量块按"等"使用时其精度比按"级"使用时要高。

4. 量块的选用

量块不仅尺寸准确、稳定、耐磨,而且测量面的表面粗糙度值和平面度误差均很小。当测量面表面留有一层极薄的油膜(约为 $0.02\ \mu m$)时,在切向推合力的作用下,由于分子之间的吸引力,两量块能研合在一起,即具有黏合性。

量块是定尺寸量具,一个量块只有一个尺寸。为了满足一定尺寸范围的不同要求,量块可以利用黏合性组合使用。根据国际 GB/T 6093—2001 规定,我国成套生产的量块共有 17 种套别,每套的块数为 91、83、46、38 等。表 3-1 所示为 91 块和 83 块一套的量块尺寸系列。

表 3-1　成套量块尺寸表(摘自 GB/T 6093—2001)

总块数	尺寸系列/mm	间隔/mm	块数	总块数	尺寸系列/mm	间隔/mm	块数
91	0.5		1	83	0.5		1
	1		1		1		1
	1.001～1.009	0.001	9		1.005		1
	1.01～1.49	0.01	49		1.01～1.49	0.01	49
	1.5～1.9	0.1	5		1.5～1.9	0.1	5
	2.0～9.5	0.5	16		2.0～9.5	0.5	16
	10～100	10	10		10～100	10	10

使用量块时,为了减少量块的组合误差,应尽量减少量块的组合块数,一般不超过 4 块。选择量块,应根据所需尺寸的最后一位数字入手,每选一块,至少使尺寸的位数减少一位。

【例 3-1】 使用 91 块一套的量块组,从中选择量块组成 49.763 mm。可按下列步骤选取:

$$
\begin{array}{r}
49.763 \\
-\ \ 1.003 \\
\hline
48.76 \\
-\ \ 1.26 \\
\hline
47.50 \\
-\ \ 7.5 \\
\hline
40
\end{array}
$$

············ 量块要组合出的尺寸
············ 第一块量块尺寸

············ 第二块量块尺寸

············ 第三块量块尺寸
············ 第四块量块尺寸

3.3　计量器具与测量方法

3.3.1　计量器具的分类

计量器具是量具、计量仪器及其他用于测量目的的测量装置(计量装置)的总称。

1. 量具

量具是指以固定形式复现量值的计量器具。分单值量具(如量块)及多值量具(如线纹尺)。量具一般没有放大装置。

2. 计量仪器

计量仪器(简称量仪)是指能将被测量转换成可直接观察的指示值(示值)或等效信息的计量器具。按工作原理可分为以下几种。

(1)机械式量仪　是指用机械方法来实现被测量的变换和放大,以实现几何量测量的量仪。如百分表、杠杆百分表、杠杆齿轮比较仪、扭簧比较仪等。

(2)光学式量仪　是指用光学原理来实现被测量的变换和放大,以实现几何量测量的量仪。如光学计、测长仪、投影仪、干涉仪等。

(3)气动式量仪　是指以压缩气体为介质,将被测量转换为气动系统状态(流量或压力)的变换,以实现几何量测量的量仪。如水柱式气动量仪、浮标式气动量仪等。

(4)电动式量仪　是指将被测量变换为电量,然后通过对电量的测量来实现几何量测量的量仪。如电感式量仪、电容式量仪、电接触式量仪、电动轮廓仪等。

(5)光电式量仪　是指利用光学方法放大或瞄准,通过光电元件再转换为电量进行检测,以实现几何量测量的量仪。如光电显微镜、光栅测长机、光纤传感器、激光准直仪、激光干涉仪等。

3. 专用计量器具

专用计量器具是专门用来测量某种特定参数的计量器具,如圆度仪、渐开线检查仪、丝杠检查仪、极限量规等。

极限量规是一种没有刻度的专用检验工具,用以检验零件尺寸、形状或相互位置。它只能判断零件是否合格,而不能得出具体尺寸。

4. 计量装置

计量装置是为确定被测量所必需的测量装置及辅助设备的总称。如检验夹具、自动分选装置等。该装置能够测量同一零件上较多的几何量和形状复杂的零件,有助于实现检测的自动化。

3.3.2　计量器具的基本度量指标

度量指标是选择和使用计量器具、研究和判断测量方法正确性的依据,是表征计量器具的性能和功能的指标。基本度量指标主要有以下几项。

(1) 刻线间距 c　计量器具标尺或刻度盘上两相邻刻线中心线间的距离。通常是等距刻线。为了适应人眼观察和读数,刻线间距一般为 $1\sim2.5$ mm。

(2) 分度值(刻度值)i　计量器具标尺上每一刻线间距所代表的量值即分度值。一般长度量仪中的分度值有 0.1 mm、0.01 mm、0.001 mm、0.000 5 mm 等。图 3-5 所示的计量器具 $i=1$ μm。有一些计量器具(如数字式量仪)没有刻度尺,就不称分度值而称分辨率。分辨率是指量仪显示的最末一位数所代表的量值。例如,F604 坐标测量机的分辨率为 1 μm,奥普通(OPTON)光栅测长仪的分辨率为 0.2 μm。

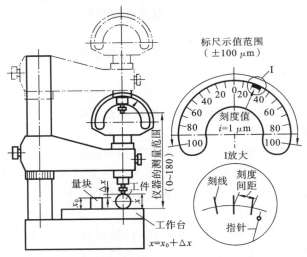

图 3-5　计量器具的基本度量指标

(3) 测量范围　计量器具所能测量的被测量最小值到最大值的范围称为测量范围。如图 3-5 所示计量器具的测量范围为 $0\sim180$ mm。测量范围的最大、最小值称为测量范围的"上限值"、"下限值"。

(4) 示值范围　由计量器具所显示或指示的最小值到最大值的范围。图 3-5 所示的示值范围为 ±100 μm。

(5) 灵敏度 S　计量器具反映被测几何量微小变化的能力。如果被测参数的变化量为 ΔL,引起计量器具的示值变化量为 Δx,则灵敏度 $S=\Delta x/\Delta L$。当分子分母是同一量纲时,灵敏度又称放大比 K。对于均匀刻度的量仪,放大比 $K=c/i$。此式说明,当刻度间距 c 一定时,放大比 K 越大,分度值 i 越小,可以获得更精确的读数。

(6) 示值误差　计量器具显示的数值与被测量的真值之差为示值误差。它主要由仪器误差和仪器调整误差引起。一般可用量块作为真值来检定计量器具的示值误差。

(7) 校正值(修正值)　为消除计量器具系统测量误差,用代数法加到测量结果上的值称为校正值。它与计量器具的系统测量误差的绝对值相等,符号相反。

(8) 回程误差　在相同的测量条件下,当被测量不变时,计量器具沿正、反行程在同一点上测量结果之差的绝对值称为回程误差。回程误差是由计量器具中测量系统的间隙、变形和摩擦等原因引起的。测量时,为了减少回程误差的影响,应按一个方向进行测量。

(9) 重复精度　在相同的测量条件下,对同一被测参数进行多次重复测量时,其结果的最大差异称为重复精度。差异值越小,重复性就越好,计量器具精度也就越高。

(10) 测量力　测量力是指在接触式测量过程中,计量器具测头与被测工件之间的接触压力。测量力太小影响接触的可靠性;测量力太大则会引起弹性变形,从而影响测量精度。

(11) 灵敏阈(灵敏限)　它是指引起计量器具示值可觉察变化的被测量值的最小变化量。或者说,是不致引起量仪示值可觉察变化的被测量值的最大变动量。它表示量仪对被测量值微小变动的不敏感程度。灵敏阈可能与噪声、摩擦、阻尼、惯性、量子化有关。

(12) 允许误差　技术规范、规程等对给定计量器具所允许的误差的极限值称为允许误差。

(13) 稳定度　在规定工作条件下,计量器具保持其计量特性恒定不变的程度称为稳定度。

(14) 分辨力　它是计量器具指示装置可以有效辨别所指示的紧密相邻量值的能力的定量表示。一般认为模拟式指示装置其分辨力为标尺间距的一半,数字式指示装置其分辨力为最后一位数的一个字。

(15) 不确定度　不确定度是指由于测量误差的存在导致测量值不能确定的程度。此参数可用诸如标准偏差或其数倍,或说明了置信水平的区间的半宽度来表示。以标准偏差表示的不确定度,称为标准不确定度。

3.3.3　测量方法的分类

广义的测量方法是指测量时所采用的测量原理、计量器具和测量条件的总和。但是在实际工作中,往往单纯从获得测量结果的方式来理解测量方法,它可按不同特征分类。

1. 直接测量与间接测量

直接测量指直接从计量器具的读数装置上得到欲测量的数值或对标准值的偏差。例如,用游标卡尺、千分尺测量外圆直径;间接测量指通过测量与欲测量关联的几何量,并按一定的数学关系式运算后得到欲测量值。例如,欲测量圆柱体的直径(D),可以测其周长(L),然后按关系式 $D=L/\pi$ 求得。

2. 绝对测量和相对测量

绝对测量是指测量时从计量器具上直接得到被测参数的整个量值。如用游标卡尺测量小工件尺寸。相对测量指在计量器具的读数装置上读得的是被测量对于标准量的偏差值。

例如在比较仪上测量轴径 x(见图 3-5)。先用量块(标准量)x_0 调整零位,实测后获得的示值 Δx 就是轴径相对于量块(标准量)的偏差值,实际轴径 $x = x_0 + \Delta x$。相对测量时,示值范围大大缩小,但易于获得较高的测量精度。

3. 接触测量与非接触测量

接触测量是指测头与工件被测表面直接接触,并有机械作用的测量力,如用千分尺、游标卡尺测量工件。非接触测量是指计量器具的敏感元件与被测工件表面不直接接触,没有机械作用的测量力,例如,用干涉显微镜、磁力测厚仪、气动量仪等的测量。

非接触测量没有测量力引起的测量误差,因此特别适用于易变形工件的测量。但这种测量方法对工件形状有一定要求,同时要求工件定位可靠,没有颤动,并且表面清洁。

4. 主动测量与被动测量

主动测量是指零件在加工过程中进行的测量,其测量结果直接用来控制零件的加工过程。一般自动化程度高的机床具有主动测量的功能,如数控机床、加工中心等先进设备。被动测量是指零件加工完成后进行的测量。其测量结果仅用于发现并剔除废品。

5. 单项测量与综合测量

单项测量是指单独地彼此没有联系地测量零件的单项参数,如分别测量齿轮的齿厚、齿形、齿距,螺纹的中径、螺距等。这种方法一般用于量规的检定、工序间的测量,或者为了工艺分析、调整机床等目的。综合测量是指测量零件几个相关参数的综合效应或综合参数,从而综合判断零件的合格性。例如测量螺纹作用中径、测量齿轮的运动误差等。综合测量一般用于终结检验(验收检验),测量效率高,能有效保证互换性,特别用于成批或大量生产中。

6. 静态测量与动态测量

静态测量是指测量时被测零件表面与计量器具的测头处于静止状态,如用齿距仪测量齿轮齿距,用工具显微镜测量丝杆螺距等。动态测量是指测量时被测零件表面与计量器具的测头处于相对运动状态,它能够反映生产过程中被测参数的变化过程,例如,在磨削过程中测量工件直径。动态测量效率高且能较好反映实际工作情况,但对测量仪器的要求比较高。

7. 等精度测量与不等精度测量

等精度测量是指在测量过程中,决定测量精度的全部因素或条件不变的测量。在一般情况下,为了简化测量结果的处理,大都按等精度测量处理。不等精度测量是指在测量过程中,决定测量精度的全部因素或条件可能完全改变或部分改变的测量。一般只在重要的科研实验中的高精度测量考虑按不等精度测量处理。

以上测量方法分类是从不同角度考虑的。对于一个具体的测量过程,可能兼有几种测量方法的特征。例如,在内圆磨床上用两点式测头进行检测,属于主动测量、直接测量、接触测量和相对测量等。测量方法的选择应考虑零件的结构特点、精度要求、生产批量、技术条件、经济效益及操作方便性等因素。

3.3.4　计量器具的合理选用

1. 基本概念

工件尺寸的检测是使用普通计量器具来测量尺寸,并按规定的验收极限判断工件尺寸是否合格,是兼有测量和检验两种特性的一个综合鉴别过程。

（1）合格。

合格是指满足要求。在有些场合，合格也称为符合。这里的要求不仅可以指标准、规范，也可以指图样、样品等，还可以指法律、法规和强制性标准的要求，以及虽然没有明确表示但在行业内或对公众来说不言而喻的要求。显然，对同一个检验对象，由于需要满足的要求不同，得出的检验结论也可能不同。

（2）验收极限。

验收极限是指检验工件尺寸时判断其尺寸合格与否的尺寸界线。

传统的检测方法是把图样上对尺寸所规定的上、下极限尺寸作为判断尺寸是否合格的验收极限。由于存在测量误差，测量孔和轴所得的实际尺寸并非真实尺寸，即真实尺寸＝测得的实际尺寸±测量误差。考虑到车间实际情况，通常，工件的形状误差取决于加工设备及工艺装备的精度，工件合格与否只按一次测量来判断，对于温度、压陷效应及计量器具和标准器的系统误差均不进行修正。因此，若根据实际尺寸是否超出极限尺寸来判断其合格性，即以孔、轴的极限尺寸作为孔、轴尺寸的验收极限，则当测得值在工件上、下极限尺寸附近时，就有可能将真实尺寸处于公差带之内的合格品判为废品，称为误废，或将真实尺寸处于公差带之外的废品判为合格品，称为误收。误收会影响产品质量，误废会造成经济损失。为防止受测量误差的影响而使工件的实际尺寸超出两个极限尺寸范围，必须正确确定验收极限。

（3）安全裕度。

由于测量误差的存在，一批工件的实际尺寸是随机变量。一批工件的实际尺寸分散极限的测量误差范围用测量不确定度表示。测量孔或轴的实际尺寸时，应根据孔、轴公差的大小规定测量不确定度允许值，以作为保证产品质量的措施，这个允许值就被称为安全裕度，用代号"A"表示。

2. 光滑工件的检验

GB/T 3177—2009《产品几何计算规范（GPS）光滑工件尺寸的检验》规定的验收原则是：所有验收方法应只接收位于规定的尺寸极限之内的工件。即允许有误废而不允许有误收。国标对如何确定验收极限规定了两种方式，并对如何选用这两种验收极限方式作了具体规定。该标准适用于车间现场的通用计量器具（如游标卡尺、千分尺及车间使用的比较仪等），图样上标注的公差等级为IT6～IT8、公称尺寸至 500 mm 的光滑工件尺寸的检验和一般公差尺寸的检验，也适合一般公差尺寸的检验。

1）验收极限的确定

国家标准规定，验收极限可以按照下列两种方式来确定。

（1）内缩方式。

规定的验收极限是从工件的最大实体尺寸（MMS）和最小实体尺寸（LMS）分别向公差带内移动一个安全裕度 A 来确定。图 3-6 所示为内缩的验收极限示意图。

A 值选得大，易于保证产品质量，但生产公差减小过多，误废率相应增大，加工的经济性差。A 值选得小，加工经济性好，但为了保证较小的误收率，就要提高对计量器具精度的要求，带来计量器具选择的困难。因此 A 的数值一般为工件公差 T 的 1/10。这样可以减少

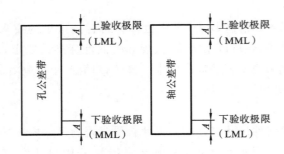

图 3-6　内缩的验收极限示意图

或防止误收,以确保产品质量,并能将误废量控制在所要求的范围内。GB/T 3177—2009 对 A 值有明确的规定,见表 3-2。

孔尺寸的验收极限为:

上验收极限(LML)＝最小实体尺寸(LMS)－安全裕度(A)

下验收极限(MML)＝最大实体尺寸(MMS)＋安全裕度(A)

轴尺寸的验收极限为:

上验收极限(MML)＝最大实体尺寸(MMS)－安全裕度(A)

下验收极限(LML)＝最小实体尺寸(LMS)＋安全裕度(A)

(2) 不内缩方式。

验收极限等于规定的最大实体尺寸(MMS)和最小实体尺寸(LMS),即 A 值等于零。如图 3-7 所示。

此方式使误收和误废都有可能发生。

2) 验收极限方式的选择

验收极限方式的选择要结合尺寸功能要求及其重要程度、尺寸公差等级、测量不确定度和过程能力等因素综合考虑,具体原则如下。

(1) 对于遵循包容要求的尺寸、公差等级高的尺寸,其验收极限按内缩方式确定。对于遵循包容要求的尺寸的检验应符合泰勒原则,其理想的检验方法就是使用光滑极限量规来保证工件的配合性能和互换性要求。但在实际中对于单件、小批量的工件大多采用通用计量器具。采用内缩验收极限,安全裕度 A 不但可以用于补偿测量误差带来的误收,而且可以减少由于两点法测量偏离泰勒原则而引起的误收。对于公差等级高的尺寸,由于计量器具精度的限制,其检测能力较低,采用内缩方式可以补偿测量误差的影响。

(2) 当工艺能力指数 $C_p \geqslant 1$ 时,其验收极限可以按不内缩极限确定;但对遵循包容要求的尺寸,其最大实体尺寸一边的验收极限仍应按内缩方式确定。

工艺能力指数 C_p 是指工件尺寸公差 T 与加工工序工艺能力 $c\sigma$ 的比值。c 是常数,工序尺寸遵循正态分布时 $c=6$;σ 是工序样本的标准偏差,$C_p = T/6\sigma$。

对于 $C_p \geqslant 1$ 的工件,工件实际尺寸出现在最大实体尺寸和最小实体尺寸附近的概率很小,工件实际尺寸几乎全部在公差带内,即使直接以极限尺寸作为验收极限依据,

表 3-2 安全裕度 A 与计量器具的不确定度允许值 u_1

单位：μm

公称尺寸/mm 大于	至	6 T	6 A	6 u_1 I	6 u_1 II	6 u_1 III	7 T	7 A	7 u_1 I	7 u_1 II	7 u_1 III	8 T	8 A	8 u_1 I	8 u_1 II	8 u_1 III	9 T	9 A	9 u_1 I	9 u_1 II	9 u_1 III	10 T	10 A	10 u_1 I	10 u_1 II	10 u_1 III	11 T	11 A	11 u_1 I	11 u_1 II	11 u_1 III	12 T	12 A	12 u_1 I	12 u_1 II	13 T	13 A	13 u_1 I	13 u_1 II	14 T	14 A	14 u_1 I	14 u_1 II	15 T	15 A	15 u_1 I	15 u_1 II
—	3	6	0.6	0.5	0.9	1.4	10	1.0	0.9	1.5	2.3	14	1.4	1.3	2.1	3.2	25	2.5	2.3	3.8	5.6	40	4.0	3.6	6.0	9.0	60	6.0	5.4	9.0	14	100	10	9.0	15	140	14	13	21	250	25	23	38	400	40	36	60
3	6	8	0.8	0.7	1.2	1.8	12	1.2	1.1	1.8	2.7	18	1.8	1.6	2.7	4.1	30	3.0	2.7	4.5	6.8	48	4.8	4.3	7.2	11	75	7.5	6.8	11	17	120	12	11	18	180	18	16	27	300	30	27	45	480	48	43	72
6	10	9	0.9	0.8	1.4	2.0	15	1.5	1.4	2.3	3.4	22	2.2	2.0	3.3	5.0	36	3.6	3.2	5.4	8.1	58	5.8	5.2	8.7	13	90	9.0	8.1	14	20	150	15	14	23	220	22	20	33	360	36	32	54	580	58	52	87
10	18	11	1.1	1.0	1.7	2.5	18	1.8	1.7	2.7	4.1	27	2.7	2.4	4.1	6.1	43	4.3	3.9	6.5	9.7	70	7.0	6.3	11	16	110	11	10	17	25	180	18	16	27	270	27	24	41	430	43	39	65	700	70	63	110
18	30	13	1.3	1.2	2.0	2.9	21	2.1	1.9	3.2	4.7	33	3.3	3.0	5.0	7.4	52	5.2	4.7	7.8	12	84	8.4	7.6	13	19	130	13	12	20	29	210	21	19	32	330	33	30	50	520	52	47	78	840	84	76	130
30	50	16	1.6	1.4	2.4	3.6	25	2.5	2.3	3.8	5.6	39	3.9	3.5	5.9	8.8	62	6.2	5.6	9.3	14	100	10	9.0	15	23	160	16	14	24	36	250	25	23	38	390	39	35	59	620	62	55	93	1000	100	90	150
50	80	19	1.9	1.7	2.9	4.3	30	3.0	2.7	4.5	6.8	46	4.6	4.1	6.9	10	74	7.4	6.7	11	17	120	12	11	18	27	190	19	17	29	43	300	30	27	45	460	46	41	69	740	74	67	110	1200	120	110	180
80	120	22	2.2	2.0	3.3	5.0	35	3.5	3.2	5.3	7.9	54	5.4	4.9	8.1	12	87	8.7	7.8	13	20	140	14	13	21	32	220	22	20	33	50	350	35	32	53	540	54	49	81	870	87	78	130	1400	140	130	210
120	180	25	2.5	2.3	3.8	5.6	40	4.0	3.6	6.0	9.0	63	6.3	5.7	9.5	14	100	10	9.0	15	23	160	16	15	24	36	250	25	23	38	56	400	40	36	60	630	63	57	95	1000	100	90	150	1600	160	150	240
180	250	29	2.9	2.6	4.4	6.5	46	4.6	4.1	6.9	10	72	7.2	6.5	11	16	115	12	10	17	26	185	19	17	28	42	290	29	26	44	65	460	46	41	69	720	72	65	110	1150	115	100	170	1800	180	170	280
250	315	32	3.2	2.9	4.8	7.2	52	5.2	4.7	7.8	12	81	8.1	7.3	12	18	130	13	12	19	29	210	21	19	32	47	320	32	29	48	72	520	52	47	78	810	81	73	120	1300	130	120	210	2100	210	190	320
315	400	36	3.6	3.2	5.4	8.1	57	5.7	5.1	8.4	13	89	8.9	8.0	13	20	140	14	13	21	32	230	23	21	35	52	360	36	32	54	81	570	57	51	86	890	89	80	130	1400	140	130	230	2300	230	210	350
400	500	40	4.0	3.6	6.0	9.0	63	6.3	5.7	9.5	14	97	9.7	8.7	15	22	155	16	14	23	35	250	25	23	38	56	400	40	36	60	90	630	63	57	95	970	97	87	150	1500	150	140	230	2500	250	230	380

图 3-7　不内缩的验收
极限示意图

也不至于产生较大的误收概率,质量已经得到保证,没有必要采用内缩方式。对于遵循包容要求的尺寸,最大实体尺寸一边的验收极限仍应内缩一个安全裕度 A,以减小形状误差的影响。

(3) 对于偏态分布的尺寸,其验收极限可以只对尺寸偏向的一边按内缩方式确定。由于偏向一侧的尺寸出现概率较大,另一侧尺寸出现概率较小,实际尺寸"超差"也多在尺寸偏聚的一边,因此可以只对偏向的一侧按内缩方式确定验收极限。

(4) 对于非配合尺寸和未注公差尺寸,其验收极限按不内缩方式确定。由于要求不高,测量误差带来的误收一般不会对产品的性能质量产生影响,因此可采用不内缩方式确定验收极限。

3. 计量器具的选择

在选择计量器具时,要综合考虑计量器具的技术指标和经济性,在保证工件性能质量的前提下,还要综合考虑加工和检验的经济性。具体考虑时还要注意如下要求。

(1) 根据被测工件的结构特点、外形及尺寸来选择计量器具,使所选择的计量器具的测量范围能够满足被测工件的要求。例如尺寸大的零件一般选用上置式的计量器具;仪表中的小尺寸和复杂的夹板等零件,宜选用光学摄影类仪器;对于大量生产的零件,宜选用量规或自动检验机,以提高检验效率。

(2) 根据被测工件的精度要求来选择计量器具。考虑到计量器具本身的误差会影响工件的测量精度,因此所选择的计量器具的最大允许误差应尽可能小。但计量器具的最大允许误差越小,其成本越高,对使用时的环境条件和操作者的要求也越高。所以,在选择计量器具时,应对技术指标和经济指标统一进行考虑,既要保证其精度要求又要考虑其经济性和成本。

GB/T 3177—2009 规定:按照计量器具所导致的测量不确定度(简称计量器具的测量不确定度)的允许值(u_1)选择计量器具。选择时,应使所选用的计量器具的测量不确定度等于或小于选定的 u_1 值。

计量器具的测量不确定度允许值(u_1)按测量不确定度(u)与工件公差的比值分挡。测量不确定度(u)的Ⅰ、Ⅱ、Ⅲ三挡值分别为工件公差的 1/10、1/6、1/4。其值的大小反映了允许检验用计量器具的最低精度的高低。u_1 值越大,允许选用计量器具的精度越低,反之,精度越高。对 IT6～IT11 分为Ⅰ、Ⅱ、Ⅲ三挡。对于 IT12～IT18,由于公差等级较低,达到较高的测量能力较容易,所以仅规定Ⅰ、Ⅱ两挡。一般情况下,优先选用Ⅰ挡,其次选用Ⅱ挡、Ⅲ挡。

当计量器具的测量不确定度允许值(u_1)选定后,就可以此为依据选择量具。选择时,应使计量器具的测量不确定度小于或等于所选定的允许值 u_1。表 3-3、表 3-4 和表 3-5 给出了常用的千分尺和游标卡尺、比较仪、指示表的测量不确定度。

表 3-3　千分尺和游标卡尺的测量不确定度　　mm

尺 寸 范 围		计量器具类型			
大于	至	分度值 0.01 外径千分尺	分度值 0.01 内径千分尺	分度值 0.02 游标卡尺	分度值 0.05 游标卡尺
—	50	0.004	0.008	0.020	0.050
50	100	0.005	0.008	0.020	0.050
100	150	0.006	0.013	0.020	0.050
150	200	0.007	0.013	0.020	0.050
200	250	0.008	0.013	0.020	0.050
250	300	0.009	0.013	0.020	0.050
300	350	0.010	0.020	0.020	0.100
350	400	0.011	0.020	0.020	0.100
400	450	0.012	0.025	0.020	0.100
450	500	0.013	0.025	0.020	0.100

表 3-4　比较仪的测量不确定度　　mm

尺 寸 范 围		所选用的计量器具			
		分度值 0.000 5（相当于放大倍数为 2 000 倍）的比较仪	分度值 0.001（相当于放大倍数为 1 000 倍）的比较仪	分度值 0.002（相当于放大倍数为 400 倍）的比较仪	分度值 0.005（相当于放大倍数为 250 倍）的比较仪
大于	至	不确定度 u_1			
—	25	0.000 6	0.001 0	0.001 7	0.003 0
25	40	0.000 7	0.001 0	0.001 7	0.003 0
40	65	0.000 8	0.001 1	0.001 8	0.003 0
65	90	0.000 8	0.001 1	0.001 8	0.003 0
90	115	0.000 9	0.001 2	0.001 9	0.003 0
115	165	0.001 0	0.001 3	0.001 9	0.003 0
165	215	0.001 2	0.001 4	0.002 0	0.003 5
215	265	0.001 4	0.001 6	0.002 1	0.003 5
265	315	0.001 5	0.001 7	0.002 2	0.003 5

表 3-5 指示表的测量不确定度   mm

尺 寸 范 围		所选用的计量器具			
		分度值 0.001 的千分表(0 级在全程范围内,1 级在 0.2 mm 内)分度值为 0.002 的千分表(在 1 转范围内)	分度值 0.001, 0.002,0.005 的千分表(1 级在全程范围内),分度值为0.01的百分表(0 级在任意 1 mm 范围内)	分度值为 0.01 的百分表(0 级在全范围内,1 级在任意 1 mm 范围内)	分度值为 0.01 的百分表(0 级在全范围内)
大于	至	不确定度 u'_1			
—	115	0.005	0.010	0.018	0.030
115	315	0.006			

3.4 测量误差及数据处理

3.4.1 测量误差的基本概念

测量中,不管使用多么精确的计量器具,采用多么可靠的测量方法,进行多么仔细的测量,都不可避免产生误差。如果被测量的真值为 L,被测量的测得值为 l,则测量误差 δ 为

$$\delta = l - L \qquad\qquad (3\text{-}1)$$

式(3-1)表达的测量误差也称绝对误差。

在实际测量中,虽然真值不能得到,但往往要求分析或估算测量误差的范围,即求出真值 L 必落在测得值 l 附近的最小范围,称为测量极限误差 δ_{lim},它应满足

$$l - |\delta_{lim}| \leqslant L \leqslant l + |\delta_{lim}| \qquad\qquad (3\text{-}2)$$

由于 l 可大于或小于 L,因此 δ 可能是正值或负值,即

$$L = l \pm |\delta| \qquad\qquad (3\text{-}3)$$

绝对误差 δ 的大小反映了测得值 l 与真值 L 的偏离程度,决定了测量的精确度。$|\delta|$ 越小,l 偏离 L 越小,测量精度越高;反之测量精度越低。但这一结论只适合测量尺寸相同的情况。对不同尺寸测量,则需要用相对误差的大小来判断测量精度。

相对误差 ε 是指测量的绝对误差 δ 与被测量真值 L 之比,通常用百分数表示,即

$$\varepsilon = \frac{|l - L|}{L} = \frac{|\delta|}{L} \times 100\% \approx \frac{\delta}{l} \times 100\% \qquad\qquad (3\text{-}4)$$

从式(3-4)中可以看出,ε 是无量纲的量。

在实际生产中,为了提高测量精度,应尽量减小测量误差。因此必须了解误差产生的原因、变化规律及误差的处理方法。

3.4.2 测量误差的来源

测量误差产生的原因主要有以下几个方面。

1. 计量器具误差

计量器具误差是指计量器具本身在设计、制造和使用过程中造成的各项误差。这些误差的综合反映可用计量器具的示值精度或不确定度来表示。

2. 标准件误差

标准件误差是指作为标准的标准件本身的制造误差和检定误差。例如,用量块作为标准件调整计量器具的零位时,量块的误差会直接影响测得值。因此,为了保证一定的测量精度,必须选择一定精度的量块。

3. 测量方法误差

测量方法误差是指由于测量方法不完善所引起的误差。例如,接触测量中测量力引起的计量器具和零件表面变形误差,间接测量中计算公式的不精确,测量过程中工件安装定位不合理等。

4. 测量环境误差

测量环境误差是指测量时的环境条件不符合标准条件所引起的误差。测量的环境条件包括温度、湿度、气压、振动及灰尘等。其中温度对测量结果的影响最大。图样上标注的各种尺寸、公差和极限偏差都是以标准温度 20 ℃为依据的。在测量时,当实际温度偏离标准温度 20 ℃时,温度变化引起的测量误差为

$$\delta = l_0(\alpha_1 \Delta t_1 - \alpha_2 \Delta t_2) \tag{3-5}$$

式中：δ——温度引起的测量误差;

l_0——被测尺寸(常用基本尺寸代替);

α_1、α_2——计量器具、被测工件的线膨胀系数;

Δt_1、Δt_2——计量器具、被测工件的实际温度与标准温度之差,单位为℃。

5. 人员误差

人员误差是指测量人员的主观因素所引起的误差。例如,测量人员技术不熟练、视觉偏差、估读判断错误等引起的误差。

总之,产生误差的因素很多,有些误差是不可避免的,但有些是可以避免的。因此,测量者应对一些可能产生测量误差的原因进行分析,掌握其影响规律,设法消除或减小其对测量结果的影响,以保证测量精度。

3.4.3　测量误差的分类

根据测量误差的性质、出现规律和特点,可分为三大类,即系统误差、随机误差和粗大误差。

1. 系统误差

在同一条件下,多次测量同一量值时,误差的绝对值和符号保持恒定;或者当条件改变时,其值按某一确定的规律变化的误差称为系统误差。所谓规律,是指这种误差可以归结为某一个因素或某几个因素的函数,这种函数一般可用解析公式、曲线或数表来表示。系统误差按其出现的规律又可分为常值系统误差和变值系统误差。

(1)常值系统误差(即定值系统误差)是指在相同测量条件下,多次测量同一量值时,其大小和方向均不变的误差。如基准件误差、仪器的原理误差和制造误差等。

(2)变值系统误差(即变动系统误差)是指在相同测量条件下,多次测量同一量值时,其大小和方向按一定规律变化的误差。例如温度均匀变化引起的测量误差(按线性变化),刻度盘偏心引起的角度测量误差(按正弦规律变化)等。

当测量条件一定时,系统误差就获得一个客观上的定值,采用多次测量的平均值是不能减弱它的影响的。

从理论上讲,系统误差是可以消除的,特别是对常值系统误差,易于发现并能够消除或减小。但在实际测量中,系统误差不一定能完全消除,且消除系统误差也没有统一的方法,特别是对变值系统误差,只能针对具体情况采用不同的处理方法。对于那些未能消除的系统误差,在规定允许的测量误差时应予以考虑。有关系统误差的处理将在后面介绍。

2. 随机误差(偶然误差)

在相同的测量条件下,多次测量同一量值时,其绝对值的大小和符号均以不可预知的方式变化着的误差称为随机误差。所谓随机,是指它的存在以及它的大小和方向不受人的支配与控制,即单次测量之间无确定的规律.不能用前一次的误差来推断后一次的误差。但是对多次重复测量的随机误差,按概率与统计方法进行统计分析发现,它们是有一定规律的。随机误差主要是由一些随机因素,例如,计量器具的变形、测量力的不稳定、温度的波动、仪器中油膜的变化以及读数不正确等因素所引起的。

3. 粗大误差

它是指由于测量不正确等原因引起的明显歪曲测量结果的误差或大大超出规定条件下预期的误差,粗大误差主要是由于测量操作方法不正确和测量人员的主观因素造成的。例如,因工作上的疏忽、经验不足、过度疲劳、外界条件的突变(如冲击振动、电压突降)等引起的误差,如读错数值、记录错误、计量器具测头残缺等。一个正确的测量,不应包含粗大误差,所以在进行误差分析时,主要分析系统误差和随机误差,并应剔除粗大误差。

系统误差和随机误差也不是绝对的,它们在一定条件下可以互相转化。例如线纹尺的刻度误差,对线纹尺制造厂来说是随机误差,但如果以某一根线纹尺为基准去成批地测量别的工件时,则该线纹尺的刻度误差成为被测零件的系统误差。

3.4.4 测量精度

精度和误差是相对的概念。误差是不准确、不精确的意思,即指测量结果偏离真值的程度。由于误差分系统误差和随机误差,因此笼统的精度概念已不能反映上述误差的差异,需要引出如下概念。

1. 精密度

精密度是指在相同条件下,多次测量所得数值的一致程度。反映测量结果中随机误差的影响程度。若随机误差小,则精密度高。

2. 正确度

正确度是指测量结果与真值的接近程度。反映测量结果中系统误差的影响程度,理论上可用修正值来消除。系统误差越小,则正确度越高。

3. 精确度(准确度)

精确度是指测量结果的一致性及与真值的接近程度。综合反映测量结果中随机误差和系统误差综合影响的程度。

一般来说,精密度高而正确度不一定高;反之亦然。但精确度高则精密度和正确度都高。如图 3-8 所示,以射击打靶为例,图 3-8(a)表示随机误差小而系统误差大,即精密度高而正确度低;图 3-8(b)表示系统误差小而随机误差大,即正确度高而精密度低;图 3-8(c)表示随机误差和系统误差都小,即精确度高。

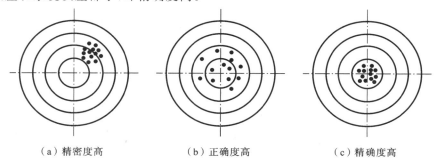

图 3-8　精密度、正确度和精确度

3.4.5　随机误差的特征及其评定

1. 随机误差的分布及其特征

如上所述,随机误差就其整体来说是有其内在规律的。例如,在相同测量条件下对一个工件的某一部位用同一方法进行 150 次重复测量,测得 150 个不同的读数(这一系列的测得值,常称为测量列),然后找出其中的最大测得值和最小测得值,用最大值减去最小值得到测得值的分散范围为 7.131 mm 到 7.141 mm,以每隔 0.001 mm 为一组,分成 11 组,统计出每一组出现的次数 n_i,计算每一组频率(次数 n_i 与测量总次数 N 之比),如表 3-6 所示。

表 3-6　随机误差的分布及其特征

组别	测量值范围/mm	测量中值 x_i/mm	出现次数 n_i	相对出现次数 n_i/N
1	7.130 5～7.131 5	$x_1 = 7.131$	$n_1 = 1$	0.007
2	7.131 5～7.132 5	$x_2 = 7.132$	$n_2 = 3$	0.020
3	7.132 5～7.133 5	$x_3 = 7.133$	$n_3 = 8$	0.054
4	7.133 5～7.134 5	$x_4 = 7.134$	$n_4 = 18$	0.120
5	7.134 5～7.135 5	$x_5 = 7.135$	$n_5 = 28$	0.187
6	7.135 5～7.136 5	$x_6 = 7.136$	$n_6 = 34$	0.227
7	7.136 5～7.137 5	$x_7 = 7.137$	$n_7 = 29$	0.193
8	7.137 5～7.138 5	$x_8 = 7.138$	$n_8 = 17$	0.113
9	7.138 5～7.139 5	$x_9 = 7.139$	$n_9 = 9$	0.060
10	7.139 5～7.140 5	$x_{10} = 7.140$	$n_{10} = 2$	0.013
11	7.140 5～7.141 5	$x_{11} = 7.141$	$n_{11} = 1$	0.007

以测得值 x_i 为横坐标,频率 n_i/N 为纵坐标,将表 3-6 中的数据以每组的区间与相应的频率为边长画成直方图,即频率直方图,如图 3-9(a)所示。如连接每个小方图的上部中点(每组区间的中值),得到一折线,称为实际分布曲线。由作图步骤可知,此图形的高低受分

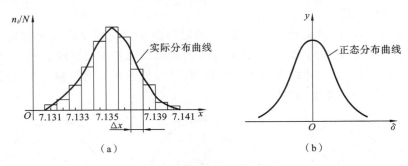

图 3-9 随机误差的正态分布曲线

组间隔 Δx 的影响,当间隔 Δx 大时,图形变高;而 Δx 小时,图形变低。为了使图形不受 Δx 的影响,可用 $n_i/(N\Delta x)$ 代替纵坐标 n_i/N,此时图形高矮不再受 Δx 取值的影响,$n_i/(N\Delta x)$ 即为概率论中所知的概率密度。如果将测量次数 N 无限增大($N\to\infty$),而间隔 Δx 取得很小($\Delta x\to0$),且用误差 δ 来代替尺寸 x,则得图 3-9(b)所示光滑曲线,即随机误差的理论正态分布曲线。根据概率论原理,正态分布曲线方程为

$$y=\frac{1}{\sigma\sqrt{2\pi}}e^{-\frac{\delta^2}{2\sigma^2}} \tag{3-6}$$

式中：y——随机误差的概率分布密度；

δ——随机误差；

σ——标准偏差(后面介绍)；

e——自然对数的底(e≈2.718 28)。

从式(3-6)、图 3-9 可以看出,随机误差通常服从正态分布规律,具有如下四个基本特性。

(1) 单峰性 绝对值小的误差比绝对值大的误差出现的次数多。

(2) 对称性 绝对值相等,符号相反的误差出现的次数大致相等。

(3) 有界性 在一定测量条件下,随机误差绝对值不会超过一定的界限。

(4) 抵偿性 对同一量在同一条件下进行重复测量,其随机误差的算术平均值随测量次数的增加而趋于零。

2. 随机误差的评定指标

评定随机误差时,通常以正态分布曲线的两个参数,即算术平均值 $\overline{L}$ 和标准偏差 σ 作为评定指标。

1）算术平均值 $\overline{L}$

对同一尺寸进行一系列等精度测量,得到 l_1、l_2、$\cdots$、l_n 一系列不同的测量值,则

$$\overline{L}=\frac{l_1+l_2+\cdots+l_n}{n}=\frac{1}{n}\sum_{i=1}^{n}l_i \tag{3-7}$$

2）标准偏差 σ

用算术平均值表示测量结果是可靠的,但它不能反映测得值的精度。例如有两组测得值：

第一组 12.005,11.996,12.003,11.994,12.002；

第二组　11.90,12.10,11.95,12.05,12.00。

可以算出 $\overline{L}_1=\overline{L}_2=12$。虽然两组数据的平均值相同,但明显可以看出,第一组测得值比较集中,第二组的比较分散,即第一组测得值精密度高。因此还需采用标准偏差 σ 反映测量精密度的高低。(1)测量列中任一测得值的标准偏差 σ 可根据误差理论得到,等精度测量列中单次测量(任一测量值)的标准偏差 σ 为

$$\sigma = \sqrt{\frac{\delta_1^2 + \delta_2^2 + \cdots + \delta_n^2}{n}} = \sqrt{\frac{\sum_{i=1}^{n} \delta_i^2}{n}} \qquad (3\text{-}8)$$

式中：n——测量次数；

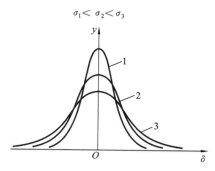

δ_i——随机误差,即各次测得值与其真值之差。

由式(3-6)可知,正态分布的概率密度 y、随机误差 δ 及标准偏差 σ 的关系是：σ 越小,y_{max} 值越大,曲线越陡,测得值分布越集中,测量的精密度越高；反之,σ 越大,测得值分布越分散,测量的精密度越低。如图 3-10 所示。图中 $\sigma_1 < \sigma_2 < \sigma_3$,而 $y_{1max} > y_{2max} > y_{3max}$。因此 σ 可作为精密度的评定指标。

图 3-10　用随机误差来评定精密度

由概率论可知,随机误差正态分布曲线下所包含的面积等于其相应区间确定的概率,如果误差落在区间 $(-\infty, +\infty)$ 之内,其概率为

$$P = \int_{-\infty}^{+\infty} y\mathrm{d}\delta = \frac{1}{\sigma\sqrt{2\pi}} \int_{-\infty}^{+\infty} \mathrm{e}^{-\frac{\delta^2}{2\sigma^2}} \mathrm{d}\delta = 1$$

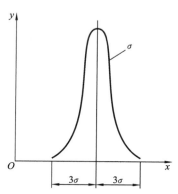

在区间 $(-\delta, +\delta)$ 中的概率,并进行变量置换 $t = \delta/\sigma$,可得

$$P = \int_{-\delta}^{+\delta} y\mathrm{d}\delta = \frac{1}{\sigma\sqrt{2\pi}} \int_{-\delta}^{+\delta} \mathrm{e}^{-\frac{\delta^2}{2\sigma^2}} \mathrm{d}\delta = \int_{-t}^{+t} \mathrm{e}^{-\frac{t^2}{2}} \mathrm{d}t$$

$$= 2\int_{0}^{+t} \mathrm{e}^{-\frac{t^2}{2}} \mathrm{d}t = 2\varPhi(t)$$

$\varPhi(t)$ 为概率积分函数,按 t 查概率函数积分表,即可求得相应的置信概率 P。从表 3-7 可知,随机误差落在 $\pm 3\sigma$ 范围内的概率为 99.73%,超出 $\pm 3\sigma$ 之外的概率仅为 0.27%,属于小概率事件,也就是说随机误差分布在 $\pm 3\sigma$ 之外的可能性很小,几乎不可能出现。所以可以把 $\pm 3\sigma$ 看做单次测量的随机误差的极限值,记为 $\delta_{lim} = \pm 3\sigma$。随机误差绝对值不会超出如图 3-11 所示的限度。

图 3-11　随机误差的极限值

表 3-7　几个特殊值的概率积分

t	δ	$\varPhi(t)$	不超出 δ 的概率 P	超出 δ 的概率 $P' = 1 - P$
1	σ	0.341 3	0.682 6	0.317 4
2	2σ	0.477 2	0.954 4	0.045 6
3	3σ	0.498 65	0.997 3	0.002 7
4	4σ	0.499 968	0.999 36	0.000 64

(2) 标准偏差的估计值 s　由式(3-8)计算 σ 值必须具备三个条件:真值 L 必须已知;测量次数要无限次($n \to \infty$);无系统误差。但在实际测量中要达到这三个条件是不可能的。因为真值 L 无法得知,测量次数也是有限的。所以在实际测量中常采用残余误差 v_i 代替 δ_i 来估算标准偏差。$v_i = l_i - \bar{L}$,标准偏差的估算值 s 为

$$s = \sqrt{\frac{\sum\limits_{i=1}^{n} v_i^2}{n-1}} \tag{3-9}$$

(3) 测量列算术平均值的标准偏差 σ_L　标准偏差代表一组测量值中任一测得值的精密度。但在系列测量中,是以测得值的算术平均值作为测量结果的。因此,需要计算算术平均值的标准偏差。

根据误差理论,测量列算术平均值的标准偏差 σ_L 与测量列中任一测得值的标准偏差 σ 存在如下关系

$$\sigma_L = \frac{\sigma}{\sqrt{n}} \tag{3-10}$$

其估计值 s_L 为

$$s_L = \frac{s}{\sqrt{n}} = \sqrt{\frac{\sum\limits_{i=1}^{n} v_i^2}{n(n-1)}} \tag{3-11}$$

式中:n——总的测量次数。

3.4.6　各类测量误差的处理

由于测量误差的存在,测量结果不可能绝对精确地等于真值,因此,应根据要求对测量结果进行处理和评定。

1. 系统误差的处理

在实际测量中,系统误差对测量结果的影响往往是不容忽视的,而这种影响并非无规律可遁,因此揭示系统误差出现的规律性,并且消除其对测量结果的影响,是提高测量精度的有效措施。

1）发现系统误差的方法

在测量过程中产生系统误差的因素是复杂的,人们很难查明所有的系统误差,也不可能全部消除系统误差的影响。发现系统误差必须根据具体测量过程和计量器具进行全面而仔细的分析,但这是一件困难而又复杂的工作,目前还没有能够适用于发现各种系统误差的普遍方法。下面介绍适用于发现某些系统误差常用的两种方法。

(1) 实验对比法　实验对比法是指改变产生系统误差的测量条件而进行不同测量条件下的测量,以发现系统误差的方法。这种方法适用于发现定值系统误差。例如,量块按标称尺寸使用时,在被测几何量的测量结果中就存在由于量块的尺寸偏差而产生的大小和符号均不变的定值系统误差,重复测量也不能发现这一误差,只有用另一块等级更高的量块进行测量对比时才会发现它。

(2) 残差观察法　残差观察法是指根据测量列的各个残差大小和符号的变化规律,直

接由残差数据或残差曲线图形来判断有无系统误差的方法。这种方法主要适用于发现大小和符号按一定规律变化的变值系统误差。根据测量先后次序，将测量列的残差作图（见图 3-12），观察残差的变化规律。若各残差大体上正、负相间，又没有显著变化（见图 3-12 (a)），则不存在变值系统误差。若各残差按近似的线性规律递增或递减（见图 3-12(b)），则可判断存在线性系统误差。若各残差的大小和符号有规律地周期变化（见图 3-12(c)），则可判断存在周期性系统误差。

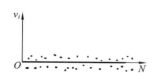
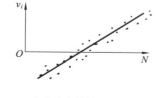
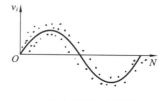

（a）不存在变值系统误差　　　　（b）存在线性系统误差　　　　（c）存在周期性系统误差

图 3-12　系统误差的发现

2）消除系统误差的方法

（1）从产生误差根源上消除系统误差　这要求测量人员对测量过程中可能产生系统误差的各个环节做仔细的分析，并在测量前就将系统误差从产生根源上加以消除。例如，为了防止测量过程中仪器示值零位的变动，测量开始和结束时都需检查示值零位。

（2）用修正法消除系统误差　这种方法是预先将计量器具的系统误差检定或计算出来，作出误差表或误差曲线，然后取与系统误差数值相同、符号相反的值作为修正值，将测得值加上相应的修正值，即可得到不包含系统误差的测量结果。

（3）用抵消法消除定值系统误差　这种方法要求在对称位置上分别测量一次，以使这两次测量中测得的数据出现的系统误差大小相等，符号相反，取这两次测量中数据的平均值作为测得值，即可消除定值系统误差。例如，在工具显微镜上测量螺纹螺距时，为了消除螺纹轴线与量仪工作台移动方向倾斜而引起的系统误差，可分别测取螺纹左、右牙侧的螺距，然后取它们的平均值作为螺距测得值。

（4）用半周期法消除周期性系统误差　对周期性系统误差，可以每相隔半个周期进行一次测量，以相邻两次测量的数据的平均值作为一个测得值，即可有效消除周期性系统误差。

消除和减小系统误差的关键是找出误差产生的根源和规律。实际上，系统误差不可能完全消除，但一般来说，系统误差若能减小到使其影响相当于随机误差的程度，则可认为其已被消除。

2. 随机误差的处理

随机误差不可能被消除，它可应用概率与数理统计方法，通过对测量列的数据处理，评定其对测量结果的影响。

在具有随机误差的测量列中，常以算术平均值 $\overline{L}$ 表征最可靠的测量结果，以标准偏差表征随机误差。其处理步骤如下：① 计算测量列算术平均值 $\overline{L}$；② 计算测量列中任一测得值的标准偏差的估计值 s；③ 计算测量列算术平均值的标准偏差的估计值 s_L；④ 确定测量结果。

多次测量结果可表示为

$$L = \overline{L} \pm 3s_L \tag{3-12}$$

3. 粗大误差的处理

粗大误差的数值(绝对值)相当大,在测量中应尽可能避免。如果粗大误差已经产生,则应根据判断粗大误差的准则予以剔除,通常用拉依达准则来判断。

拉依达准则又称 3σ 准则。该准则认为,当测量列服从正态分布时,残差 v_i 落在 $\pm 3\sigma$ 外的概率仅有 0.27%,即在连续 370 次测量中只有一次测量的残差超出 $\pm 3\sigma$,而实际上连续测量的次数绝不会超过 370 次,测量列中就不应该有超出 $\pm 3\sigma$ 的残差。因此,当测量列中出现绝对值大于 3σ 的残差时,即

$$|v_i| > 3\sigma \tag{3-13}$$

则认为该残差对应的测得值含有粗大误差,应予以剔除。

测量次数小于或等于 10 时,不能使用拉依达准则。

3.4.7 等精度测量列的数据处理

等精度测量是指在测量条件(包括量仪、测量人员、测量方法及环境条件等)不变的情况下,对某一被测几何量进行的连续多次测量。在一般情况下,为了简化对测量数据的处理,大多采用等精度测量。

1. 直接测量列的数据处理

为了从直接测量列中得到正确的测量结果,应按以下步骤进行数据处理。

首先判断测量列中是否存在系统误差,如果存在系统误差,则应采取措施(如在测得值中加入修正值)加以消除;然后计算测量列的算术平均值、残差和单次测量值的标准偏差;再判断是否存在粗大误差,若存在粗大误差,则应剔除含有粗大误差的测得值,并重新组成测量列。重复上述计算,直到将所有含有粗大误差的测得值剔除为止。之后,计算消除系统误差和剔除粗大误差后的测量列的算术平均值、标准偏差和测量极限误差。最后,在此基础上确定测量结果。

【例 3-2】 对某一轴颈 d 进行 15 次等精度测量,按测量顺序将各测得值依次列于表 3-8 中,试求测量结果。

解 (1)判断定值系统误差。

假设计量器具已经检定、测量环境得到有效控制,可认为测量列中不存在定值系统误差。

(2)求测量列算术平均值 $\overline{L}$。

$$\overline{L} = \frac{\sum_{i=1}^{n} l_i}{n} = 24.957 \text{ mm}$$

(3)计算残差 v_i。

各残差的数值经计算后列于表 3-8 中。

$$v_i = l_i - \overline{L}$$

按残差观察法,这些残差的符号大体上正、负相间,没有周期性变化,因此可以认为测量列中不存在变值系统误差。

表 3-8 数据处理计算表

测量序号	测得值 l_i/mm	残差 $v_i/\mu\text{m}$	残差的平方 $v_i^2/\mu\text{m}^2$
1	24.959	+2	4
2	24.955	−2	4
3	24.958	+1	1
4	24.957	0	0
5	24.958	+1	1
6	24.956	−1	1
7	24.957	0	0
8	24.958	+1	1
9	24.955	−2	4
10	24.957	0	0
11	24.959	+2	4
12	24.955	−2	4
13	24.956	−1	1
14	24.957	0	0
15	24.958	+1	1
	算术平均值 $\overline{L}=24.957\ \text{mm}$	$\sum_{i=1}^{n} v_i = 0$ （无系统误差）	$\sum_{i=1}^{n} v_i^2 = 26\ \mu\text{m}^2$

（4）计算测量列单次测量值的标准偏差估计值 s。

$$s = \sqrt{\frac{\sum_{i=1}^{n} v_i^2}{n-1}} = \sqrt{\frac{26}{15-1}} = 1.36\ \mu\text{m}$$

（5）判断粗大误差。

按照拉依达准则，测量列中没有出现绝对值大于 3σ（$3\times1.36\ \mu\text{m}=4.08\ \mu\text{m}$）的残差，因此判断测量列中不存在粗大误差。

（6）计算测量列算术平均值的标准偏差的估计值 $s_{\overline{L}}$。

$$s_{\overline{L}} = \frac{s}{\sqrt{n}} = \frac{1.36}{\sqrt{15}} = 0.35\ \mu\text{m}$$

（7）计算测量列算术平均值的测量极限误差。

$$\delta_{\lim\overline{L}} = \pm 3s_{\overline{L}} = \pm 3\times0.35\ \mu\text{m} = 1.05\ \mu\text{m}$$

（8）确定测量结果。

$$L = \overline{L} \pm \delta_{\lim\overline{L}} = (24.957\pm0.001)\ \text{mm}$$

即该轴颈的测量结果为 24.957 mm，其误差在 ±0.001 mm 范围的可能性达 99.73%。

2. 间接测量列的数据处理

在有些情况下，由于某些被测对象的特点，不能进行直接测量，这时需要采用间接测量。

间接测量是指通过测量与被测几何量有一定关系的其他几何量,按照已知的函数关系式计算出被测几何量的量值。因此间接测量的被测几何量是测量所得到的各个实测几何量的函数,而间接测量的测量误差则是各个实测几何量测量误差的函数,故称这种误差为函数误差。

1)函数误差的基本计算公式

间接测量中,被测几何量通常是实测几何量的多元函数,它表示为

$$y = f(x_1, x_2, \cdots, x_n) \tag{3-14}$$

式中:y——被测量值;

x_i——各独立变量,即直接测量值。

该函数的增量可近似地用函数的全微分来表示,即

$$dy = \sum_{i=1}^{n} \frac{\partial f}{\partial x_i} dx_i \tag{3-15}$$

式中:dy——函数增量,即被测几何量的测量误差;

dx_i——各个直接测量的实测几何量的测量误差;

$\dfrac{\partial f}{\partial x_i}$——函数对各独立量值的偏导数,即各个实测几何量的测量误差的传递系数。

式(3-15)即为函数误差的基本计算公式。

2)函数系统误差的计算

如果各个实测几何量 x_i 的测得值中存在着系统误差 δx_i,那么被测几何量 y 也存在着系统误差 δy。以 δx_i 代替式(3-15)中的 dx_i,则可近似得到函数系统误差的计算式为

$$\delta y = \sum_{i=1}^{n} \frac{\partial f}{\partial x_i} \delta x_i \tag{3-16}$$

式(3-16)即为间接测量中系统误差的计算公式。

3)函数随机误差的计算

由于各个实测几何量 x_i 的测得值中存在着随机误差,因此被测几何量 y 也存在着随机误差。根据误差理论,函数的标准偏差估计值 s_y 与各个实测几何量的标准偏差估计值 s_{x_i} 的关系为

$$s_y = \sqrt{\sum_{i=1}^{n} \left(\frac{\partial f}{\partial x_i}\right)^2 s_{x_i}^2} \tag{3-17}$$

如果各个实测几何量的随机误差均服从正态分布,则由式(3-17)可推导出函数的测量极限误差的计算公式为

$$\delta_{\lim(y)} = \sqrt{\sum_{i=1}^{n} \left(\frac{\partial f}{\partial x_i}\right)^2 \delta_{\lim(x_i)}^2} \tag{3-18}$$

式中:$\delta_{\lim(y)}$——被测几何量的测量极限误差;

$\delta_{\lim(x_i)}$——各个直接测量的实测几何量的测量极限误差。

4)间接测量列的数据处理步骤

首先,确定间接测量的被测几何量与各个实际测量的拟实测几何量的函数关系及其表达式;然后把各个实测几何量的测得值代入该表达式,求出被测几何量量值;之后,按式(3-

16)和式(3-18)分别计算被测几何量的系统误差 δy 和测量极限误差 $\delta_{\lim(y)}$；最后，在此基础上确定测量结果 y_e。

$$y_e = (y - \delta y) \pm \delta_{\lim(y)} \tag{3-19}$$

【例 3-3】　在万能工具显微镜上用弓高弦长法间接测量圆弧样板的半径。测得弓高 $h = 4$ mm，弦长 $b = 40$ mm，它们的系统误差和测量极限误差分别为 $\delta_{(h)} = +0.001\,2$ mm，$\delta_{\lim(h)} = \pm 0.001\,5$ mm；$\delta_{(b)} = -0.002$ mm，$\delta_{\lim(b)} = \pm 0.002$ mm。试确定圆弧半径 R 的测量结果。

解　(1) 弓高弦长法计算圆弧半径 R 公式如下

$$R = \frac{b^2}{8h} + \frac{h}{2} = \left(\frac{40^2}{8 \times 4} + \frac{4}{2} \right) \text{ mm} = 52 \text{ mm}$$

(2) 按式(3-16)计算圆弧半径值的系统误差 δR

$$\delta R = \sum_{i=1}^{n} \frac{\partial f}{\partial x_i} \delta x_i = \frac{b}{4h} \delta_{(b)} + \left[\left(-\frac{b^2}{8h^2} \right) + \frac{1}{2} \right] \delta_{(h)}$$

$$= \frac{40}{4 \times 4} \times (-0.002) + \left[\left(-\frac{40^2}{8 \times 4^2} \right) + \frac{1}{2} \right] \times 0.001\,2 \text{ mm}$$

$$= -0.0194 \text{ mm}$$

(3) 按式(3-18)计算圆弧半径值的测量极限误差 $\delta_{\lim(R)}$

$$\delta_{\lim(R)} = \sqrt{ \left(\frac{b}{4h} \right)^2 \delta_{\lim(b)}^2 + \left[\left(-\frac{b^2}{8h^2} \right) + \frac{1}{2} \right]^2 \delta_{\lim(h)}^2 }$$

$$= \sqrt{ \left(\frac{40}{4 \times 4} \right)^2 \times 0.002^2 + \left(-\frac{40^2}{8 \times 4^2} + \frac{1}{2} \right)^2 \times 0.001\,5^2 } \text{ mm}$$

$$= 0.018\,7 \text{ mm}$$

(4) 按式(3-19)确定测量结果 R_e

$$R_e = (R - \delta R) \pm \delta_{\lim(R)} = \{ [52 - (-0.019\,4)] \pm 0.018\,7 \} \text{ mm} = 52.019 \pm 0.018\,7 \text{ mm}$$

即该圆弧半径 R 的测量结果为 52.019 mm，其误差在 $\pm 0.018\,7$ mm 范围的可能性达 99.73%。

习　　题

3-1　一个完整的测量过程包括哪四个要素？

3-2　为什么要建立尺寸的传递系统？

3-3　量块主要有哪些用途？它的"级"和"等"是根据什么划分的？按"级"和按"等"使用量块有何不同？

3-4　计量器具的基本度量指标有哪些？试以比较仪为例加以说明。

3-5　测量方法有哪些分类？各有何特点？

3-6　什么叫测量误差？其主要来源有哪些？

3-7　发现和消除测量列中的系统误差常用哪些方法？

3-8　试从 83 块一套的量块中，同时组合下列尺寸：37.535 mm、28.380 mm、56.790 mm。

3-9　用标称长度为 10 mm 的量块对百分表调零，用此百分表测量工件，读数为

$+2\ \mu m$。若量块的实际尺寸为 9.995 mm,试求被测零件的实际尺寸。

3-10 用两种方法分别测量两个尺寸,它们的真值分别为 $L_1 = 20.002$ mm,$L_2 = 49.996$ mm,若测得值分别为 20.004 mm 和 49.997 mm,试评定哪一种测量方法精度较高。

3-11 对某几何量进行了 15 次等精度测量,测得值如下(单位为 mm):30.742,30.743,30.740,30.741,30.739,30.740,30.739,30.741,30.742,30.743,30.739,30.740,30.743,30.742,30.741。求单次测量的标准偏差和极限误差。

3-12 用某一测量方法在等精度情况下对某一试件测量了四次,其测得值如下(单位为 mm):20.001,20.002,20.000,19.999。若已知单次测量的标准偏差为 1 μm,求测量结果及极限误差。

3-13 三个量块的实际尺寸和检定时的极限误差分别为 $10 \pm 0.000\ 2$ mm、$1.005 \pm 0.000\ 1$ mm、$1.36 \pm 0.000\ 3$ mm,试计算这三个量块组合后的尺寸和极限误差。

第4章 几何公差及检测

经过机械加工后的零件,由于机床夹具、刀具及工艺操作水平等因素的影响,零件的尺寸和形状及表面质量均不能做到完全理想,而会出现加工误差,这些误差不仅包含尺寸误差,还包含几何形状和相互的位置误差。本章着重介绍几何公差及其公差带、公差原则、几何公差的选用,以及几何公差的评定与检测。了解几何公差的产生及其对零件性能的影响;掌握几何公差的分类、项目、符号及其含义;熟悉每种几何公差的形状、大小、方向和位置;能正确标注几何公差项目,并能根据使用功能正确选用几何公差值。

我国根据国际标准 ISO/TC 213《产品尺寸和几何技术规范及检验》,制定了有关几何公差的一系列国家标准。现行的主要标准有:GB/T 18780.1—2002《产品几何量技术规范(GPS)几何要素 第1部分:基本术语和定义》、GB/T 18780.2—2003《产品几何量技术规范(GPS)几何要素 第2部分:圆柱面和圆锥面的提取中心线、平行平面的提取中心面、提取要素的局部尺寸》、GB/T 1182—2008《产品几何技术规范(GPS) 几何公差 形状、方向、位置和跳动公差标注》、GB/T 1184—1996《形状和位置公差 未注公差值》、GB/T 4249—2009《产品几何技术规范(GPS) 公差原则》、GB/T 16671—2009《产品几何技术规范(GPS) 几何公差 最大实体要求、最小实体要求和可逆要求》、GB/T 13319—2003《产品几何量技术规范(GPS) 几何公差 位置度公差注法》、GB/T 17851—2010《产品几何技术规范(GPS) 几何公差 基准和基准体系》、GB/T 1958—2004《产品几何量技术规范(GPS) 形状和位置公差 检测规定》、GB/T 7235—2004《产品几何量技术规范(GPS) 评定圆度误差的方法 半径变化量测量》、GB/T 11336—2004《直线度误差检测》、GB/T 11337—2004《平面度误差检测》等。

4.1 概述

4.1.1 几何误差对零件使用性能的影响

机械零件上几何要素的形状和位置精度是一项重要的质量指标。零件在加工过程中由于受各种因素的影响,经过加工的零件,除了会产生尺寸误差外,也会产生表面几何误差。如图 4-1(a)所示小轴的弯曲、图 4-1(b)所示阶梯轴轴线不在同一水平位置的情况,如果不加以控制,将会影响机器的质量。因此对零件上精度要求较高的部位,必须根据实际需要对零件加工提出相应的几何误差的允许范围,即必须限制零件几何误差的最大变动量(称为几何公差),并在图样上标出几何公差。

几何误差的存在不仅会严重影响机械零件的使用性能,而且会影响到零件功能的实现。如图 4-2 所示,在孔与轴的配合中,由于有几何误差的存在,使配合中的间隙或过盈量分布不均匀,导致表面间磨损加快。

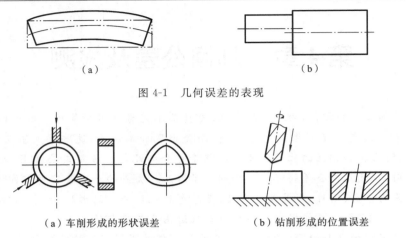

（a）　　　　　　　　　　　（b）

图 4-1　几何误差的表现

（a）车削形成的形状误差　　　　　　　（b）钻削形成的位置误差

图 4-2　几何误差对零件使用功能的影响

机械零件几何要素的形状和位置精度影响着整个机械产品的质量,如工作精度、连接强度、运动平稳性、密封性、耐磨性、噪声和使用寿命等,还会影响零件的互换性。

(1) 影响零件的功能要求　如机床导轨表面的直线度、平面度,齿轮箱上各轴承孔的位置误差,齿轮两个轴的平行度误差,机床主轴定位锥面对两轴颈的跳动,这些都会使机床的加工精度降低。

(2) 影响零件的配合性质　圆柱结合间隙配合,圆柱表面的形状误差会使间隙大小分布不均,当配合件有相对转动时,磨损加快,降低零件的使用寿命和运动精度。

(3) 影响零件的自由装配性质和装配互换性　轴承盖上各螺钉孔的位置不正确,在用螺栓往基座上紧固时,就有可能影响其自由装配;在孔轴配合中,轴的形状误差和位置误差直接影响了孔轴装配的互换性。

(4) 影响零件本身及配合件寿命　形状及相互位置误差对产品的工作精度、寿命影响很大,特别是对高速、重载和精密仪器的影响更大,因此,要限制形状及相互位置误差。

4.1.2　有关"要素"的术语

1. 零件要素的定义

机械零件是由构成其几何特征的若干点、线、面构成的,构成零件几何特征的点、线、面称为零件要素,又称几何要素(geometrical feature),简称要素。

如图 4-3(a)所示零件上的球心(点要素)、素线和轴线(线要素)、球面、圆锥面、端面和圆柱面(面要素),以及如图 4-3(b)所示平行的两个平面和由它们导出的中心平面。构成零件几何特征的要素是几何公差的研究对象,也是几何误差的检测对象。

为了研究几何公差,有必要从下列不同的角度把要素加以分类。

2. 几何要素的分类

1) 按结构特征分类

几何要素按结构特征分为组成要素和导出要素。

(1) 组成要素　组成要素(轮廓要素)是指组成零件的面或面上的线,例如图 4-3(a)所

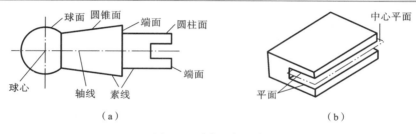

图 4-3　零件几何要素

示零件上的球面、圆锥面、端平面、圆柱面和圆锥面、圆柱面的素线以及图 4-3(b)所示零件上的相互平行的两个平面。

在组成要素中,按是否具有定形尺寸可分为尺寸要素和非尺寸要素。尺寸要素是由一定大小的定形尺寸确定的几何形状,可以是具有一定直径定形尺寸的圆柱面、球面、圆锥面和具有一厚度(宽度距离)定形尺寸的两平行平面,如图 4-3 所示的圆柱面、球面、圆锥面和两平行平面。此外,它们还具有表示外形大小的长度尺寸;非尺寸要素,比如单个平面或直线。

可根据要素在设计、制造、检验及评定等生产阶段的表征不同,将组成要素分为以下几种。

① 公称组成要素　由技术制图或其他方法确定的理论正确的组成要素,如图 4-4(a)所示。公称组成要素是具有几何意义的要素。

② 实际(组成)要素　实际存在并将整个工件与周围介质分隔的要素,是限定工件实际表面的组成要素部分,如图 4-4(b)所示。因为不可避免地存在加工误差,所以实际组成要素总是偏离其公称组成要素。

③ 提取组成要素　按规定的方法,由实际(组成)要素提取有限目的点所形成的实际组成要素的近似替代,如图 4-4(c)所示。测量时,由提取的值替代实际要素。由于测量误差总是客观存在的,因此它也并非是该要素的真实状态。

④ 拟合组成要素　按规定的方法,由提取组成要素形成的并具有理想形状的组成要素。一般地,圆柱体横截面的拟合圆为最小二乘圆,拟合圆柱面为最小二乘圆柱面,如图4-4(d)所示,两拟合平行平面多由最小二乘法得到,也可以使用其他数学方法来拟合。

(2) 导出要素(中心要素)　由一个或几个组成要素(轮廓要素)得到的中心点、中心线或中心面,称为导出要素。

导出要素也分为以下几种。

① 公称导出要素　由一个或几个公称组成要素导出的中心点、中心线或中心面,例如,图4-4(a)所示。

② 提取导出要素　由一个或几个提取组成要素导出的中心点、中心线或中心平面。通常提取圆柱面的导出中心线称为提取中心线,它是指圆柱面的各横截面中心的轨迹,如图4-4(c)所示。两相对的提取平面的导出平面称为提取中心面,它是指两对应提取表面的所有对应点之间中点的轨迹。

③ 拟合导出要素　由一个或几个拟合组成要素导出的中心点、中心线或中心面。例如,圆柱面任一横截面上的导出中心点即拟合圆的圆心,圆柱面的导出中心线即拟合圆柱面的中心线,如图 4-4(d)所示。

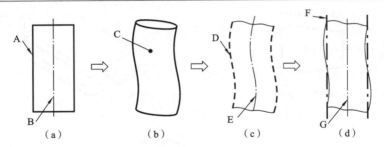

图 4-4　几何要素

A—公称组成要素;B—公称导出要素;C—实际组成要素;D—提取组成要素;
E—提取导出要素;F—拟合组成要素;G—拟合导出要素

注意:《基本术语和定义》(GB/T 18780.1—2002),定义术语"轴线(axis)"和"中心平面(median plane)"用于具有理想形状的导出要素,而术语"中心线(median line)"和"中心面(median surface)"用于非理想形状的导出要素。

2) 按存在的状态分类

按存在的状态分为理想要素和实际要素。

理想要素是指具有几何意义的要素。

实际要素是指零件上实际存在的要素,即加工后得到的要素,由无限个点组成,分为实际轮廓要素和实际中心要素。

提取要素是指按规定方法,从实际要素提取的有限数目的点所形成的近似替代要素。

3) 按检测关系分类

按检测关系分为被测要素和基准要素。

被测要素是指在设计图样上给出了几何公差要求的要素。如图 4-5 所示,$\phi25_{-0.05}^{0}$轴线为被测对象。

基准要素是指用来确定被测要素方向或(和)位置的要素。理想的基准要素称为基准,如图 4-5 所示,$\phi50_{-0.05}^{0}$轴线为基准要素。

4) 按功能关系分类

按功能关系分为单一要素和关联要素。

单一要素是指仅对要素本身给出几何公差的要素。如图 4-6 所示对下平面有平面度要求,故下平面属单一要素。

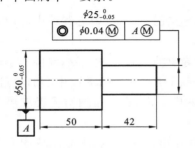

图 4-5　被测要素和基准要素

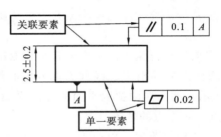

图 4-6　单一要素和关联要素

关联要素,即对其他要素有功能要求(如方向、位置、跳动等要求)的要素。如图 4-6 所示,上平面对下平面有平行度要求,此时上平面属关联要素。

4.1.3 几何公差特征项目及其符号

零件在加工时,不仅尺寸会产生误差,其构成要素的几何形状以及要素与要素之间的相对位置也会产生误差。设计机器时,须对零件的形状、位置等误差予以合理限制,执行国家标准规定的几何公差。几何公差包括形状公差、方向公差、位置公差和跳动公差。

（1）形状公差　单一实际要素的形状所允许的变动全量。如图 4-1（a）中的小轴,加工后双点画线表示的表面形状与理想表面形状产生了形状误差。

（2）方向公差　关联实际要素对基准在方向上允许的变动全量。如图 4-2（b）中的轴套,其端面对轴线不垂直,产生了方向误差。

（3）位置公差　关联实际要素对基准在位置上允许的变动全量。

（4）跳动公差　关联实际要素绕基准回转一周或连续回转所允许的最大跳动量。

全量是指被测要素的整个长度。

为控制机器零件的几何误差,提高机器的精度和延长其使用寿命,保证互换性生产,国家标准 GB/T 1182—2008《产品几何技术规范（GPS）　几何公差　形状、方向、位置和跳动公差标注》中将几何公差分为形状公差、方向公差、位置公差及跳动公差四种类型。形状公差分为六种几何特征:直线度、平面度、圆度、圆柱度、线轮廓度和面轮廓度;方向公差分为五种几何特征:平行度、垂直度、倾斜度、线轮廓度和面轮廓度;位置公差分为六种几何特征:位置度、同心度、同轴度、对称度、线轮廓度和面轮廓度;跳动公差分为两种几何特征:圆跳动和全跳动。几何公差的每个几何特征都规定了专用符号,将其项目的名称和符号如表 4-1 所示,附加符号如表 4-2 所示。

表 4-1　几何公差特征项目及符号（摘自 GB/T 1182—2008）

公差类型	特征项目	符　号	有无基准
形状公差	直线度	—	无
	平面度	▱	无
	圆度	○	无
	圆柱度	⌭	无
	线轮廓度	⌒	无
	面轮廓度	⌓	无
方向公差	平行度	//	有
	垂直度	⊥	有
	倾斜度	∠	有
	线轮廓度	⌒	有
	面轮廓度	⌓	有

续表

公差类型	特征项目	符 号	有无基准
位置公差	位置度	⊕	有或无
	同心度(用于中心点)	◎	有
	同轴度(用于轴线)	◎	有
	对称度	═	有
	线轮廓度	⌒	有
	面轮廓度	⌓	有
跳动公差	圆跳动	↗	有
	全跳动	↗↗	有

表 4-2　附加符号(摘自 GB/T 1182—2008)

说　明	符　号	说　明	符　号
被测要素	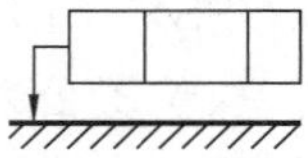	基准要素	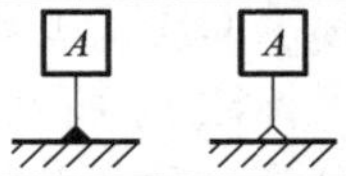 Ⓐ Ⓐ
基准目标	φ2/A1	理论正确尺寸	20
包容要求	Ⓔ	公共公差带	CZ
最大实体要求	Ⓜ	小径	LD
最小实体要求	Ⓛ	大径	MD
自由状态条件(非刚性零件)	Ⓕ	中径、节径	PD
延伸公差带	Ⓟ	线要素	LE
全周(轮廓)	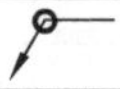 ↗○	不凸起	NC

4.1.4　几何公差的标注

根据国家标准 GB/T 1182—2008 规定,几何公差按矩形框格的形式在图样上进行标注,并用带箭头的指引线将框格与被测要素相连,对有基准要求的几何公差按规定形式用符号标注,均用细实线绘制。

1. 公差框格

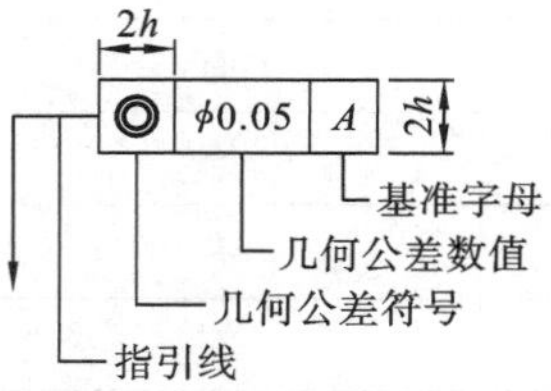

几何公差要求在矩形公差框格中给出,该框由两格或多格组成。框格高度推荐为图内尺寸数字高度的两倍;左起第一格框格宽度等于高度,第二、三格中的内容从左到右分别填写几何特征符号、线性公差值(如公差带是圆形或圆柱形的,则在公差值前加注"φ",如果是球形的,则加注"Sφ")及附加符号,第三格及以后格为基准代号的字母和有关符号,如图 4-7 所示,公差框

图 4-7　几何公差框格

格可水平或垂直放置。图 4-8 至图 4-10 所示为公差框格的各种表达方式。

图 4-8　一般公差框格

图 4-9　用于多要素的公差框格　　　　图 4-10　单一要素多几何特征的公差框格

2. 被测要素的标注

用带箭头的指引线将公差框格与被测要素相连,指引线的箭头指向被测要素,箭头的方向为公差带的宽度方向,如图 4-11 所示。

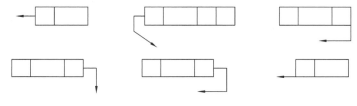

图 4-11　指引线形式

(1) 当公差涉及轮廓线或轮廓面时,箭头垂直指向被测要素轮廓线或其延长线,但必须与相应尺寸线明显地错开(应与尺寸线至少错开 4 mm),如图 4-12 所示。

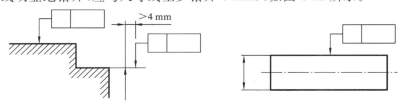

图 4-12　轮廓要素的图样标注

(2) 当公差涉及中心线、中心面或中心点时,指引线的箭头应与被测要素的尺寸线对齐,箭头应位于尺寸线的延长线上,当箭头与尺寸线的箭头重叠时,可代替尺寸线箭头,指引线的箭头不允许直接指向中心线。如图 4-13(a)、图 4-13(b)所示为正确的标注方法,而图 4-13(c)则为不允许标注方法。

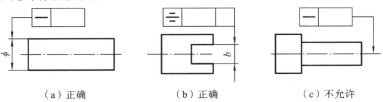

(a)正确　　　　　　　(b)正确　　　　　　　(c)不允许

图 4-13　中心要素的图样标注

(3) 当被测要素为圆锥体的轴线时,指引线的箭头应与圆锥体直径尺寸线(大端或小端)对齐,必要时也可在圆锥体内画出空白的尺寸线,并将指引线的箭头与该空白的尺寸线对齐;如圆锥体采用角度尺寸标注,则指引线的箭头应对着该角度的尺寸线,如图 4-14所示。

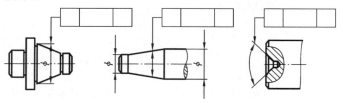

图 4-14　圆锥体轴线的标注

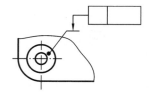

图 4-15　被测要素用引出线
　　　　　引出的标注方法

(4) 被测面也可用带黑点的引出线引出,箭头指向引出线的水平线,如图 4-15 所示。

(5) 公共被测要素的几何公差标注。一个公差框格可以用于具有相同几何特征和公差值的若干个分离要素。若干个分离要素给出单一公差带时,应在公差框格内公差值后面加注公共公差带的符号"CZ",其表示法如图 4-16(a)所示,几个被测要素有相同公差要求时,可采用一个公差框格标注。也可不将被测要素的指示箭头直接与几何公差框格的指引线相连,而用字母表示被测要素,如图 4-16(b)所示。

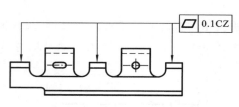

(a)公共被测要素的几何公差标注

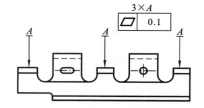

(b)多个被测要素有相同公差要求的标注

图 4-16　公共被测要素与多个被测要素的几何公差标注

(6) 一般情况下,没有专门规定,公差带的宽度方向就是给定的方向或垂直于被测要素的方向,如图 4-17 所示。若给定公差带的方向,应当注出,如图 4-18 所示。

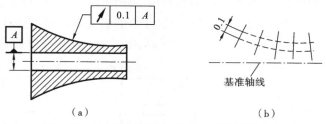

(a)　　　　　　　　　　　　　　　　(b)

图 4-17　公差带的宽度方向为被测要素的方向

(7) 当在同一基准体系中规定两个方向公差时,它们的公差带互相垂直,如图 4-19 所示。

3. 基准要素的标注

与被测要素相关的基准用大写字母表示。字母标注在框格内,与一个涂黑的或空白的三角形相连以表示基准,涂黑的或空白的基准三角形含义相同,如图 4-20(a)和图 4-20(b)

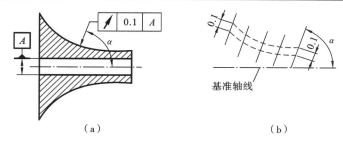

图 4-18　公差带的宽度方向为指定方向

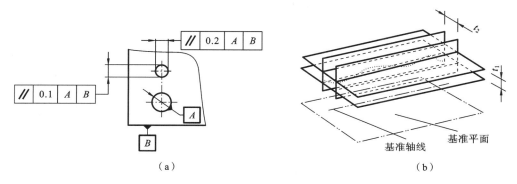

图 4-19　导出要素相互垂直两个方向的公差带

所示,图 4-20(c)为基准的绘制方法。无论基准代号在图样上的方向如何,方框内的英文字母都应水平书写,如图 4-20(d)所示。

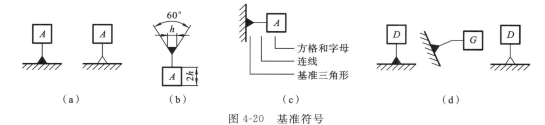

图 4-20　基准符号

表示基准的字母还应标注在公差框格内,以单个要素作基准时,用一个大写字母表示,如图 4-21(a)所示;由两个要素建立的公共基准时,用中间加连字符的两个大写字母表示,如图 4-21(b)所示;由三个或三个以上要素组成的基准体系,如多基准组合,表示基准的大写字母应按基准的优先次序从左至右分别置于格中,如图 4-21(c)所示。为了避免混淆和误解,基准所使用的字母不得采用 E、F、I、J、L、M、O、P、R 等九个字母。

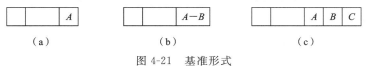

图 4-21　基准形式

基准要素的常用标注方法如下。

(1)当基准要素是轮廓线或轮廓面时,基准三角形放置在要素的轮廓线或其延长线上,并应与尺寸线明显错开,如图 4-22 所示。

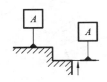

图 4-22　基准要素的图样标注方法(一)

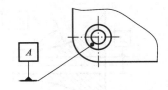

图 4-23　基准要素的图样标注方法(二)

(2) 基准三角形也可放置在轮廓面引出线的水平线上,如图 4-23 所示。

(3) 当基准是尺寸确定的轴线、中心平面或中心点时,基准三角形应放置在该尺寸线的延长线上,如果没有足够的位置标注基准要素尺寸的两个尺寸箭头,则其中一个箭头可用基准三角形代替,如图 4-24 所示。

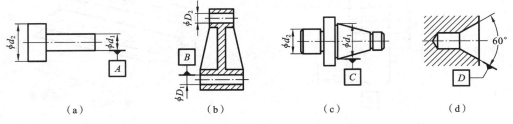

图 4-24　基准要素的图样标注方法(三)

(4) 由两个或两个以上要素作为公共基准时,应在公差框格内标注两个或多个表示基准的字母,并用短横线连接,如图 4-25 所示。

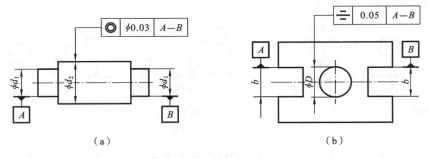

图 4-25　公共基准的标注

(5) 如仅要求要素的某一部分作为基准,则该要素部分应用粗点画线表示并加注尺寸,如图 4-26 所示。

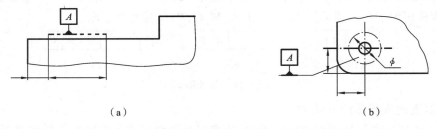

图 4-26　局部要素作为基准的标注

4. 理论正确尺寸

当给出一个或一组要素的位置、方向或轮廓度公差时,分别用来确定其理论正确位置、方向或轮廓的尺寸称为理论正确尺寸(TED)。TED 也用于确定基准体系中各基准之间的方向、位置关系。TED 没有公差,并标注在一个方框中,如图 4-27 所示。

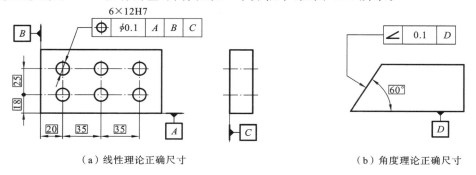

（a）线性理论正确尺寸　　　　　　　　　（b）角度理论正确尺寸

图 4-27　理论正确尺寸的标注

5. 附加标注

（1）全周符号　如果轮廓度特征适用于横截面的整周轮廓或由该轮廓所示的整周表面时,应采用全周符号表示,如图 4-28 所示。

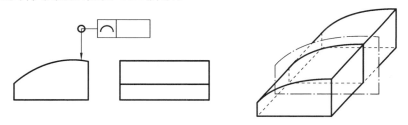

图 4-28　线轮廓度的全周符号标注

全周符号并不包括整个工件的所有表面,如图 4-29 中的表面 a 和表面 b,只包括由轮廓和公差标注所表示的各个表面。

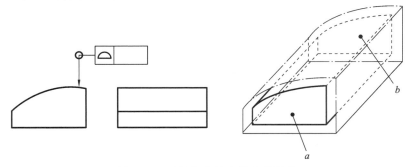

图 4-29　面轮廓度的全周符号标注

（2）以螺纹轴线、齿轮、花键的轴线作为被测要素或基准要素时,默认为螺纹中径圆柱的轴线,应在公差框格下方标明中径"PD"、大径"MD"或小径"LD",否则应另有说明。以螺纹中径为被测要素时可以省略"PD",如图 4-30 所示。

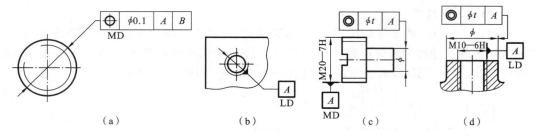

图 4-30   螺纹大径、小径的标注

6. 限定性规定

(1) 如果对被测要素任意局部范围内提出公差要求,则应将该局部范围的尺寸(长度、边长或直径)标注在形位公差值的后面,用斜线相隔。要素限定范围几何特征的公差标注如图 4-31 所示。

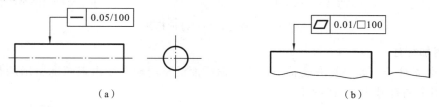

图 4-31   要素限定范围几何特征的公差框格

(2) 如果给出的公差值仅适用于要素的某一指定局部,则用粗点画线表示其范围,并加注尺寸,如图 4-32 所示。同理,如果要求要素的某一部分作为基准,该部分也应用粗点画线表示并加注尺寸。

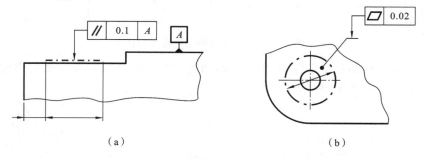

图 4-32   被测要素限定范围几何特征的标注

(3) 对被测要素在公差带内的形状的限制,应在公差框格内或公差框格的上方或下方注明,如表 4-3 所示,图 4-33 所示为平面中提取(实际)线的几何特征标注方法。

7. 延伸公差带标注

延伸公差带是指根据零件的功能要求,位置度和对称度公差带需延伸到被测要素的长度界限之外时的公差带,如图 4-34 所示。

8. 最大实体要求和最小实体要求

(1) 最大实体要求用附加符号Ⓜ表示。该附加符号可根据需要单独或者同时标注在相应公差值和(或)基准字母的后面,如图 4-35 所示。

表 4-3　对被测要素在公差带内的形状的限制

序　号	含　义	符　号	举　例
1	公共公差带	CZ	□ t CZ
2	线要素	LE	// t A LE
3	不凸起	NC	▱ t NC
4	任意横截面	ACS	ACS ◎ ϕt A

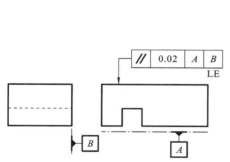

图 4-33　平面中提取(实际)线的几何特征标注　　　图 4-34　延伸公差带标注

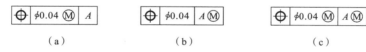

图 4-35　最大实体要求标注

（2）最小实体要求用附加符号Ⓛ表示。该附加符号可根据需要单独或者同时标注在相应公差值和（或）基准字母的后面，如图 4-36 所示。

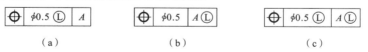

图 4-36　最小实体要求标注

9. 自由状态下的要求

对于非刚性零件自由状态下的公差要求，应该用在相应公差值的后面加注规范的附加符号Ⓕ的方法表示。各附加符号Ⓟ、Ⓜ、Ⓛ、Ⓕ和 CZ 可同时用于同一个公差框格中，如图 4-37 所示。

10. 几何公差的标注示例

如图 4-38 所示为一根气门阀杆，在图中标出的几何公差中，当被测要素为轴或平面时，

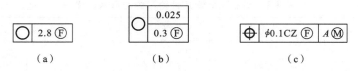

图 4-37　自由状态下的几何特征公差框格

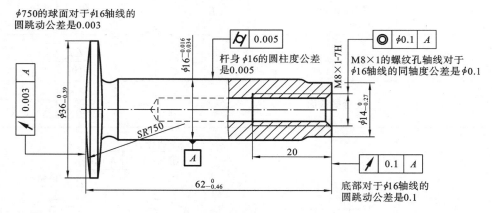

图 4-38　几何公差的标注示例

从框格引出的指引线箭头,应指在该要素的轮廓线或其延长线上,如杆身 $\phi16$ 的圆柱度要求和左右端面的跳动度要求。当被测要素是轴线时,应将箭头与该要素的指引线对齐,如 M8 ×1 轴线的同轴度标注。当基准要素是轴线时,应将基准符号与该要素的尺寸线对齐,如基准 A。

4.2　几何公差与公差带

几何公差带是用来限制被测实际要素变动的区域。只要被测实际要素完全落在给定的公差带内,就表示其形状和位置符合设计要求,国家标准将几何公差分为形状公差、方向公差、位置公差和跳动公差,如表 4-1 所示。几何公差带的形状由被测要素的理想形状和给定的公差特征所决定,是线性公差值表示的区域。根据公差项目特征及其标注方式,公差带形状有九种形状:圆内区域、两同心圆之间区域、两同轴圆柱面之间区域、两等距离曲线之间区域、两平行线之间区域、圆柱内的区域、两等距离曲面之间区域、两平行平面之间区域、球内区域(见表 4-4)。

几何公差带控制的是点(平面、空间)、线(素线、轴线、曲线)、面(平面、曲面)、圆(平面、空间、整体圆柱)等区域,所以它不仅有大小,还具有形状、方向、位置,共四个要素。

(1)几何公差带的大小　几何公差带的大小用几何公差带的宽度或直径表示,由给定的几何公差值决定。

(2)几何公差带的方向　几何公差带的方向指公差带宽度或直径方向,一般垂直于被测要素,用指引线的箭头表示。公差带的方向由给定的几何公差项目和标注形式确定,如图 4-39 所示。

表 4-4　几何公差带形状

平 面 区 域		空 间 区 域	
两平行直线	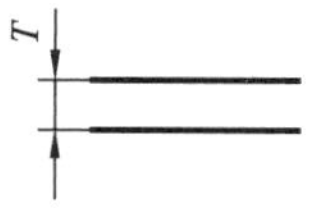	球	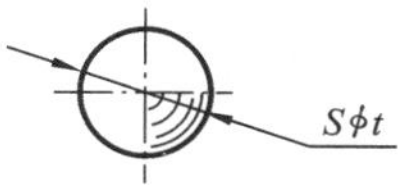
两等距曲线	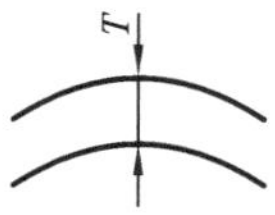	圆柱面	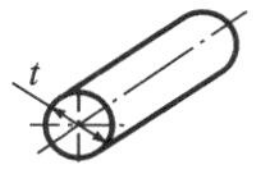
两同心圆	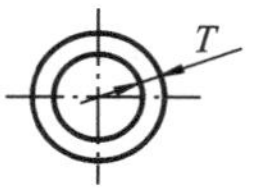	两同轴圆柱面	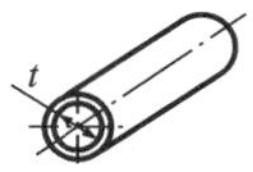
圆	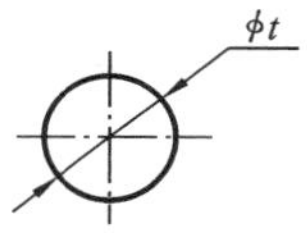	两平行平面	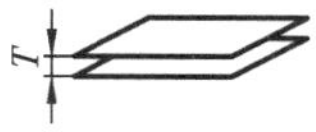
		两等距曲面	

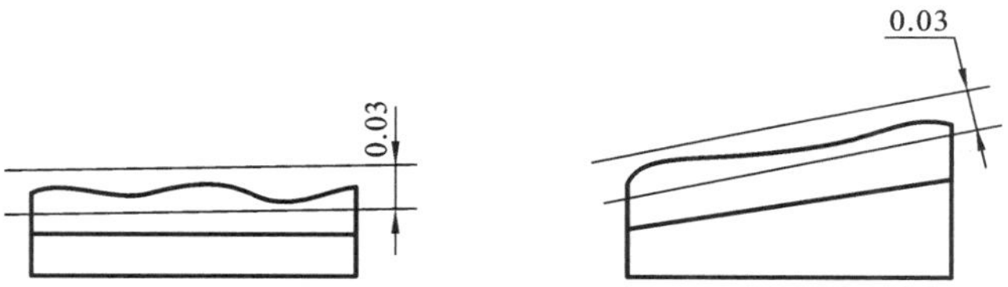

图 4-39　几何公差带的方向

（3）几何公差带的位置　公差带的位置是固定的或浮动的。浮动是指公差带的位置随被测要素的变动而变动;固定是指公差带的位置相对其他要素必须保持正确的几何关系。

4.2.1　形状公差与公差带

形状公差是单一提取（实际）要素的形状对其拟合（理想）要素的形状所允许的变动全量。被测要素包括平面、直线、圆和圆柱面。形状公差带是某一实际提取要素允许变动的区域,形状公差带有直线度、平面度、圆度、圆柱度、（无基准）的线轮廓度和面轮廓度。形状公差带的特点是不涉及基准,它的方向和位置均是浮动的,只能控制形状误差大小。

1. 直线度（straightness）

直线度公差是限制实际直线对理想直线变动量的项目,是单一提取直线所允许的变动全量。直线度用于控制平面内或空间直线的形状误差,其公差带根据不同的情况有多种不同的形状,根据零件的功能要求不同,可分为在给定平面内、给定方向上和任意方向上的直线度要求。

（1）给定平面内的直线度　在给定平面内,直线度公差带是距离为公差值 t 的两平行直线之间的区域,如图 4-40 所示。图 4-41 所示的框格标注的意义是:在任一平行于图示投影面的测试平面内,被测平面的提取(实际)线应限定在距离为公差值 0.1 的两平行直线内。

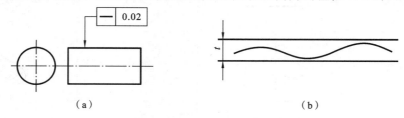

（a）　　　　　　　　　　　　（b）

图 4-40　给定平面内的直线度公差带及其标注(一)

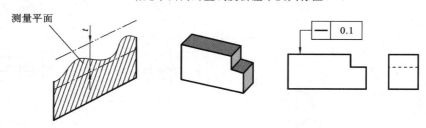

图 4-41　给定平面内的直线度公差带及其标注(二)

（2）给定方向上的直线度　在给定方向上,直线度公差带是距离为公差值 t 的两平行平面之间的区域,如图 4-42 所示。框格标注的意义是:提取(实际)线的棱边应限定在距离为公差值 0.02 的两平行平面内。图 4-43 所示为给定两个方向的直线度公差的标注方法及其公差带形状,表示提取(实际)棱线必须位于水平方向距离为公差值 0.2 mm,垂直方向距离为公差值 0.1 mm 的两对平行平面之内。

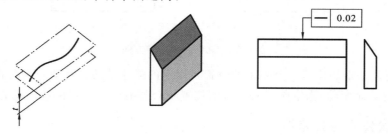

图 4-42　给定方向上的直线度公差带及其标注

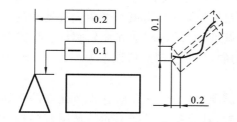

图 4-43　给定两个方向上的直线度公差标注

（3）任意方向上的直线度　在任意方向上,直线度公差带是直径为公差值 t 的圆柱面内的区域,在公差值前加注了 ϕ,如图 4-44 所示。框格标注的意义是:外圆柱面的提取(实际)中心线应限定在直径为公差值 0.04 的圆柱面内。

2. 平面度(flatness)

平面度公差是限制实际表面对理想平面变动

图 4-44　任意方向上的直线度公差带及其标注

量的项目,是单一提取平面所允许的变动全量。其公差带是距离为公差值 t 的两平行平面间的区域。如图 4-45 所示。框格标注的意义是:提取(实际)表面应限定在间距等于公差值 0.1 的两平行平面之间。

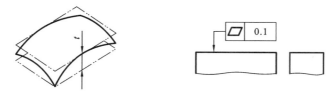

图 4-45　平面度公差带及其标注

3. 圆度(roundness)

圆度公差是限制实际圆对理想圆变动量的项目,是单一提取圆所允许的变动全量。圆度公差用于控制实际圆在回转轴径向截面(即垂直于轴线的截面)内的形状误差,其公差带是在同一正截面内,半径差为公差值 t 的两同心圆之间的区域,如图 4-46 所示。框格标注的意义是:在圆柱面和圆锥面的任意截面内,提取(实际)圆周应限定在半径差为公差值0.02 的两共面同心圆内。

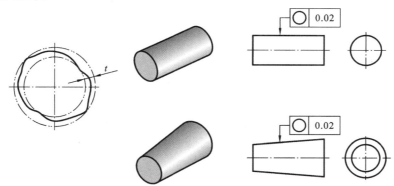

图 4-46　圆度公差带及其标注

4. 圆柱度(cylindricity)

圆柱度是限制实际圆柱面对理想圆柱面变动量的项目,是单一提取圆柱所允许的变动全量。圆柱度公差用于控制圆柱表面的形状误差,其公差带是半径差为公差值 t 的两同轴圆柱面之间的区域,如图 4-47 所示。框格标注的意义是:提取(实际)圆柱面应限定在半径差为公差值 0.02 的两同轴圆柱面内。

圆柱度是一项综合的形状公差,综合限制了被测圆柱面纵、横剖面的形状误差。

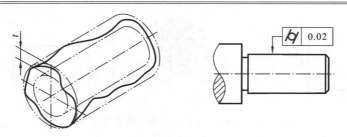

图 4-47　圆柱度公差带及其标注

5. 线轮廓度(profile of a line)

线轮廓度是限制实际曲线(不包括圆弧)对理想曲线变动量的项目,用于控制非圆平面曲线或曲面截面轮廓的形状、方向或位置误差。其公差带是包络一系列直径为公差值 t,且圆心在理想轮廓上的圆的两包络线之间的区域。其中无基准要求的线轮廓度,属于形状公差;有基准要求的,则属于方向或位置公差。

未标注基准的线轮廓度是指提取轮廓线对理想轮廓线所允许的变动全量,用于控制平面曲线或曲面截面轮廓的形状误差。其公差带是包络一系列直径为公差值 t 的圆的两包络曲线之间的区域,诸圆圆心应位于具有理论正确几何形状的理想轮廓线上,如图 4-48(a)所示。

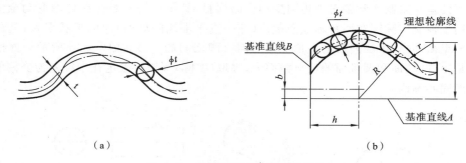

（a）　　　　　　　　　　　　　　　　　　（b）

图 4-48　线轮廓度公差带及其标注

标注基准的线轮廓度是指提取轮廓曲线对具有确定位置的理想轮廓线的允许变动全量,用于控制平面曲线或曲面截面轮廓的方向或位置误差。其公差带是包络一系列直径为公差值 t 的圆的两包络曲线之间的区域,诸圆圆心应位于具有理论正确几何形状的理想轮廓线上,如图 4-48(b)所示。

【例 4-1】　请说明图 4-49 所示的几何公差框格标注含义。

(1) 图 4-49(a)中框格标注含义是在平行于图样所示投影面的任一截面上,提取轮廓线必须位于包络一系列直径为公差值 0.04,且圆心位于具有理论正确几何形状的理想轮廓线上的两包络曲线之间。

(2) 图 4-49(b)中框格标注含义是在平行于图样所示投影面的任一截面上,提取轮廓线必须位于包络一系列直径为公差值 0.05,且圆心位于具有理论正确几何形状的理想轮廓线上的两包络曲线之间。理想轮廓线由理论正确尺寸 25、10 和 22 确定,其位置由基准 A、B 和理论正确尺寸 2.5 和 20 确定,因此公差带的位置是固定的。

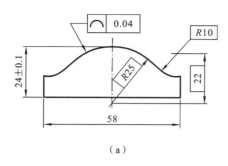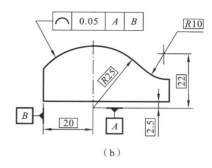

图 4-49　线轮廓度公差标注举例

6. 面轮廓度（profile of a surface）

面轮廓度是限制实际曲面对理想曲面变动量的项目，用于控制空间曲面的形状、方向或位置误差。其公差带是包络一系列直径为公差值 t 的球的两包络面之间的区域，该系列球的球心应位于理论正确几何形状的理想轮廓面上。其中无基准要求的面轮廓度，属于形状公差；有基准要求，则属于方向或位置公差。

未标注基准的面轮廓度是指提取轮廓曲面对理想轮廓曲面所允许的变动全量，用于控制实际曲面的形状误差。其公差带是包络一系列直径为公差值 $S\phi t$ 的球的两包络面之间的区域，诸球球心应位于具有理论正确几何形状的理想轮廓面上，轮廓面的位置是浮动的，如图 4-50(a)所示。

标注基准的面轮廓度是指提取轮廓面对具有确定位置的理想轮廓面所允许的变动全量，用于控制空间曲面的方向或位置误差。其公差带是包络一系列直径为公差值 $S\phi t$ 的球的两包络曲面之间的区域，诸球球心应位于理论正确几何形状的理想轮廓面上。理论正确几何形状的轮廓面的位置由理论正确尺寸和基准确定，如图 4-50(b)所示。

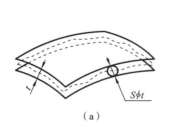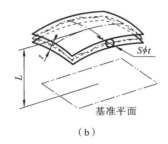

图 4-50　面轮廓度公差带及其标注

【**例 4-2**】　请说明图 4-51 所示的几何公差框格标注含义。

(1) 图 4-51(a)中框格标注含义是提取轮廓面必须位于包络一系列球径为公差值 0.02，且球心位于具有理论正确几何形状的轮廓面上的两包络面之间。

(2) 图 4-51(b)中框格标注含义是提取轮廓面必须位于包络一系列球径为公差值 0.02，且球心位于具有理论正确几何形状的理想轮廓面上的两包络面之间。理想轮廓面的位置由理论正确尺寸 50、$SR85$ 和基准底面 A 确定。

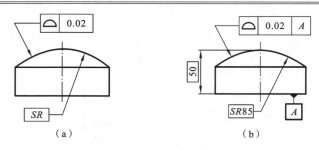

图 4-51　面轮廓度公差标注举例

4.2.2　方向公差与公差带

　　方向公差是关联提取要素对基准(具有确定方向的理想被测要素)在规定方向上允许的变动全量,也称定向公差。方向公差有平行度、垂直度和倾斜度三项。它们都有面对面、线对面、面对线和线对线几种情况。理想提取要素的方向由基准及理论正确角度确定,当理论正确角度为 0°时,称为平行度;当理论正确角度为 90°时称为垂直度;当理论正确角度为其他任意角度时,称为倾斜度。方向公差带是某一实际提取要素对其基准拟合要素在方向上允许变动的区域,其相对基准有确定的方向,并且公差带的位置可以浮动。

　　1. 平行度(parallelism)

　　平行度是限制提取要素对基准在平行方向上变动量的项目。根据平行度的功能要求不同,可将平行度分为面对基准面、线对基准面、面对基准线、线对基准线、线对基准体系等形式。

　　1)面对基准面的平行度

　　提取(实际)面对基准面的平行度公差带是距离为公差值 t,且平行于基准平面的两平行平面间的区域,如图 4-52 所示。框格标注的意义是:提取(实际)表面应限定在间距等于公差值 0.01,平行于基准平面 A 的两平行平面内。

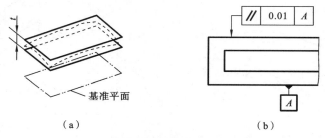

图 4-52　面对基准面的平行度公差带及其标注

　　2)线对基准面的平行度

　　提取(实际)线对基准面的平行度公差带是距离为公差值 t,且平行于基准平面的两平行平面间的区域,如图 4-53 所示。框格标注的意义是:提取(实际)中心线应限定在平行于基准平面 B,间距等于公差值 0.01 的两平行平面内。

　　3)面对基准线的平行度

　　提取(实际)面对基准线的平行度公差带是距离为公差值 t,且平行于基准轴线的两平

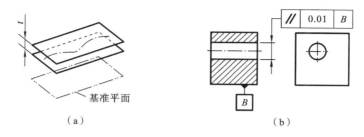

图 4-53 线对基准面的平行度公差带及其标注

行平面间的区域,如图 4-54 所示。框格标注的意义是:提取(实际)表面应限定在间距等于公差值 0.1,平行于基准平面 C 的两平行平面内。

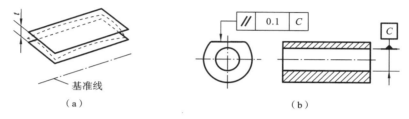

图 4-54 面对基准线的平行度公差带及其标注

4) 线对基准线的平行度

提取(实际)线对基准线的平行度公差带是直径为公差值 t,且平行于基准轴线的圆柱面内的区域,公差值前加注符号 ϕ,如图 4-55 所示。框格标注的意义是:提取(实际)中心线应限定在平行于基准轴线 A,直径等于公差值 $\phi 0.03$ 的圆柱面内。

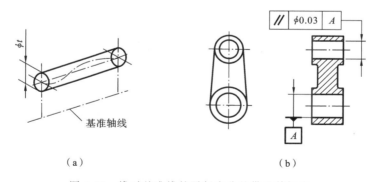

图 4-55 线对基准线的平行度公差带及其标注

5) 线对基准体系的平行度

提取(实际)线对基准体系的平行度与线对基准面的平行度原则一致,只要被测提取要素与基准体系中的各基准保持正确的几何关系即可。当被测要素为线要素(LE)时,公差带为间距等于公差值 t 的两平行直线之间的区域,如图 4-56 所示。该两平行直线平行于基准平面 A 且处于平行于基准平面 B 的平面内。图中框格标注的意义是:提取(实际)要素应限定在间距等于公差值 0.02 的两平行直线内。该两平行直线平行于基准平面 A,且处于平行于基准平面 B 的平面内。

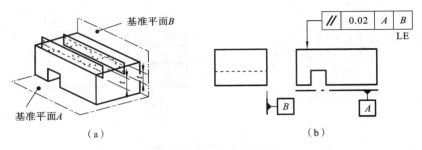

图 4-56 线对基准体系的平行度公差带及其标注

2. 垂直度(perpendicularity)

垂直度是限制提取要素对基准在垂直方向上变动量的项目。

1）面对基准面的垂直度

提取(实际)面对基准面的垂直度公差带是距离为公差值 t,且垂直于基准平面的两平行平面之间的区域,如图 4-57 所示。框格标注的意义是:提取(实际)面应限定在间距等于公差值 0.08,垂直于基准平面 A 的两平行平面内。

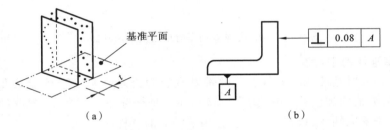

图 4-57 面对基准面的垂直度公差带及其标注

2）线对基准面的垂直度

提取(实际)线对基准面的垂直度公差带是直径为公差值 t,轴线垂直于基准平面的圆柱面内的区域,公差值前加注符号 ϕ,如图 4-58 所示。框格标注的意义是:圆柱的提取(实际)中心线应限定在直径等于公差值 0.01,垂直于基准平面 A 的圆柱面内。

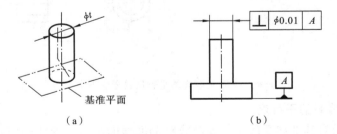

图 4-58 线对基准面的垂直度公差带及其标注

3）面对基准线的垂直度

提取(实际)面对基准线的垂直度公差带是距离为公差值 t,且垂直于基准轴线的两平行平面之间的区域,如图 4-59 所示。框格标注的意义是:提取(实际)面应限定在间距等于公差值 0.08 的两平行平面内。该平行平面垂直于基准轴线 A。

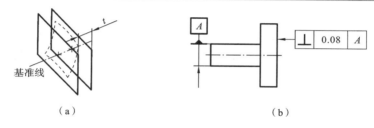

图 4-59　面对基准线的垂直度公差带及其标注

4）线对基准线的垂直度

提取（实际）线对基准线的垂直度公差带是距离为公差值 t，且垂直于基准轴线的两平行平面之间的区域，如图 4-60 所示。框格标注的意义是：提取（实际）中心线应限定在间距等于 0.06，垂直于基准轴线 A 的两平行平面内。

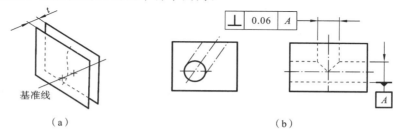

图 4-60　线对基准线的垂直度公差带及其标注

5）线对基准体系的垂直度

提取（实际）线对基准体系的垂直度与线对基准面的垂直度原则一致，只要被测提取要素与基准体系中的各基准保证正确的几何关系即可。当给定一个方向时，公差带为间距等于公差值 t 的两平行平面所限定的区域。该两平行平面垂直于基准平面 A，且平行于基准平面 B，如图 4-61 所示。图中框格标注的意义是：圆柱的提取（实际）中心线应限定在间距等于公差值 0.1 的两平行平面内。该两平行直线平行于基准平面 A，且处于平行于基准平面 B 的平面内。

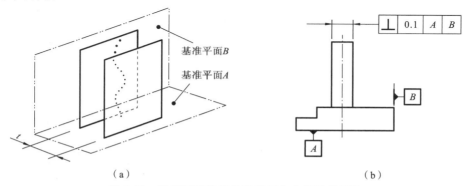

图 4-61　线对基准体系的垂直度公差带及其标注

3. 倾斜度（angularity）

倾斜度是限制提取要素对基准在倾斜方向上变动量的项目。

1）面对基准面的倾斜度

提取（实际）面对基准面的倾斜度公差带是距离为公差值 t，且与基准平面成规定的理论正确角度的两平行平面间的区域，如图 4-62 所示。图中框格标注的意义是：提取（实际）面应限定在间距等于公差值 0.08 的两平行平面内。该两平行平面按理论正确角度 40° 倾斜于基准平面 A。

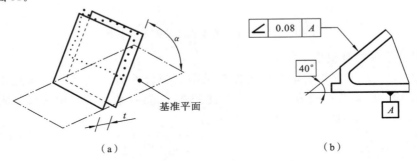

图 4-62　面对基准面的倾斜度公差带及其标注

2）线对基准面的倾斜度

提取（实际）线对基准面的倾斜度公差带是距离为公差值 t，且与基准平面成规定的理论正确角度的两平行平面间的区域，如图 4-63 所示。图中框格标注的意义是：提取（实际）中心线应限定在间距等于公差值 0.08，且与基准平面 A 倾斜成理论正确角度 60° 的两平行平面内。

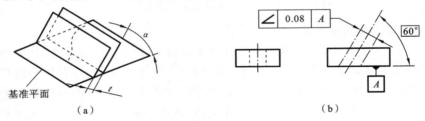

图 4-63　线对基准面的倾斜度公差带及其标注（一）

若公差值前加注符号 ϕ，则公差带是直径为公差值 ϕt，且与基准平面成规定的理论正确角度的圆柱面内的区域。如图 4-64 所示，该圆柱面公差带的轴线平行于基准平面 B，并按给定角度倾斜于基准平面 A。

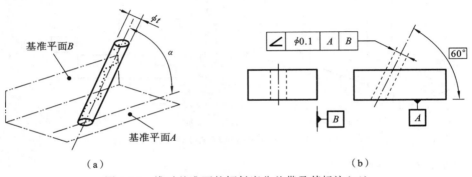

图 4-64　线对基准面的倾斜度公差带及其标注（二）

3）面对基准线的倾斜度

提取（实际）面对基准线的倾斜度公差带是距离为公差值 t，且与基准直线成规定的理论正确角度的两平行平面间的区域，如图 4-65 所示。图中框格标注的意义是：提取（实际）面应限定在间距等于公差值 0.1 的两平行平面内，该平行平面按理论正确角度 75°倾斜于基准轴线 A。

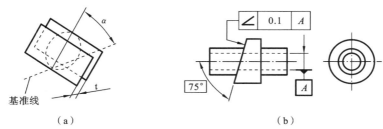

图 4-65　面对基准线的倾斜度公差带及其标注

4）线对基准线的倾斜度

提取（实际）线对基准线的倾斜度公差带是距离为公差值 t，且与基准直线成规定的理论正确角度的两平行平面间的区域。如图 4-66 所示。图中框格标注的意义是：提取（实际）中心线应限定在间距等于公差值 0.08，与公共基准轴线 A—B 成理论正确角度 60°的两平行平面内。

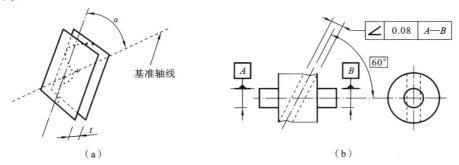

图 4-66　线对基准线的倾斜度公差及其标注

4.2.3　位置公差与公差带

位置公差是关联提取（实际）要素对基准拟合要素在位置上所允许的变动全量，也称定位公差。位置公差按要素间的几何位置关系及要素本身的特征分为同轴度（对中心点称为同心度）、对称度和位置度及（有基准的）线轮廓度和面轮廓度。定位公差具有确定的位置，相对于基准的尺寸为理论正确尺寸，具有综合控制被测要素位置误差、方向误差和形状误差的功能。

1. 点的同心度（concentricity tolerance of a point）

点的同心度是限制被测点偏离基准点的项目，公差值前标注符号 ϕ，其公差带是直径为公差值 ϕt 的圆周内的区域，该圆周的圆心与基准点重合，如图 4-67 所示。图中框格标注的意义是：在任意横截面内，内圆的提取（实际）中心应限定在直径等于公差值 $\phi 0.1$，以基准 A

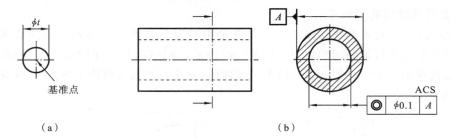

（a）　　　　　　　　　　　　　　　　（b）

图 4-67　点的同心度公差带及其标注

为圆心的圆内。

2. 轴线的同轴度（coaxially tolerance of an axis）

轴线的同轴度是限制被测轴线偏离基准轴线的项目,公差值前标注符号 ϕ,其公差带是直径为公差值 ϕt 的圆柱面内的区域,该圆柱面的轴线与基准轴线重合,如图 4-68 所示。图中框格标注的意义是:大圆柱面的提取(实际)中心线应限定在直径等于公差值 $\phi 0.08$,以公共基准轴线 $A—B$ 为轴线的圆柱面内。

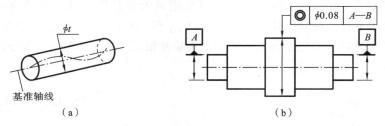

（a）　　　　　　　　　　　　　　　　（b）

图 4-68　轴线的同轴度公差带及其标注

3. 对称度（symmetry）

对称度是限制被测直线、平面偏离基准直线、平面的项目,其公差带是距离为公差值 t,且与基准中心平面(或中心轴线)对称配置的两平行平面间的区域。图 4-69(a)中框格标注的意义是:提取(实际)中心面应限定在间距等于公差值 0.05,对称于基准中心平面 A 的两平行平面内,如图 4-69(b)所示。图 4-69(c)所示框格对称度标注的意义是:提取(实际)中心面应限定在间距等于公差值 0.08,对称于公共基准中心平面 $A—B$ 的两平行平面内。

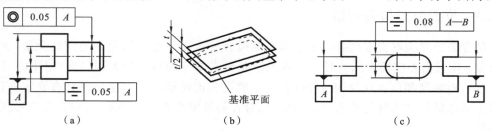

（a）　　　　　　　　　　　　（b）　　　　　　　　　　　　（c）

图 4-69　对称度公差带及其标注

4. 位置度（position）

位置度是限制提取(实际)要素的位置对其理想位置变动量的项目。位置度分为点的位置度、线的位置度和面的位置度。

1）点的位置度

点的位置度用于限制一个点在任意方向上的位置，公差值前加注 $S\phi$，其公差带为直径等于公差值 t 的圆球面所限定的区域。该球面中心的理论正确位置由基准 A、B、C 和理论正确尺寸确定，如图 4-70 所示。图中框格标注的意义是：提取导出（实际）球心应限定在直径等于公差值 $\phi 0.3$ 的球面内，该球面中心应位于由基准平面 A、B、C 和理论正确尺寸确定的球心的理论正确位置上。

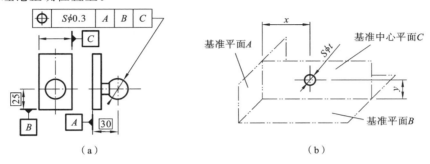

图 4-70　点的位置度公差带及其标注

2）线的位置度

线的位置度是给定一个方向的公差时，公差带为间距等于公差值 t，对称于线的理论正确位置的两平行平面所限定的区域。线的理论正确位置由基准平面 A、B 和理论正确尺寸确定。公差只在一个方向上给定，如图 4-71 所示。图中框格标注的意义是：每条刻线的提取中心线应限定在间距等于公差值 0.3，对称于基准平面 A、B 和理论正确尺寸确定的理论正确位置的两平行直线内。

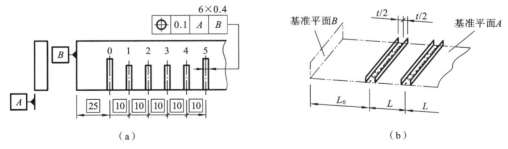

图 4-71　给定一个方向的线的位置度公差带及其标注

给定两个方向的公差时，公差带为间距分别等于公差值 t_1 和 t_2、对称于线的理论正确（理想）位置的两对相互垂直的平行平面所限定的区域。如图 4-72 所示，线的理论正确位置由基准平面 C、A 和 B 及理论正确尺寸确定。该公差在基准体系的两个方向上给定。若公差值前加注符号 ϕ，则公差带为直径等于公差值 ϕt 的圆柱面所限定的区域。该圆柱轴线的位置度公差由基准平面 C、A、B 和理论正确尺寸确定，如图 4-73 所示。

3）面的位置度

面的位置度公差带为距离等于公差值 t，且对称于被测面理论正确位置的两平行平面所限定的区域。面的理论正确位置由基准平面、基准轴线和理论正确尺寸确定，如图 4-74 所示。

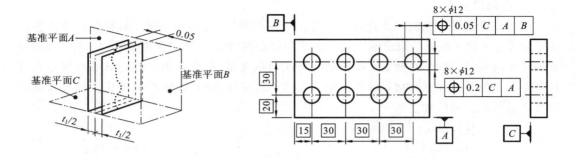

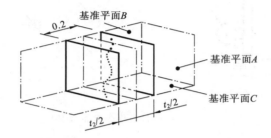

图 4-72　给定两个垂直方向的线的位置度公差带及其标注

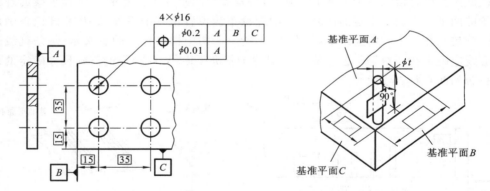

图 4-73　任意方向的线的位置度公差带及其标注

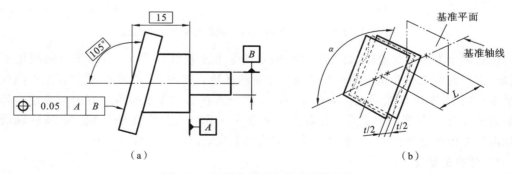

（a）　　　　　　　　　　　　　　　（b）

图 4-74　面的位置度公差带及其标注

4.2.4　跳动公差与公差带

跳动公差是以测量方法为依据的一种几何公差,即当要素绕基准轴线旋转时,以指示器测量提取要素(表面)来反映其几何误差。所以,跳动公差是综合限制提取要素误差的一种几何公差。跳动公差是关联提取要素绕基准轴线回转一周或连续回转时所允许的最大跳动量。跳动公差分为圆跳动和全跳动。圆跳动是指被测提取要素在某个测量截面内相对于基准轴线做无轴向移动回转一周时,所允许的最大变动量,此量值由位置固定的指示计在给定方向上测得;全跳动是指整个被测提取要素相对于基准轴线做轴向移动连续回转时所允许的最大变动量,此量值由指示计在给定方向上做定向移动时测得,全跳动控制的整个实际要素相对于基准要素的跳动总量。

1. 圆跳动(circular run-out)

圆跳动是指提取(实际)要素在某个测量截面内相对于基准轴线的变动量。圆跳动公差分为径向圆跳动公差、轴向圆跳动公差、斜向圆跳动公差。

1) 径向圆跳动公差

径向圆跳动公差带是在任一垂直于基准轴线的横截面内,半径差等于公差值 t、圆心在基准轴线上的两同心圆所限定的区域,如图 4-75 所示。图中框格标注的意义是:在任意垂直于公共基准轴线 $A—B$ 的横截面内,提取(实际)圆应限定在半径等于公差值 0.1,圆心在基准轴线 $A—B$ 上的两同心圆内。

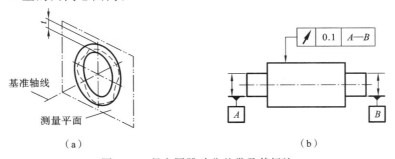

图 4-75　径向圆跳动公差带及其标注

圆跳动通常适用于整个要素,但亦可规定只适用于局部要素的某一指定部分。如图 4-76所示。

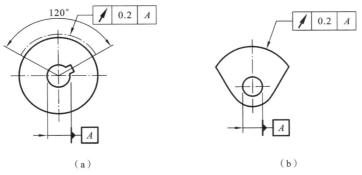

图 4-76　部分要素的径向圆跳动公差带及其标注

2）轴向圆跳动公差

轴向圆跳动公差带是与基准轴线同轴的任一直径的圆柱截面上,间距等于公差值 t 的两圆所限定的圆柱面区域,如图 4-77 所示。

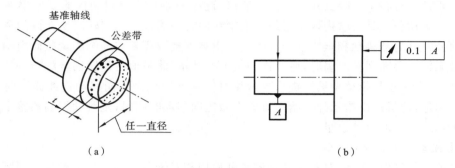

图 4-77　轴向圆跳动公差带及其标注

3）斜向圆跳动公差

斜向圆跳动公差带是与基准轴线同轴的某一圆锥截面上,间距等于公差值 t 的两圆所限定的圆锥面的区域。测量方向应沿表面的法向。当标注公差的素线不是直线时,圆柱截面的锥角要随实际位置而变化,如图 4-78 所示。

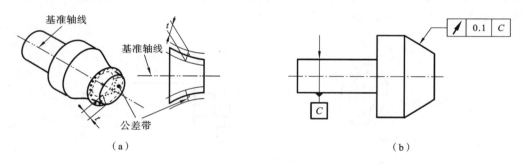

图 4-78　斜向圆跳动公差带及其标注

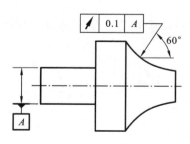

图 4-79　指定测量方向的斜向圆跳动标注

斜向圆跳动用于一般回转面时,除非另有规定,应在曲面的法线方向上测量。如图4-79所示。图中框格标注的意义是:与基准轴线 A 同轴且具有给定角度 60°的任一圆锥截面上,测得(实际)圆应限定在素线方向间距等于 0.1 的两不等圆内。

注意事项如下。

（1）常用径向圆跳动代替同轴度公差,原因是径向圆跳动可以控制同轴度误差,同时也包含有圆度误差。由于圆度误差通常小于同轴度误差,且径向圆跳动误差检测较方便。

（2）使用轴向圆跳动代替端面对轴线的垂直度,会降低精度要求。原因是由于轴向圆跳动只能限制被测圆周上各点的位置误差和在该圆周上沿轴向的形状误差,不能控制整个被测平面的平面度和垂直度误差,而端面垂直度既控制被测平面对基准轴线的垂直度误差,又控制被测平面的平面度误差。

对于起加工定位作用的端面(如立车工作台面),应采用垂直度公差;对仅起固定作用的端面(如齿轮端面、限制滚动轴承轴向位置的轴肩),应采用轴向圆跳动公差。

2. 全跳动(total run-out)

1)径向全跳动公差

径向全跳动公差带是半径差等于公差值 t,与基准轴线同轴的两同轴圆柱面所限定的区域。径向全跳动既可控制圆度和圆柱度误差,又可控制同轴度误差,如图 4-80 所示。图中框格标注的意义是:提取(实际)面应限定在半径差等于公差值 0.1,与公共基准轴线 $A—B$ 同轴的两圆柱面内。

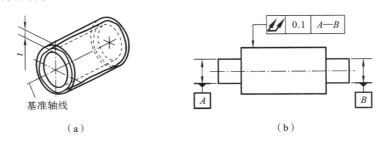

图 4-80　径向全跳动公差带及其标注

2)轴向全跳动公差

轴向全跳动公差带是间距等于公差值 t,垂直于基准轴线的两平行平面所限定的区域。如图 4-81 所示。图中框格标注的意义是:提取(实际)面应限定在间距等于公差值 0.1,垂直于基准轴线 D 的两平行平面内。

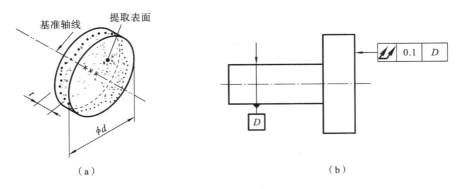

图 4-81　轴向全跳动公差带及其标注

注意:全跳动可以综合控制被测端面对基准轴线的垂直度误差和端面的平面度误差。端面对基准轴线的垂直度公差带和轴向全跳动公差带相同。由于轴向全跳动检测较方便,在实践中常用轴向全跳动代替端面对轴线的垂直度。

表 4-5 所示为几何公差标注汇总表。

表 4-5 几何公差标注汇总表

公差类型	标 注 示 例	说 明
直线度 ―	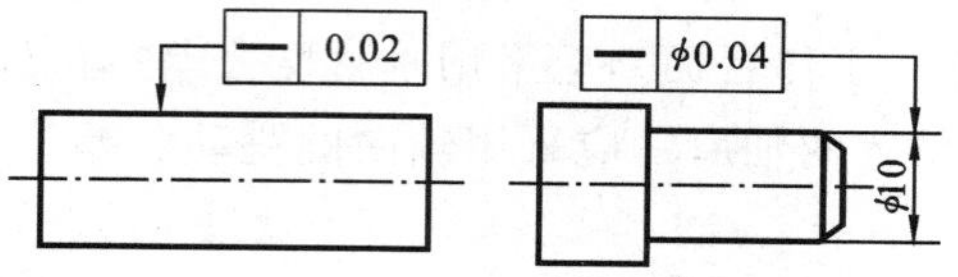	1.圆柱表面上任一素线的形状要素所允许的误差(0.02 mm)(左图) 2.ϕ10 轴线的形状要素所允许的误差(ϕ0.04 mm)(右图)
平面度 ▱	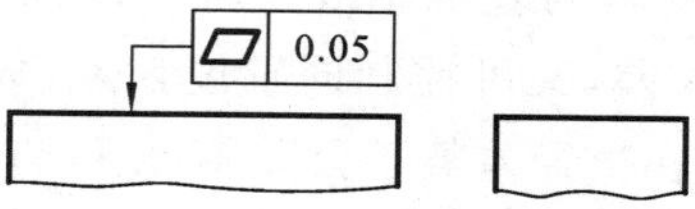	实际平面的形状要素所允许的误差(0.05 mm)
圆度 ○	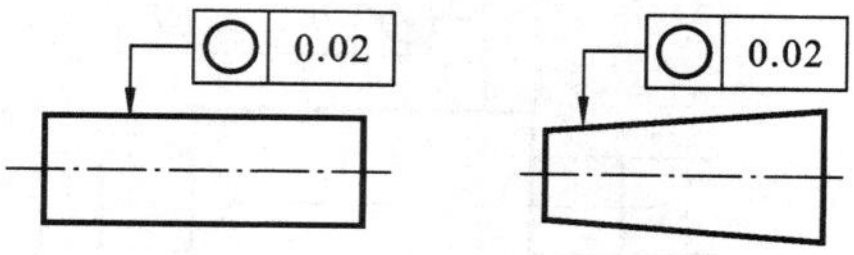	在圆柱轴线方向上任一横截面的实际圆所允许的误差(0.02 mm)
圆柱度 ⌭	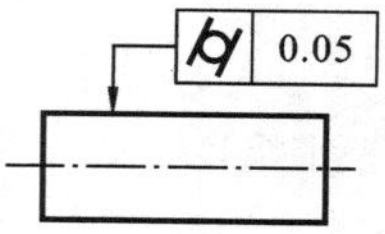	实际圆柱面的形状要素所允许的误差(0.05 mm)
线轮廓度 ⌒	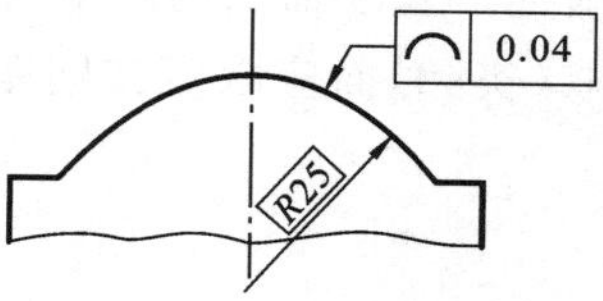	在零件宽度方向,任一横截面上实际轮廓形状要素所允许的误差(0.04 mm) (尺寸线上有方框的尺寸是理想轮廓尺寸)
面轮廓度 ⌓	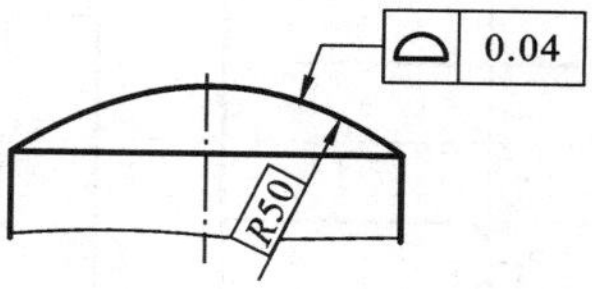	实际表面的轮廓形状要素所允许的误差(0.04 mm)
平行度 ∥ 垂直度 ⊥ 倾斜度 ∠	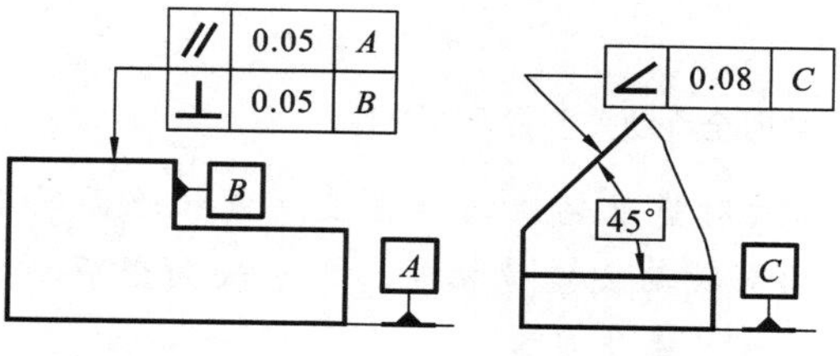	实际要素对基准在方向上所允许的误差(∥为 0.05 mm,⊥为 0.05 mm,∠为 0.08 mm)

续表

公差类型	标 注 示 例	说　明
同轴度 ⊚ 对称度 ═ 位置度 ⊕	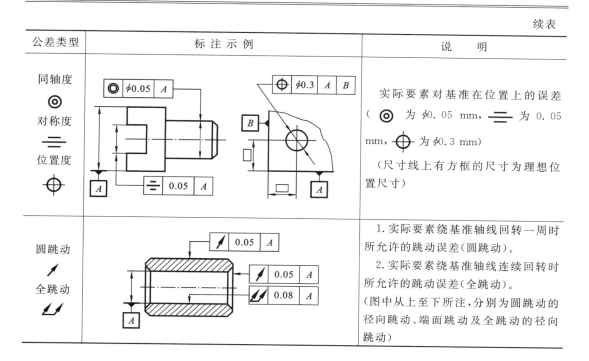	实际要素对基准在位置上的误差 （⊚ 为 φ0.05 mm，═ 为 0.05 mm，⊕ 为 φ0.3 mm） （尺寸线上有方框的尺寸为理想位置尺寸）
圆跳动 ↗ 全跳动 ↗↗	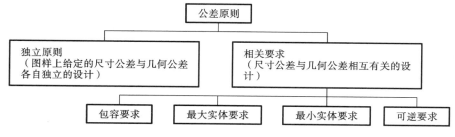	1.实际要素绕基准轴线回转一周时所允许的跳动误差（圆跳动）。 2.实际要素绕基准轴线连续回转时所允许的跳动误差（全跳动）。 （图中从上至下所注,分别为圆跳动的径向跳动、端面跳动及全跳动的径向跳动）

4.3　公差原则

在设计零件时,为了保证其功能要求,并实现互换性,有时要同时给定尺寸公差和几何公差,这就产生了如何处理两者之间关系的问题。公差原则就是确定尺寸（线性尺寸和角度尺寸）公差和几何公差之间的相互关系,是确定零件的形状、方向、位置及跳动公差和尺寸公差之间相互关系的原则。

国家标准 GB/T 4249—2009《产品几何技术规范（GPS）　公差原则》、GB/T 16671—2009《产品几何技术规范（GPS）　几何公差　最大实体要求、最小实体要求和可逆要求》规定了尺寸公差和几何公差之间的关系。

公差原则分为独立原则和相关要求两大类,相关要求又有包容要求、最大实体要求、最小实体要求和可逆要求等,如图 4-82 所示。

```
                        公差原则
            ┌──────────────┴──────────────┐
       独立原则                          相关要求
  （图样上给定的尺寸公差与几何公差      （尺寸公差与几何公差相互有关的设
     各自独立的设计）                        计）
            ┌──────────┬──────────┬──────────┐
       包容要求    最大实体要求   最小实体要求   可逆要求
```

图 4-82　公差原则的分类

4.3.1 公差原则有关尺寸术语与定义

1. 尺寸公差与几何公差

尺寸公差用于控制零件的尺寸误差,保证零件的尺寸精度要求;几何公差用于控制零件的形位误差,保证零件的形位精度要求。根据零件的功能要求,尺寸公差与几何公差可以是相对独立无关的;也可以是互相影响,单项补偿或互相补偿,即尺寸公差与几何公差相关。为了保证设计要求,正确地判断不同要求的零件的合格性,必须明确尺寸公差与形位公差的内在联系。

2. 作用尺寸(function size)

作用尺寸包括体外作用尺寸和体内作用尺寸。

1）体外作用尺寸(external function size)

在被测要素的给定长度上,与实际内表面体外相接的最大理想面或与实际外表面体外相接的最小理想面的直径或宽度。用 D_{fe} 表示内表面体外作用尺寸,用 d_{fe} 表示外表面体外作用尺寸,如图 4-83 所示。

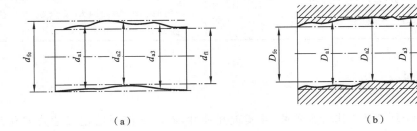

（a）   （b）

图 4-83　体外及体内作用尺寸

2）体内作用尺寸(internal function size)

在被测要素的给定长度上,与实际内表面体内相接的最小理想面或与实际外表面体内相接的最大理想面的直径或宽度。用 D_{fi} 表示内表面体内作用尺寸,用 d_{fi} 表示外表面体内作用尺寸,如图 4-83 所示。

3. 实效状态与实效尺寸

1）最大实体实效状态(MMVC)**与最大实体实效尺寸**(MMVS)

最大实体实效状态是在给定长度上,实际要素处于最大实体状态且其中心要素的几何误差等于给出公差值时的综合极限状态。最大实体实效尺寸是指最大实体实效状态下的体外作用尺寸,如图 4-84 所示。

最大实体实效尺寸为

$$D_{MV} = D_M - t$$
$$d_{MV} = d_M + t$$

式中:D_{MV}、d_{MV}——孔、轴的最大实体实效尺寸;

$\quad\quad D_M$、d_M——孔、轴的最大实体尺寸;

$\quad\quad t$——中心要素的几何公差。

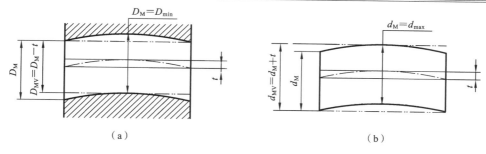

图 4-84　最大实体实效尺寸

2）最小实体实效状态（LMVC）**与最小实体实效尺寸**（LMVS）

最小实体实效状态是在给定长度上，实际要素处于最小实体状态且其中心要素的几何误差等于给出公差值时的综合极限状态。最小实体实效尺寸是指最小实体实效状态下的体内作用尺寸，如图 4-85 所示。

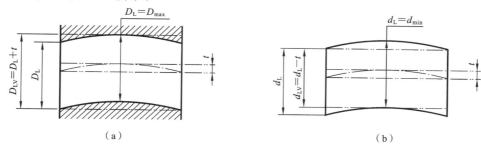

图 4-85　最小实体实效尺寸

最小实体实效尺寸为

$$D_{LV} = D_L + t$$
$$d_{LV} = d_L - t$$

式中：D_{LV}、d_{LV}——孔、轴的最小实体实效尺寸；

$\quad\quad D_L$、d_L——孔、轴的最小实体尺寸；

$\quad\quad t$——中心要素的几何公差。

4. 边界（boundary）

由于零件实际要素总是同时存在着尺寸偏差和几何误差，而其功能取决于二者的综合效果，因此可用"边界"综合控制实际要素的尺寸偏差和几何误差，如图 4-86（a）所示。对于关联要素，边界除具有一定的尺寸大小和正确的几何形状外，还必须与基准保持图样上给定的几何关系，如图 4-86（b）所示。

理想边界分为下列四种。

（1）最大实体边界（maximum material boundary，MMB），尺寸为最大实体尺寸，且具有正确几何形状的理想包容面。

（2）最小实体边界（least material boundary，LMB），尺寸为最小实体尺寸，且具有正确几何形状的理想包容面。

（3）最大实体实效边界（maximum material virtual boundary，MMVB），尺寸为最大实

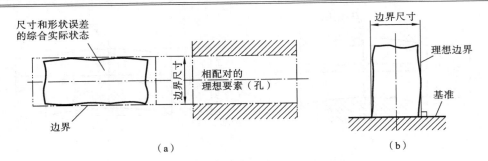

图 4-86 单一要素与关联要素的理想边界

体实效尺寸,且具有正确几何形状的理想包容面。

(4) 最小实体实效边界(least material virtual boundary,LMVB),尺寸为最小实体实效尺寸,且具有正确几何形状的理想包容面。

4.3.2 公差原则

1. 独立原则

图样上给定的每一个尺寸和方向、形状及位置要求均是独立的,应分别满足要求。遵守独立原则的精度要求,不需要在图样上特别注明,如图 4-87 至图 4-89 所示。如果对尺寸与形状精度、尺寸与方向精度、尺寸与位置精度之间的相互关系有特定要求,则应在图样上标明。

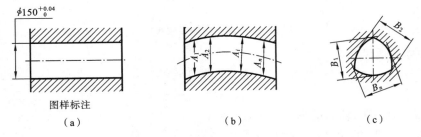

图 4-87 独立原则的图样标注方法(一)

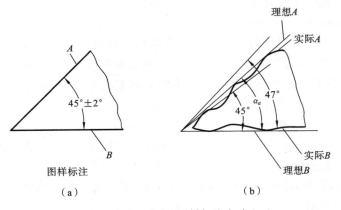

图 4-88 独立原则的图样标注方法(二)

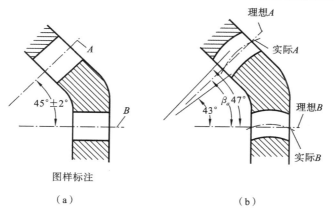

图 4-89 独立原则的图样标注方法(三)

图 4-90 所示为检验机床精度时在车床主轴与车床尾顶尖之间所使用的检验芯棒,其对直径尺寸公差要求不高,但对外圆表面的圆度和轴线直线度公差要求很高。因此其几何公差与尺寸公差没有关系,彼此独立,即遵守独立原则。只要直径实际尺寸在 $\phi 39.9$ ~$\phi 40$ 之间,轴线的直线度误差和任意截面的圆度误差不超过 0.003,该检验芯棒即为合格。

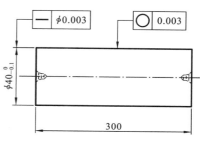

图 4-90 独立原则示例

2. 相关要求

相关要求是尺寸公差与几何公差相互有关的公差要求。主要包括包容要求、最大实体要求(包括可逆要求应用于最大实体要求)和最小实体要求(包括可逆要求应用于最小实体要求)。

1）包容要求(envelope requirement,ER)Ⓔ

包容要求是被测实际要素处处不得超越最大实体边界的一种要求。被测要素采用包容要求,表示其实际要素应遵守最大实体边界,局部实际尺寸不得超出最小实体尺寸。

包容要求仅适用于单一要素。采用包容要求的单一要素,应在其尺寸极限偏差或公差带代号之后加注符号Ⓔ,图样标注如图 4-91 所示。

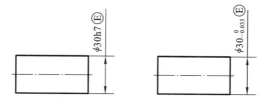

图 4-91 包容要求的图样标注

采用包容要求的尺寸,其对应的实际轮廓应遵守最大实体边界,即其体外作用尺寸不得超出最大实体尺寸,且其局部实际尺寸不得超出最小实体尺寸。

合格条件为

$$d_{fe} \leqslant d_{max} \quad 且 \quad d_a \geqslant d_{min} \quad （轴）$$

$$D_{fe} \geqslant D_{min} \quad 且 \quad D_a \leqslant D_{max} \quad （孔）$$

图 4-92 所示零件为普通车床尾顶尖的套筒,为保证其与尾座的配合关系,须遵守包容要求。即零件的实际轮廓必须在直径为 $\phi80$(最大实体尺寸)的最大实体边界内,局部实际尺寸不得小于 $\phi79.987$(最小实体尺寸)。

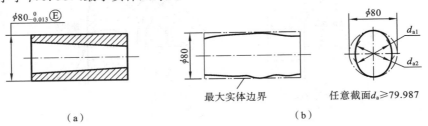

图 4-92　包容要求的示例

2) 最大实体要求(maximum material requirement,MMR)Ⓜ

最大实体要求应用于被测要素时,被测要素的实际轮廓在给定的长度上处处不得超出最大实体实效边界,即其体外作用尺寸不应超出最大实体实效尺寸,且其局部实际尺寸不得超出最大实体尺寸和最小实体尺寸。

最大实体要求的符号为Ⓜ,当应用于被测要素时,应在被测要素几何公差框格中的公差值后标注符号Ⓜ;当应用于基准要素时,应在几何公差框格内的基准字母代号后标注符号Ⓜ。

(1) 最大实体要求应用于被测要素　当被测要素处于最大实体状态时,其轴线直线度公差为 $\phi0.1$,如图 4-93 所示;当轴的实际尺寸在 $\phi19.7 \sim \phi20$ 之间,即其体外作用尺寸不大于最大实体实效尺寸 $d_{MV} = d_M + t = \phi20 + \phi0.1 = \phi20.1$ 时,轴线直线度误差可得到补偿。补偿最大达到 $\phi0.4$(直线度公差值 0.1 与尺寸公差值 0.3 之和)。

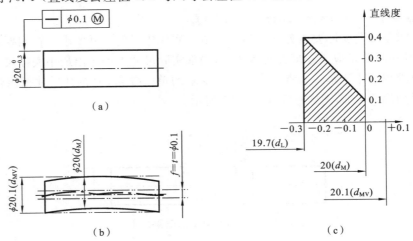

图 4-93　轴线直线度采用最大实体要求

(2) 最大实体要求应用于基准要素　如图 4-94 所示的零件,最大实体要求应用于基准要素。被测轴应满足下列要求:

① 实际尺寸在 $\phi11.95\sim\phi12$ 之间；

② 实际轮廓不超出关联最大实体实效边界。

当被测轴处于最小实体状态时,其轴线对基准轴线 A 的同轴度误差允许达到最大值,即等于图样给出的同轴度公差 $\phi0.04$ 与轴的尺寸公差 $\phi0.05$ 之和 $\phi0.09$。

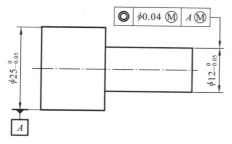

图 4-94　最大实体要求应用于基准要素

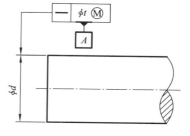

图 4-95　基准要素采用最大实体要求

当基准 A 的实际轮廓处于最大实体边界上,即其体外作用尺寸等于最大实体尺寸 d_M $=\phi25$ 时,基准轴线不能浮动。当基准 A 的实际轮廓偏离最大实体边界,即其体外作用尺寸偏离最大实体尺寸时,基准轴线可以浮动。当其体外作用尺寸等于最小实体尺寸 $d_L=$ $\phi24.95$ 时,其浮动范围达到最大值 $\phi0.05$。

基准要素本身采用最大实体要求时,其相应的边界为最大实体实效边界,如图 4-95 所示。此时,基准代号应直接标注在形成该最大实体实效边界的几何公差框格下面。基准要素本身不采用最大实体要求时,其相应的边界均为最大实体边界。最大实体要求仅用于导出要素。应用最大实体要求的目的是保证装配互换。

3）最小实体要求(least material requirement,LMR)Ⓛ

被测要素的实际轮廓应遵守其最小实体实效边界,当实际尺寸偏离最小实体尺寸时,允许其几何误差值超出在最小实体状态下给出的公差值。

(1) 最小实体要求应用于被测要素　最小实体要求应用于被测要素时,被测要素实际轮廓在给定的长度上处处不得超出最小实体实效边界。最小实体要求应用于被测要素时,被测要素的几何公差值是在该要素处于最小实体状态时给出的。若被测要素实际轮廓偏离其最小实体状态,当给出的几何公差值为零时,则为零形位公差。此时,被测要素的最小实体实效边界等于最小实体边界,最小实体实效尺寸等于最小实体尺寸。

(2) 最小实体要求应用于基准要素　最小实体要求应用于基准要素时,基准要素应遵守相应的边界,如图 4-96 所示。若基准要素的实际轮廓偏离相应的边界,即其体内作用尺寸偏离相应的边界尺寸,则允许基准要素在一定范围内浮动,其浮动范围等于基准要素的体内作用尺寸与相应边界尺寸之差。基准要素的浮动会改变被测要素相对于它的方向或位置误差值。

4）可逆要求(reciprocity requirement,RPR)Ⓡ

在不影响零件功能的前提下,当被测轴线或中心平面的几何误差值小于给出的几何公差值时,允许相应的尺寸公差增大,称为可逆要求。可逆要求只能与最大实体要求或最小实体要求一起应用,且只应用于被测要素。如图 4-97 所示为可逆要求用于最大实体要求。

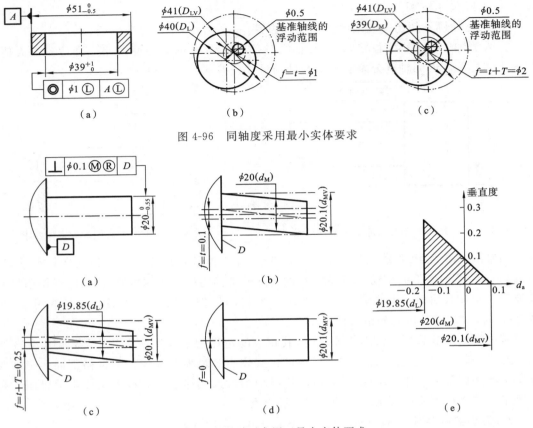

图 4-96 同轴度采用最小实体要求

图 4-97 可逆要求用于最大实体要求

4.4 几何公差的选用

合理选择几何公差对于保证产品质量,降低生产成本,实现产品互换等具有十分重要的意义。几何公差的选择包括公差项目及基准、公差原则及公差值等方面的选择。

4.4.1 公差项目的选择

任何一个机械零件都是由简单的几何要素构成的,几何公差项目就是针对零件上某个要素的形状及该要素相对其他要素的位置要求确定的。几何公差项目选择应根据零件的几何特征、功能要求及检测方便性等因素,综合分析后确定。

1. 零件的几何特征

零件的几何特征决定了它可能要求的几何项目。如圆柱形零件,可选圆度、圆柱度、轴线直线度和素线直线度等项目。圆柱面选择圆柱度是理想项目,能够综合控制圆度误差和直线度误差,如果对圆度无进一步要求,就不必再选择圆度公差项目,以免重复。

2. 零件的功能要求

机器对零件的不同功能要求,决定零件需选择不同的几何公差项目。如机床导轨的直线度误差影响机床移动部件的运动精度,应对机床导轨提出直线度要求;减速器传动轴的平行度误差会影响齿轮传动精度及齿轮副侧隙的均匀性,可对箱体轴承孔的轴线规定平行度要求;为保证箱体结合面的良好密封性,对结合面提出平面度要求。

3. 方便检测

在满足功能要求的前提下,应根据工厂现有的检测条件,选择检测简便的项目,可以将所需的公差项目用控制效果相同或相近的项目来替代。例如,为保证装配性和运动精度,应控制齿轮传动轴上轴承安装处的两轴颈的同轴度误差,但由于同轴度在生产中不便测量,可用两轴颈相对于公共轴线的径向圆跳动来代替,也可以用轴向全跳动代替端面对轴线的垂直度。

对于一些特定场合的几何公差项目的选择可以参考相关专业标准。例如,与滚动轴承配合的壳体孔及轴颈,键、齿轮、螺纹、锥孔等对相关的零件要素的几何公差有相应的要求与规定。

4.4.2　基准的选择

基准是指理想的基准要素,被测要素的方向和位置由基准确定。在考虑公差项目时,需要同时确定所采用的基准。基准分单一基准、组合基准和多基准等几种形式。

单一基准以单一要素作为基准使用,如以平面、轴线、圆心为基准,建立基准平面、基准轴线、基准点。组合基准(或称为公共基准)是由两个或两个以上的要素构成的作为单一基准使用的基准。如以轴上两端中心孔的公共轴线作为基准。通常,定向公差项目只需单一基准,定位公差中的同轴度、对称度,基准可以是单一基准或组合基准,位置度一般采用三基准,三基准由互相垂直的三个平面构成,三基准的顺序在加工或检验时,不得随意更换。

选择基准时,可从以下几个方面考虑。

(1) 根据要素的功能及被测要素间的几何关系选择基准。如传动轴,常以两轴颈支承,轴上各要素以两轴颈的公共轴线为中心旋转,因此,选择公共轴线这一组合基准作为轴的基准。

(2) 根据零件装配关系,选择装配基准作为零件几何公差基准。如盘、套类零件,装配时以内孔轴线径向定位,以端面轴向定位,可选择轴线或端面为基准。

(3) 考虑零件的结构特点,通常选较宽的平面、较长的轴线作为基准,以保证定位稳定。

(4) 基准选择应与检测方法相符合,并尽可能与装配、定位基准重合,避免基准不重合误差。

4.4.3　公差原则的选择

选择公差原则和公差要求时,应根据被测要素的功能要求,各公差原则的应用场合、可行性和经济性等方面加以考虑。独立原则是处理几何公差和尺寸公差的基本原则,未注几何公差和尺寸公差以及几何公差与尺寸公差无联系均采用独立原则,其他原则及要求适合一定的场合下使用。表 4-6 列出了公差原则和要求的应用场合及示例,供选择时参考。

表 4-6　公差原则和要求的应用场合及示例

公差原则	应 用 场 合	示例与说明
独立原则	尺寸精度和几何精度需分别满足要求	齿轮箱体孔的尺寸精度与两孔轴线的平行度;连杆活塞销孔的尺寸精度与圆柱度;滚动轴承内外圈滚道的尺寸精度与几何精度
	尺寸精度与几何精度要求相差较大	印刷机滚筒、轧钢机轧辊等,尺寸精度要求低,圆柱度要求较高;平板的尺寸精度要求低,平面度要求高;通油孔尺寸精度有一定要求,而形状精度无要求
	保证运动精度、密封性	机床导轨的直线度要求严格,尺寸精度要求次要;气缸套内孔与活塞环在直径方向密封要求高,内孔形状精度要求严格,需单独保证
包容要求	严格保证配合性质	$\phi25H7$ Ⓔ 与 $\phi25h6$ Ⓔ 的配合可保证配合的最小间隙为零
最大实体要求	保证可装配性	轴承盖上用于穿螺钉的通孔;法兰盘上用于穿过螺栓的通孔
最小实体要求	保证零件强度和最小壁厚	孔组轴线的任意方向位置度公差,采用最小实体要求可保证孔组间的最小壁厚
可逆要求	与最大(小)实体要求联用;多用于低精度装配场合,以提高效益	几何公差补偿尺寸公差,扩大被测要素的实际尺寸的允许变动范围,在不影响使用性能的前提下可以采用

4.4.4　几何公差值(或公差等级)的选择

图样上的几何公差值有两种表示方法:一是直接用几何公差代号标注,在几何公差框格中注出;二是采用未注公差值,不在图样上注出具体数值。凡是几何公差数值符合工厂常用的精度等级,用一般的机床加工能够保证的情况,可按 GB/T 1184—1996 规定的未注公差值执行。

1. 注出几何公差值的规定

对于几何公差有较高要求的零件,均应在图样上按规定的标注方法注出公差值。在 GB/T 1184—1996 附录中规定了几何公差等级及对应公差值,一般分为 1 级至 12 级,1 级最高,其中圆度和圆柱度增加了精度更高的 0 级,部分摘录见表 4-7 至表 4-10 。位置度公差未划分等级,只提供位置度数系,见表 4-11,线轮廓度和面轮廓度目前还未规定统一的公差值。

表 4-7　直线度、平面度公差值　　　　　　　　　　　　　　　μm

主参数 L/mm	公 差 等 级											
	1	2	3	4	5	6	7	8	9	10	11	12
≤10	0.2	0.4	0.8	1.2	2	3	5	8	12	20	30	60
>10~16	0.25	0.5	1	1.5	2.5	4	6	10	15	25	40	80
>16~25	0.3	0.6	1.2	2	3	5	8	12	20	30	50	100

续表

主参数 L/mm	公差等级											
	1	2	3	4	5	6	7	8	9	10	11	12
>25~40	0.4	0.8	1.5	2.5	4	6	10	15	25	40	60	120
>40~63	0.5	1	2	3	5	8	12	20	30	50	80	150
>63~100	0.6	1.2	2.5	4	6	10	15	25	40	60	100	200
>100~160	0.8	1.5	3	5	8	12	20	30	50	80	120	250
>160~250	1	2	4	6	10	15	25	40	60	100	150	300
>250~400	1.2	2.5	5	8	12	20	30	50	80	120	200	400
>400~630	1.5	3	6	10	15	25	40	60	100	150	250	500
>630~1000	2	4	8	12	20	30	50	80	120	200	300	600
>1000~1600	2.5	5	10	15	25	40	60	100	150	250	400	800

注：主参数 L 系轴、直线、平面的长度。

表 4-8　圆度、圆柱度公差值　　　　　　　　　　　　　μm

主参数 d(D)/mm	公差等级												
	0	1	2	3	4	5	6	7	8	9	10	11	12
≤3	0.1	0.2	0.3	0.5	0.8	1.2	2	3	4	6	10	14	25
>3~6	0.1	0.2	0.4	0.6	1	1.5	2.5	4	5	8	12	18	30
>6~10	0.12	0.25	0.4	0.6	1	1.5	2.5	4	6	9	15	22	36
>10~18	0.15	0.25	0.5	0.8	1.2	2	3	5	8	11	18	27	43
>18~30	0.2	0.3	0.6	1	1.5	2.5	4	6	9	13	21	33	52
>30~50	0.25	0.4	0.6	1	1.5	2.5	4	7	11	16	25	39	62
>50~80	0.3	0.5	0.8	1.2	2	3	5	8	13	19	30	46	74
>80~120	0.4	0.6	1	1.5	2.5	4	6	10	15	22	35	54	87
>120~180	0.6	1	1.2	2	3.5	5	8	12	18	25	40	63	100
>180~250	0.8	1.2	2	3	4.5	7	10	14	20	29	46	72	115

注：主参数 d(D) 系轴(孔)直径。

表 4-9　平行度、垂直度、倾斜度公差值　　　　　　　　　　　μm

主参数 L、d(D)/mm	公差等级											
	1	2	3	4	5	6	7	8	9	10	11	12
≤10	0.4	0.8	1.5	3	5	8	12	20	30	50	80	120
>10~16	0.5	1	2	4	6	10	15	25	40	60	100	150
>16~25	0.6	1.2	2.5	5	8	12	20	30	50	80	120	200
>25~40	0.8	1.5	3	6	10	15	25	40	60	100	150	250
>40~63	1	2	4	8	12	20	30	50	80	120	200	300
>63~100	1.2	2.5	5	10	15	25	40	60	100	150	250	400

续表

主参数 L、d(D)/mm	公差等级											
	1	2	3	4	5	6	7	8	9	10	11	12
>100~160	1.5	3	6	12	20	30	50	80	120	200	300	500
>160~250	2	4	8	15	25	40	60	100	150	250	400	600
>250~400	2.5	5	10	20	30	50	80	120	200	300	500	800
>400~630	3	6	12	25	40	60	100	150	250	400	600	1000
>630~1000	4	8	15	30	50	80	120	200	300	500	800	1200

注:① 主参数 L 为给定平行度时轴线或平面的长度,或给定垂直度、倾斜度时被测要素的长度;

② 主参数 $d(D)$ 为给定面对线垂直度时,被测要素的轴(孔)的直径。

表 4-10 同轴度、对称度、圆跳动和全跳动公差值 μm

主参数 L、d(D)/mm	公差等级											
	1	2	3	4	5	6	7	8	9	10	11	12
≤1	0.4	0.6	1	1.5	2.5	4	6	10	15	25	40	60
>1~3	0.4	0.6	1	1.5	2.5	4	6	10	20	40	60	120
>3~6	0.5	0.8	1.2	2	3	5	8	12	25	50	80	150
>6~10	0.6	1	1.5	2.5	4	6	10	15	30	60	100	200
>10~18	0.8	1.2	2	3	5	8	12	20	40	80	120	250
>18~30	1	1.5	2.5	4	6	10	15	25	50	100	150	300
>30~50	1.2	2	3	5	8	12	20	30	60	120	200	400
>50~120	1.5	2.5	4	6	10	15	25	40	80	150	250	500
>120~250	2	3	5	8	12	20	30	50	100	200	300	600
>250~500	2.5	4	6	10	15	25	40	60	120	250	400	800
>500~800	3	5	8	12	20	30	50	80	150	300	500	1000

注:① 主参数 $d(D)$ 为给定同轴度时的轴直径,或给定圆跳动、全跳动时的轴(孔)直径;

② 圆柱体斜向圆跳动的主参数为平均直径;

③ 主参数 B 为给定对称度时槽的宽度;

④ 主参数 L 为给定两孔对称度时的孔心距。

表 4-11 位置度数系

1	1.2	1.5	2	2.5	3	4	5	6	8
1×10^n	1.2×10^n	1.5×10^n	2×10^n	2.5×10^n	3×10^n	4×10^n	5×10^n	6×10^n	8×10^n

注:n 为正整数。

2. 注出几何公差值选用原则

几何公差值应根据零件的功能要求选取,通过类比或计算,并考虑加工的经济性和零件结构、刚性等因素。几何公差值选取应考虑以下问题。

(1) 对于下列情形,考虑到加工难度,在满足零件功能要求下适当降低 1~2 个等级选用。

① 孔相对轴。

② 长径比较大的孔或轴。

③ 跨距较大的轴或孔。

④ 宽度较大(一般大于1/2 长度)的零件表面。

⑤ 线对线和线对面相对于面对面的平行度。

⑥ 线对线和线对面相对于面对面的垂直度。

(2) 协调几何公差与尺寸公差之间关系 在同一要素上给出的形状公差值应小于位置公差值。如要求平行的两个表面,其平面度公差小于平行度公差。圆柱形零件的形状公差值(轴线的直线度除外)一般情况下应小于其尺寸的公差值。平行度公差值应小于其相应距离尺寸的公差值。

因此,几何公差值与相应要素的尺寸公差值,一般原则是

$$t_{形状} < t_{方向} < t_{位置} < t_{跳动} < t_{尺寸}$$

特殊情况:细长轴轴线的直线度公差远大于尺寸公差;位置度和对称度公差往往与尺寸公差相当;当几何公差与尺寸公差相等时,对同一要素按包容要求处理。

螺纹连接位置度公差值通常需要计算后确定。螺栓连接时,位置度公差计算值 $t = X_{min}$,X_{min} 为螺栓与通孔间的最小间隙;螺钉连接时,位置度公差计算值 $t = 0.5X_{min}$,X_{min} 为螺钉与通孔间的最小间隙。计算值圆整后按表 4-11 选取标准公差值。

(3) 综合公差大于单项公差。如圆柱度公差大于圆度公差、素线和中心线的直线度公差。

(4) 有关国家标准已对几何公差作出规定的,应按相应国家标准确定。例如,与滚动轴承相配合的轴及轴承座孔的圆柱度公差、机床导轨的直线度公差等。

类比法是常见确定几何公差值的方法,表 4-12 至表 4-16 供类比选择时参考。

表 4-12　直线度、平面度公差等级应用

公差等级	应 用 举 例
4	量具,测量仪器和机床的导轨。例如,测量仪器的 V 形导轨,高精度磨床 V 形导轨和滚动导轨等
5	1级平板,2级宽平尺,平面磨床的纵导轨、垂直导轨、立柱导轨及工作台,液压龙门刨床和转塔车床床身导轨,柴油机进气、排气阀门导杆等
6	1级平板,普通机床导轨面,例如,卧式车床床身导轨面,铣床工作台等,柴油机机体上部结合面等
7	2级平板,机床主轴箱体,滚齿机床身导轨的直线度,摇臂钻床工作台,镗床工作台,液压泵盖的平面度,压力机导轨及滑块等
8	2级平板,车床溜板箱,机床主轴箱体,气缸盖结合面,气缸座,内燃机连杆分离面,减速机壳体结合面等
9	3级平板,车床溜板箱,立钻工作台,金相显微镜的载物台,柴油机气缸体连杆的分离面,缸盖结合面,阀片的平面度,空压机气缸体,手动机械的支承面等
10	3级平板,自动车床床身底面的平面度,车床挂轮架的平面度,柴油机气缸箱体,摩托车曲轴箱体,汽车变速器壳体与发动机缸盖的结合面,阀片的平面度,液压管件、法兰的结合面等

表 4-13　圆度、圆柱度公差等级应用

公差等级	应 用 举 例
4	较精密机床主轴,精密机床主轴箱孔,高压阀门活塞、活塞销、阀体孔,工具显微镜顶针,高压液压泵柱塞,较高精度滚动轴承配合轴,铣削动力头箱体孔等
5	一般量仪主轴,测杆外圆,陀螺仪轴颈,一般机床主轴,较精密机床主轴及箱体孔,柴油机、汽油机,与 6 级滚动轴承配合的轴颈等
6	仪表端面外圆,一般机床主轴及箱体孔,中等压力下液压装置工作面(包括泵、压缩机的活塞与气缸),汽车发动机凸轮轴,纺机锭子,通用减速机轴颈,高速船用发动机曲轴,拖拉机曲轴主轴颈,与 0 级滚动轴承配合的轴颈等
7	大功率低速柴油机曲轴、活塞、活塞销、连杆、气缸,高速柴油机箱体孔,千斤顶或液压缸活塞,液压系统的分配机构,机车传动轴,水泵及一般减速器轴颈,与 0 级滚动轴承配合的外壳孔等
8	低速发动机、减速器、大功率曲柄轴轴颈,压气机连杆盖、体,拖拉机气缸体、活塞,炼胶机冷铸轴辊,印刷机传墨辊,内燃机曲轴,柴油机机体孔、凸轮轴,拖拉机、小型船用柴油机气缸套等
9	空压机缸体,液压传动筒,通用机械杠杆与拉杆用套筒销子,拖拉机活塞环、套筒孔等
10	印刷机导布辊,绞车、吊车、起重机滑动轴承轴颈等

表 4-14　平行度、垂直度、倾斜度、轴向跳动公差等级应用

公差等级	应 用 举 例
4、5	普通车床导轨、重要支承面,机床主轴轴承孔对基准的平行度,精密机床重要零件,计量仪器、量具、模具的基准面和工作面,机床主轴箱重要孔,通用减速器壳体孔,齿轮泵的油孔端面,发动机轴和离合器的凸缘,气缸支承端面,安装精密滚动轴承的壳体孔的凸肩等
6、7、8	一般机床的基准面和工作面,压力机和锻锤的工作面,中等精度钻模的工作面,机床一般轴承孔对基准的平行度,变速器箱体孔,主轴花键对定心表面轴线的平行度,重型机械滚动轴承端盖,卷扬机、手动装置中的传动轴,一般导轨,主轴箱体孔,刀架、砂轮架、气缸配合面对基准轴线的垂直度,活塞销孔对活塞轴线的垂直度,滚动轴承内、外端面对基准轴线的垂直度等
9、10	低精度零件,重型机械滚动轴承端盖,柴油机、煤气发动机箱体曲轴孔、曲轴颈,花键轴和轴肩端面,带式运输机法兰盘等端面对轴线的垂直度,手动卷扬机及传动装置中的轴承端面,减速器壳体平面等

表 4-15　同轴度、对称度、径向跳动公差等级应用

公差等级	应 用 举 例
5、6、7	这是应用范围较广的公差等级。用于几何精度要求较高、尺寸精度等级不低于 IT8 级的零件。5 级用于机床轴颈,计量仪器的测量杆,汽轮机主轴,柱塞液压泵转子,高精度滚动轴承外圈,一般精度滚动轴承内圈,回转工作台端面跳动。7 级用于内燃机曲轴,凸轮轴,齿轮轴,水泵轴,汽车后轮输出轴,电动机转子,印刷机传墨辊的轴颈,键槽等
8、9	常用于几何精度要求一般、尺寸精度等级 IT9 至 IT11 的零件。8 级用于拖拉机发动机分配轴的轴颈,与 9 级精度以下齿轮相配的轴,水泵叶轮,离心泵体,棉花精梳机前后滚子,键槽等。9 级用于内燃机气缸套配合面、自行车中轴等

表 4-16　常见几何精度对应的加工方法

精度等级	直线度、平面度	圆度、圆柱度	平行度	同轴度
3～4	研磨、精磨、刮	研磨、珩磨、精密磨、金刚镗、精密车、精密镗	研磨、珩磨、精密磨、刮	精磨、精密车,一次装夹下的内圆磨、珩磨
5～6	磨、刮、精车	磨、珩、精车、精镗、精铰、拉	磨、坐标镗、精密铣、精密刨	磨、精车,一次装夹下的内圆磨、镗
7～8	粗磨、铣、刨、车、拉	精车、镗、铰、拉,精扩及钻孔	磨、铣、刨、车、拉、镗	粗磨、铰、车、拉、镗
9～10	铣、刨、车、插	车、镗、钻	铣、镗、车,按导套钻、铰	车、镗、钻
11～12	各种粗加工			

3. 未注几何公差值的规定

图样上未注公差值并不表示没有几何公差要求,而是为了简化制图,突出零件上几何公差要求较高的部位,便于合理安排加工和检验,更好地保证零件的加工工艺性和经济性。未注几何公差值按以下规定执行。

（1）直线度、平面度、垂直度、对称度和圆跳动规定了 H、K、L 三个公差等级,见表 4-17 至表 4-20。采用规定的未注公差值时,应在标题栏附近或技术要求中标出未注标准编号及公差等级代号,如"GB/T 1184-K"。

表 4-17　直线度、平面度未注公差值　　　　　　　　　mm

公差等级	基本长度范围					
	≤10	>10～30	>30～100	>100～300	>300～1000	>1000～3000
H	0.02	0.05	0.1	0.2	0.3	0.4
K	0.05	0.1	0.2	0.4	0.6	0.8
L	0.1	0.2	0.4	0.8	1.2	1.2

表 4-18　垂直度未注公差值　　　　　　　　　mm

公差等级	基本长度范围			
	≤100	>100～300	>300～1000	>1000～3000
H	0.2	0.3	0.4	0.5
K	0.4	0.6	0.8	1
L	0.6	1	1.5	2

表 4-19　对称度未注公差值　　　　　　　　　mm

公差等级	基本长度范围			
	≤100	>100～300	>300～1000	>1000～3000
H	0.5			
K	0.6		0.8	1
L	0.6	1	1.5	2

表 4-20　圆跳动未注公差值　　　　　　　　　　　　　　　　mm

公差等级	圆跳动公差值
H	0.1
K	0.2
L	0.5

(2) 圆度公差值等于直径公差值,但不能大于表 4-20 中的径向跳动公差值。

(3) 圆柱度公差未作规定,由构成圆柱度公差的圆度公差、直线度和相对素线的平行度的注出或未注公差控制。

(4) 平行度公差值等于尺寸公差值或直线度和平面度未注公差值中的较大者。

(5) 同轴度未作规定,极限情况下等于表 4-20 中规定的径向圆跳动的未注公差值。

(6) 全跳动未作规定,属于综合项目,可通过圆跳动公差值、素线直线度公差值、其他注出或未注公差值控制。

(7) 线轮廓度、面轮廓度、倾斜度、位置度的公差值未作规定,由各要素注出或未注线性尺寸公差或角度公差控制。

4.4.5　几何公差的选用示例

【例 4-3】　图 4-98 所示为某齿轮减速器输出轴,两轴颈 ϕ56k6 处与 0 级滚动轴承配合, ϕ58r6 位置安装大齿轮, ϕ45n7 位置安装链轮。

1. 基准的确定

输出轴工作时以两轴颈处的轴承支承,就输出轴而言,轴上各要素的回转中心为两轴颈确定的公共轴线,因此轴颈公共轴线为输出轴的主要基准。实际加工中往往以轴两端的中心孔作为基准,设计时也可采用由两端中心孔确定的公共轴线为基准。轴上键槽的基准采用键槽所处位置的圆柱(锥)的中心轴线。

2. 公差项目及公差值确定

(1) 两轴颈 ϕ56k6 处、ϕ58r6 齿轮安装处、ϕ45n7 链轮安装处,配合要求严格,采用包容要求。

(2) 两轴颈处为了防止轴承装配后内圈变形,提出圆柱度要求,对照表 4-13,与 0 级滚动轴承配合,取 6 级精度,查表 4-8,公差值为 0.005 mm;为保证两轴颈装上轴承后与减速箱体孔配合,需限制两轴颈的同轴度,为检测方便,提出相对于公共轴线的圆跳动要求,查表 4-15,确定 7 级精度,对应公差值可取 0.021 mm。

(3) ϕ58r6 齿轮安装处圆柱面及 ϕ45n7 链轮安装处圆柱面,为保证齿轮、链轮的正确啮合,需提出相对公共轴线圆跳动公差 0.022 mm 要求。

(4) ϕ65 两轴肩分别用于轴承和齿轮的定位,要求轴肩与轴线垂直,因此,根据 GB/T 275—1993《滚动轴承与轴和外壳的配合》,提出轴肩的轴向圆跳动公差 0.015 mm。

(5) 为保证键的装配质量,键槽相对轴线有对称度要求,对照表 4-15,确定 8 级精度,对应公差值为 0.020 mm。

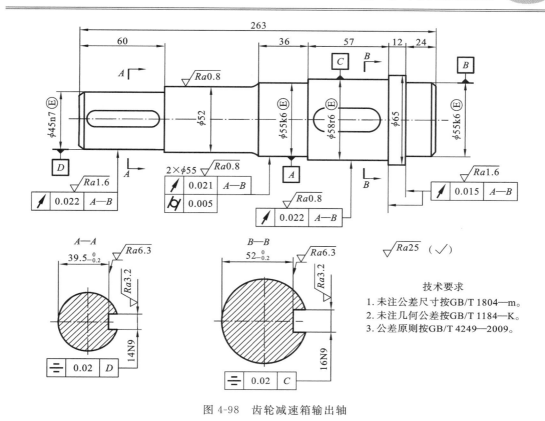

图 4-98　齿轮减速箱输出轴

4.5　几何误差的评定与检测

几何误差的检测是评定零件合格性的重要方面,零件的几何误差对零件的使用性能影响极大。GB/T 1958—2004《产品几何量技术规范(GPS)　形状和位置公差　检测规定》中对几何误差定义、评定方法、检测原则、基准的建立和体现都作了具体规定。

4.5.1　几何误差的评定

1. 形状误差的评定

形状误差是指被测提取要素(原称为被测实际要素)对其拟合要素(原称为理想要素)的变动量。拟合要素的位置不同,会影响被测提取要素的形状误差。确定拟合要素位置的评定准则,就是拟合要素的位置应符合最小条件,即被测提取要素对拟合要素的最大变动量为最小。

1）提取组成要素(线、面轮廓度除外)

提取组成要素的拟合要素位于实体之外并与被测提取组成要素相接触,如图 4-99(a)所示的理想直线 A_1-B_1 及图 4-99(b)所示的理想圆 C_1。

2）提取导出要素

提取导出要素(中心线、中心面等)的拟合要素位于被测提取导出要素之中,如图 4-100中的理想轴线 L_1。

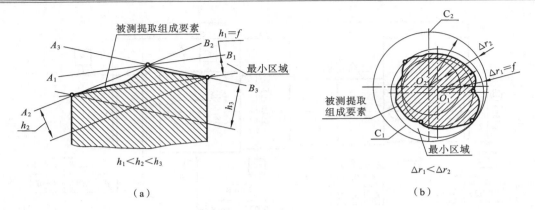

图 4-99 提取组成要素的拟合要素与最小区域

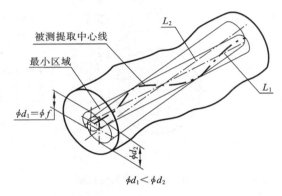

图 4-100 提取导出要素的拟合要素与最小区域

形状误差值用最小包容区域(简称最小区域)的宽度和直径表示。最小区域指包容被测提取要素时,具有最小宽度 f 或直径 ϕf 的包容区域,如图 4-99 和图 4-100 所示。各误差项目最小区域的形状与各自的公差带形状一致,但宽度(或直径)由被测提取要素本身决定。

按最小条件确定的拟合要素是唯一的,据此可以得到最小区域。显然,按最小区域法评定的形状误差值是最小的,能够真实反映实际误差的大小。

2. 位置误差的评定

1)定向误差

定向误差是指被测提取要素对一具有确定方向的拟合要素的变动量,拟合要素的方向由基准确定。

定向误差值用定向最小包容区域(简称定向最小区域)的宽度或直径表示。定向最小区域是指按拟合要素的方向包容被测提取要素时,具有最小宽度 f 或直径 ϕf 的包容区域,如图 4-101 所示。各误差项目定向最小区域的形状分别和各自的公差带形状一致,但宽度(或直径)由被测提取要素本身决定。

2)定位误差

定位误差是指被测提取要素对一具有确定位置的拟合要素的变动量,拟合要素的位置由基准和理论正确尺寸确定。对于同轴度,理论正确尺寸为零。

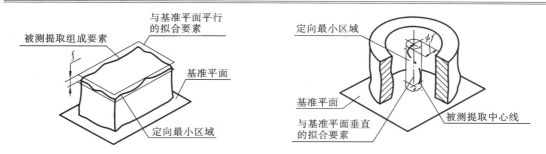

图 4-101 定向误差与定向最小区域

定位误差值用定位最小包容区域(简称定位最小区域)的宽度或直径表示。定位最小区域是指以拟合要素定位包容被测提取要素时,具有最小宽度 f 或直径 ϕf 的包容区域,如图 4-102 所示。各误差项目定位最小区域的形状分别和各自的公差带形状一致,但宽度(或直径)由被测提取要素本身决定。

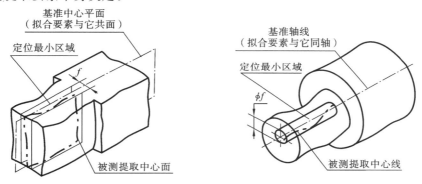

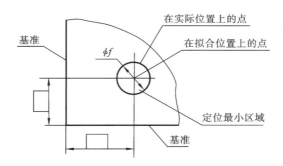

图 4-102 定位误差与定位最小区域

3)跳动误差

圆跳动是指被测提取要素绕基准轴作无轴向移动回转一周时,由位置固定的指示计在给定方向上测得的最大与最小示值之差。

全跳动是指被测提取要素绕基准轴线作无轴向移动回转,同时指示计沿给定方向的理想直线连续移动(或被测提取要素每回转一周,指示计沿给定方向的理想直线做间断移动),由指示计在给定方向上测得的最大与最小示值之差。

4）基准的建立

基准是确定要素之间几何方位关系的依据。由基准要素建立基准时,基准为该基准要素的拟合要素。基准要素即零件上用来建立基准并实际起基准作用的组成要素(如一条边、一个表面或一个孔)。拟合要素的位置应符合最小条件。

图 4-103 所示为由提取导出中心线建立基准轴线,图 4-104 所示为由多条提取中心线建立公共基准轴线。图 4-105 所示为由提取表面建立基准平面,图 4-106 所示为由提取中心面建立基准中心平面。

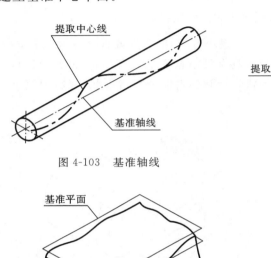
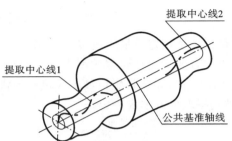

图 4-103　基准轴线　　　　　　　　图 4-104　公共基准轴线

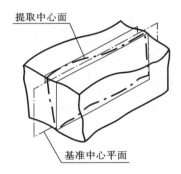

图 4-105　基准平面　　　　　　　　图 4-106　基准中心平面

5）三面基准体系的建立

在位置公差中常常用到三个相互垂直的平面构成的三面基准体系,这三个平面按功能要求分别称为第一基准平面、第二基准平面和第三基准平面。

由提取表面建立基准体系,如图 4-107 所示。第一基准平面由第一基准提取表面建立,为该提取表面的拟合平面;第二基准平面由第二基准提取表面建立,为该提取表面垂直于第一基准平面的拟合平面;第三基准平面由第三基准提取表面建立,为该提取表面垂直于第一和第二基准平面的拟合平面。

由提取中心线建立基准体系,如图 4-108 所示。由提取中心线建立的基准轴线构成两基准平面的交线。当基准轴线为第一基准时,则该轴线构成第一和第二基准平面的交线,如图 4-108(a)所示;当基准轴线为第二基准时,则该轴线垂直于第一基准平面,且构成第二和第三基准平面的交线,如图 4-108(b)所示。

由提取中心面建立基准体系时,该提取中心面的拟合平面构成某一基准平面。

建立基准的基本原则是基准符合最小条件。测量时,基准和三基面体系可以采用近似

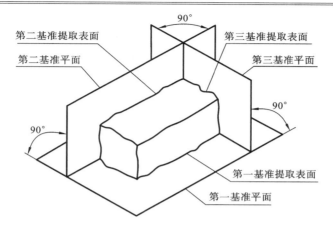

图 4-107　由提取表面建立基准体系

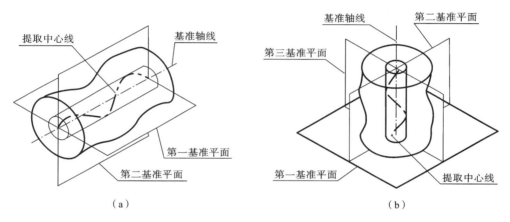

　　（a）　　　　　　　　　　　　　　　　　　（b）

图 4-108　由提取中心线建立基准体系

的方法来体现。

6）基准的体现

　　基准体现方法有模拟法、直接法、分析法和目标法四种。

　　模拟法：采用具有足够精确形状的表面来体现基准平面、基准轴线、基准点等。这些表面常见的有平板、心轴、V 形块、顶尖等与零件基准要素接触的表面。

　　直接法：当基准要素具有足够的形状精度时，可直接作为基准。

　　分析法：在对基准要素进行测量后，根据测得数据或计算法确定基准的位置。

　　目标法：由基准目标建立基准时，基准"点目标"可用球端支承体现；基准"线目标"可用刃口状支承或由圆棒素线体现；基准"面目标"按图样上规定的形状，用具有相应形状的平面支承来体现。

4.5.2　几何误差的检测原则

　　检测原则有五种，分别是与拟合要素比较原则、测量坐标值原则、测量特征参数原则、测量跳动原则和控制实效边界原则。

1. 与拟合要素比较原则

测量时将被测提取要素与其拟合要素相比较,量值由直接法或间接法获得。拟合要素用模拟方法获得,必须具有足够的精度。该检测原则在几何误差测量中应用广泛。

2. 测量坐标值原则

通过测量被测提取要素的坐标值(如直角坐标值、极坐标值、圆柱面坐标值等),并经过数据处理获得形位误差值。该检测原则在轮廓度、位置度测量中应用较为广泛,往往需要借助坐标测量设备(如三坐标测量机)及计算机数据处理等手段。

3. 测量特征参数原则

测量被测提取要素中具有代表性的参数(即特征参数)来表示形位误差值。如以平面上任意方向的最大直线度误差来近似表示该平面的平面度误差;用两点法测量圆度误差,即在同一个横截面内的几个方向上测量,取相互垂直的两直径差值的最大值的一半作为圆度误差。该原则使用可简化测量过程及设备,在不影响使用功能的前提下,可获得良好的经济效益,常用于生产现场。

4. 测量跳动原则

被测提取要素绕基准轴线回转过程中,沿给定方向测量其对某参考点或线的变动量。该检测原则用于回转体零件的跳动检测,适合在车间使用。

5. 控制实效边界原则

检验被测要素是否超过实效边界,以判断零件合格与否。一般采用综合量规检验,量规模拟最大实体实效边界,若被测实际组成要素能被量规通过,则为合格,否则不合格。

图 4-109(a) 所示的零件上 4 个法兰孔的位置度,以右端面 A 及 $\phi10$ 圆柱面的轴线 B 为基准,采用最大实体要求。图 4-109(b) 所示为检验用综合量规。被测孔的最大实体实效边界为 $\phi7.506$ mm,故量规上测量圆柱的基本尺寸为 $\phi7.506$ mm;基准 B 本身采用最大实体要求,遵守最大实体实效边界,边界尺寸 $\phi10.015$ mm,量规相应部分的基本尺寸取 $\phi10.015$ mm。

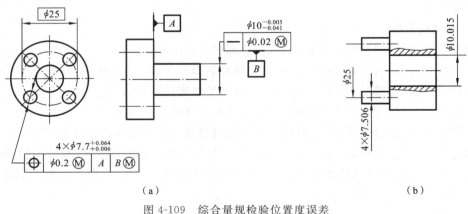

(a)　　　　　　　　　　　　　　　　(b)

图 4-109　综合量规检验位置度误差

4.5.3　几何误差的检测方法简介

几何误差是被测提取要素对其拟合要素的变动量。检测获得的几何误差值是判别零件合格与否的依据。

　　几何误差分 14 个项目，GB/T 1958—2004 的附录中规定了几何公差的 108 种检测方法。可以根据被测对象的特点和客观条件，选择其中最合理的方法。

　　1. 直线度误差的检测

　　（1）比较法　当零件被测组成要素小于 300 mm 时，用模拟拟合要素（如刀口尺、平尺、平板等）与被测组成要素直接接触，并使两者之间的最大间隙为最小，此时的最大间隙即为直线度误差。间隙较小时，根据标准光隙估值；间隙大于 20 μm，用塞尺测量。图 4-110（a）所示为采用平板测量圆柱体素线的直线度误差。

　　（2）指示表测量法　用指示表测量组成要素或导出要素的直线度误差。图 4-110（b）所示为轴线直线度测量，将被测零件安装在平行于平板的两顶尖之间，沿铅垂轴截面的两条素线测量，同时分别记录两指示计在各自测点的示值 M_a、M_b；取各测点的示值差之半 $1/2(M_a - M_b)$ 中最大值作为该截面轴线直线度误差。按上述方法测量若干截面，取其中最大的误差值作为该零件轴线在任意方向的直线度误差。图 4-110（c）所示为圆锥面素线直线度测量。将被测素线的两个端点调到与平板等高，在素线的全长范围内测量，根据记录的示值，用计算法（或图解法）按最小条件（也可按两端点连线法）计算直线度误差。同样测量若干条素线，取其中的最大误差值作为该零件的素线直线度误差。

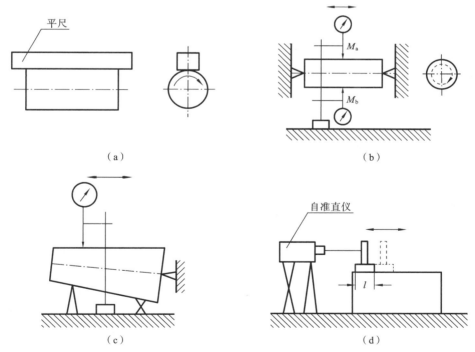

（a）

（b）

（c）

（d）

图 4-110　直线度误差测量方法

　　（3）节距法　对于较长的表面，将被测组成要素分段，用仪器（水平仪、自准直仪等）逐段测量后，经数据处理获得误差值。图 4-110（d）所示为用自准直仪测量平面直线度。将反射镜放在被测件的两端，调整自准直仪使其光轴与两端点连线平行。反射镜按节距 l 沿被测零件素线移动,根据记录的示值,用计算法(或图解法)按最小条件(也可按两端点连线法)计算直线度误差。

【例 4-4】 采用水平仪测量导轨的直线度误差。水平仪的主要工作部分为水准器,当水准器水平时,水准器内的气泡处于玻璃管刻度的正中间,若放置水平仪的桥板两支承高度不等时,气泡就会偏向高的一侧。测量时,将被测导轨按桥板两支承的跨距(节距)分段,依次将水平仪和桥板放在各段导轨上,读出气泡偏离零位的格数。若水平仪分度值为 0.02 mm/m,即气泡移动 1 格,在 1 m 长度内高度差为 0.02 mm,导轨长度为 1 400 mm,节距200 mm,分段数为 7。测量数据如表 4-21 所示。

表 4-21 用水平仪测量导轨直线度误差的数据

测点序号	0	1	2	3	4	5	6	7
示值/格	0	2	-1	3	2	0	-1	2
逐点累计/格	0	2	1	4	6	6	5	7

解 方法一:两端点连线法

根据测点序号及累计格数作折线图,如图 4-111 所示。连接两端点,直线度误差即为偏离两端点连线最大格数之和,并按分度值换算成对应误差值。图中直线度误差格数 $\Delta h_{\max} + \Delta h_{\min} = 3$,换算得直线度误差为 $0.02 \times 3 \times 200/1000$ mm $= 0.012$ mm。

方法二:最小条件法

如图 4-112 所示。先按方法一作折线。将折线最外围点连接成封闭多边形,按图所示作平行于纵坐标连线,图中 dd' 最大,即为所求。

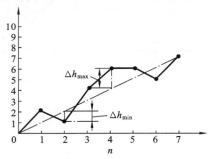

图 4-111 两端点连线法求直线度误差

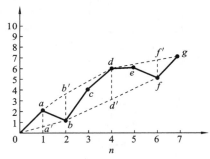

图 4-112 最小条件法作图求直线度误差

2. 平面度误差的检测

(1)指示计测量法 如图 4-113(a)所示。将工件支承在平板上,调整被测表面最远三点,使其与平板等高,按一定的布点测量被测表面,同时记录示值。一般可用指示计最大与最小示值的差值近似作为平面度误差。必要时可根据记录的示值用计算法(或图解法)按最小条件计算平面度误差。

(2)平晶测量法 如图 4-113(b)所示。将平晶贴在被测表面,观察干涉条纹。平面度误差为封闭的干涉条纹数乘以光波波长之半,对于不封闭的干涉条纹,平面度误差为条纹的弯曲度与相邻两条纹间距之比再乘以光波波长之半。此法适用于测量高精度的小平面。

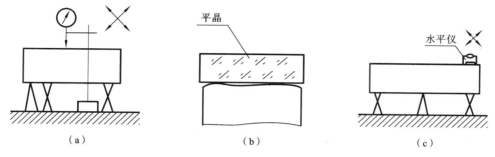

图 4-113　平面度误差测量方法

（3）水平仪法　如图 4-113(c)所示。将被测表面调水平,用水平仪按一定的布点和方向逐点测量被测表面,同时记录示值,并换算成线值。根据线值用计算法(或图解法)按最小条件(也可按对角线法)计算平面度误差。

采用水平仪或指示计测量时,需要将测量数据整理成对基准平面的距离值。由于被测实际平面的最小包容区域(两平行平面)一般不平行于基准平面。故平面度误差不等于测得数据的最大值与最小值之差,必须通过基面旋转,使得基面与最小包容区域方向平行。由两平行平面包容提取表面时,至少有三点或四点与之接触,并满足下列情形之一。

① 三角形准则:三个高点和一个低点(或相反),如图 4-114(a)所示。

② 交叉准则:两个高点和两个低点,如图 4-114(b)所示。

③ 直线准则:两个高点和一个低点(或相反),如图 4-114(c)所示。

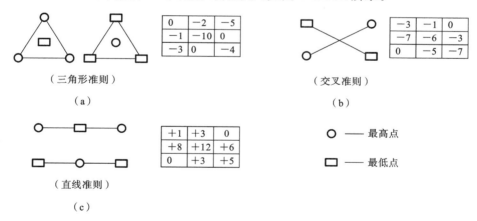

图 4-114　平面度误差测量方法

由于高点(或低点)所处的平面与基准平面平行,所有高点(或低点)的数值相同,平面度误差即为高点与低点的数值之差。

【例 4-5】　用指示计测得某平面上各点对基准平面的距离值如图 4-115(a)所示(单位为 μm),试用最小区域法确定平面度误差。

解　假定数据为 a_{ij}。根据测得的数据分析,其中 a_{11}、a_{31}、a_{23} 和 a_{22} 可构成三角形准则。进行基面旋转:

① 为使 a_{11} 与 a_{31} 相等,以第一行为旋转轴,转动量第三行为 -2,第二行为 -1,转动后

	0	+3	+8
−1	+7	+12	−1
−2	+2	+3	+4

(a)

	+1	+2
0	+3	+8
+6	+11	−2
0	+1	+2

(b)

	+4	+10
0	+6	+12	0
0	+2	+4

(c)

图 4-115　基面旋转法

的结果如图 4-115(b)所示;

②　为使 a_{11} 与 a_{32} 相等,以第一列为旋转轴,转动量第三列为+2,相应第二列为+1,转动后结果如图 4-115(c)所示。

平面度误差为 12 μm。

3. 圆度误差的检测

(1) 指示计测量法　如图 4-116 所示,将被测零件放在 V 形块上,使其轴线垂直于测量截面,同时固定轴向位置。将被测零件回转一周过程中,指示计示值的最大差值与反映系数 K 之商作为单个截面的圆度误差。同样方法,再测若干截面,取最大误差值作为该零件的圆度误差。

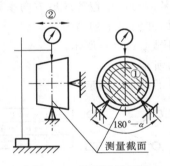

图 4-116　指示计测量法

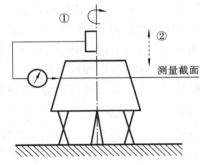

图 4-117　圆度仪测量法

(2) 圆度仪测量法　如图 4-117 所示,将被测零件放置在量仪上,同时调整被测零件的轴线,使之与量仪的回转轴线同轴。记录被测零件在回转一周过程中测量截面上各点的半径差。由极坐标图按最小条件计算截面圆度误差。同样方法,再测若干截面,取最大误差值作为该零件的圆度误差。

圆度误差的判定采用最小条件法,如图 4-118 所示,由两个同心圆包容被提取组成要素时,至少有四个实测点内外相间地在两个圆周上。同心圆半径差即为圆度误差。

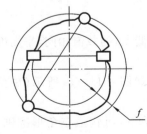

图 4-118　圆度误差评定最小条件法

4. 平行度误差的检测

(1) 面对面平行度误差测量　如图 4-119 所示,将被测零件放在平板上,用指示计在整个测量面上进行测量,取指示计的最大与最小示值之差为该平面平行度误差。

(2) 线对面平行度误差测量　如图 4-120 所示,将被测零件直接放置在平板上,被测轴线由心轴模拟。在测量距离为 L_2 的两个位置上测得的示值分别为 M_1 和 M_2。平行度误差为 $|M_1 - M_2| \times L_1/L_2$,其中 L_1 为被测轴线的长度。

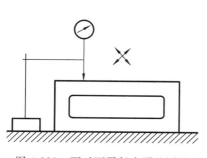

图 4-119　面对面平行度误差测量

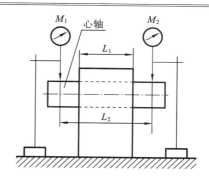

图 4-120　线对面平行度误差测量

5. 垂直度误差的检测

（1）面对面垂直度误差测量　　如图 4-121 所示，将被测零件的基准表面固定在直角座上，同时调整靠近基准的被测表面的指示计的示值之差为最小值，取指示计在整个被测表面各点测得的最大与最小示值之差作为该零件的垂直度误差，必要时，按定向最小区域评定垂直度误差。

（2）线对面垂直度误差测量　　如图 4-122 所示，将被测零件放置在转台上，并使被测表面的轴线与转台对中（通常在被测表面的较低位置对中）。按需要，测量若干个轴向截面轮廓上各点的半径差，并记录在同一坐标图上，用图解法求解垂直度误差。也可以近似取各截面中最大与最小示值之差最大者的一半作为垂直度误差。

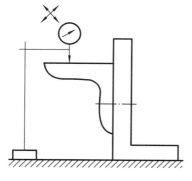

图 4-121　面对面垂直度误差测量

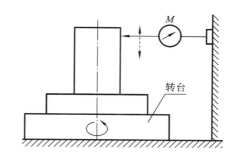

图 4-122　线对面垂直度误差测量

6. 位置度误差的检测

位置度误差可以用坐标测量装置或专用测量设备等测量。图 4-123 所示为用坐标测量装置测量孔的位置度误差。按基准调整被测件，使其与测量装置的坐标方向一致。将心轴放置在孔中，在靠近被测零件的板面处，测量 x_1、x_2、y_1、y_2，则孔中心的 X、Y 坐标为 $(x_1 + x_2)/2$、$(y_1 + y_2)/2$，分别与相应的理论正确尺寸比较，得到偏差值 f_x 和 f_y，位置度误差为 $2\sqrt{f_x^2 + f_y^2}$。将被测件翻转，对其背面按上述方法重复测量，取其中较大者为零件上该孔中心的位置度误差。

7. 跳动误差的检测

（1）径向圆跳动误差测量　　如图 4-124 所示，基准轴线由 V 形架模拟，被测零件支承在

V 形架上,并在轴向定位。在被测零件回转一周的过程中指示计示值最大差值即为单个测量平面上的径向跳动。按同样方法,测量若干截面,取其中最大的跳动量作为该零件的径向跳动。

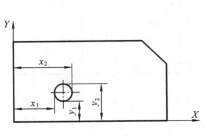

图 4-123 位置度误差测量

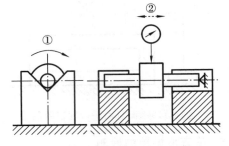

图 4-124 径向圆跳动误差测量

(2) 全跳动误差测量 图 4-125 所示为径向全跳动误差测量。将被测零件固定在两同轴导向套筒内,同时在轴向上固定并调整该对套筒,使其同轴并与平板平行。在被测件连续回转的同时,指示计沿基准轴向方向作直线运动。整个测量过程中的最大示值差即为径向全跳动误误差。基准轴线也可以用一对 V 形块或一对顶尖的简单方法来体现。图 4-126 所示为端面全跳动误差测量。将被测零件支承在导向套内,并在轴向固定。导套的轴线应与平板垂直。在被测零件连续回转过程中,指示计沿其径向作直线运动。整个测量过程中最大的示值差即为端面全跳动。

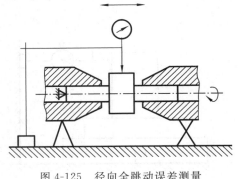

图 4-125 径向全跳动误差测量

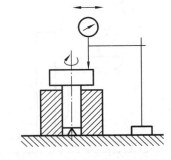

图 4-126 端面全跳动误差测量

习 题

4-1 解释图 4-127 中各项几何公差标注的含义。

4-2 试将下列技术要求标注在图 4-128 上。

(1) 左端面的平面度公差为 0.01 mm。

(2) 右端面对左端面的平行度公差为 0.04 mm。

(3) $\phi70$ 孔的尺寸公差代号为 H7,遵守包容原则;$\phi210$ 外圆的尺寸公差代号为 h7,遵守独立原则。

(4) $\phi70$ 孔轴线对左端面的垂直度公差为 $\phi0.02$ mm。

(5) $\phi210$ 外圆对 $\phi70$ 孔轴线的同轴度公差为 $\phi0.03$ mm。

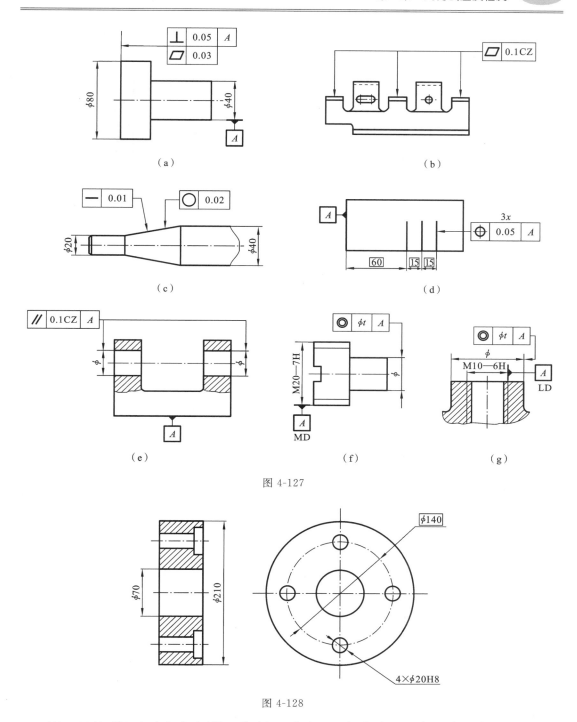

图 4-127

图 4-128

（6）4×φ20H8 孔对左端面（第一基准）及对 φ70 孔轴线的位置度公差为 φ0.15 mm，被测要素和基准要素均采用最大实体要求。

4-3 试将下列技术要求标注在图 4-129 上。

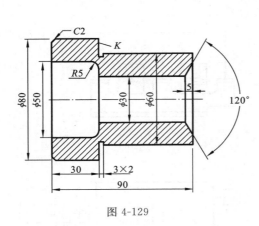

图 4-129

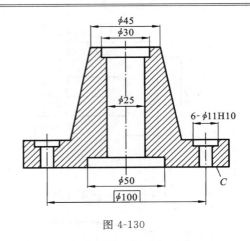

图 4-130

(1) K 端面的平面度公差为 0.015 mm。

(2) $\phi30$ 孔的尺寸公差代号为 H7,遵守包容原则;$\phi60$ 外圆的尺寸公差代号为 h7,遵守包容原则。

(3) $\phi30$ 孔轴线对 K 端面的垂直度公差为 $\phi0.025$ mm。

(4) $\phi60$ 外圆对 $\phi30$ 孔轴线的同轴度公差为 $\phi0.03$ mm。

4-4 试将下列技术要求标注在图 4-130 上。

(1) 底面的平面度公差为 0.02 mm。

(2) 上平面对底面 C 的平行度公差为 0.04 mm。

(3) $\phi30$ 孔的尺寸公差代号为 K7,遵守包容原则;$\phi50$ 孔的尺寸公差代号为 M7,遵守包容原则。

(4) $\phi50$M7 孔表面对 $\phi30$K7 孔和 $\phi50$M7 孔公共轴线的圆跳动公差为 0.04 mm。

(5) $\phi30$K7 孔对 $\phi30$K7 孔和 $\phi50$M7 孔公共轴线的同轴度公差为 $\phi0.03$ mm。

(6) $6\times\phi11$H10 孔对 $\phi50$M7 孔的轴线和底面 C 的位置度公差为 $\phi0.05$ mm,基准要素和被测要素的位置度公差采用最大实体要求。

4-5 试根据图 4-131 上的标注,填写表 4-22。

表 4-22 题 4-5 表

图样序号	采用的公差原则及相关要求	理想边界尺寸/mm	可能最大的几何公差值/mm	局部实际尺寸的合格范围/mm
a				
b				
c				
d				
e				
f				

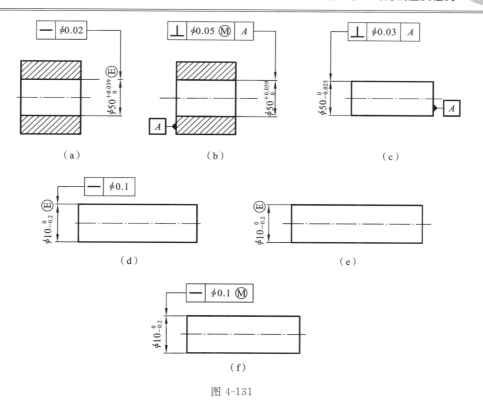

图 4-131

4-6　改正图 4-132 所示的几何公差标注中的错误(不允许变更几何公差项目)。

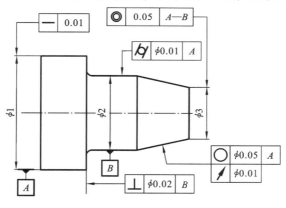

图 4-132

4-7　综合作图题。

(1) 改错,分析图 4-133 的标注是否正确,若标注错误请在原图中改正。

要求:① 两处 $\phi50$h6 圆柱面的圆柱度公差为 0.025 mm;

② K 端面对 $\phi50$h6 圆柱轴线的圆跳动公差为 0.01 mm;

③ 槽宽 8 mm 键槽对 $\phi62$ 圆柱轴线的对称度公差为 0.02 mm。

(2) 在图形上按要求标注几何公差。

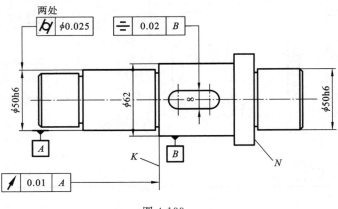

图 4-133

① 两处 ϕ50h6 圆柱的同轴度公差为 ϕ0.05 mm。

② ϕ50h6 圆柱面遵守包容要求。

4-8 用分度值为 0.01 的水平仪测量某机床导轨的直线度误差,桥板节距 200 mm,依次测得的读数为 +3,+4,0,-1,-3,+2,+1,+3。试用最小区域法确定直线度误差值。

第5章　表面粗糙度及其检测

零件几何精度的设计除了保证尺寸、形状和位置等精度的同时,对表面结构提出相应的要求也是必不可少的一个方面。表面结构与机械零件的使用性能有着密切的关系,影响着机器的工作可靠性和使用寿命。

现有的国家标准有 GB/T 3505—2009《产品几何技术规范(GPS)　表面结构　轮廓法　术语、定义及表面结构参数》,GB/T 16747—2009《产品几何技术规范(GPS)　表面结构　轮廓法　表面波纹度词汇》,GB/T 1031—2009《产品几何技术规范(GPS)　表面结构　轮廓法　表面粗糙度参数及其数值》,GB/T 10610—2009《产品几何技术规范(GPS)　表面结构　轮廓法　评定表面结构的规则和方法》,GB/T 131—2006《产品几何技术规范(GPS)技术产品文件中表面结构的表示法》。

5.1　概述

表面轮廓是由一个指定平面与实际表面相交所得的轮廓线,通常指横向实际轮廓,即与加工纹理方向垂直的截面上的轮廓,如图 5-1 所示。由于加工过程中各种因素的影响,经过加工后的零件表面的实际轮廓是由粗糙度轮廓(波距小于 1 mm)、波纹度轮廓(波距在 1~10 mm)和形状轮廓(波距大于 10 mm)等叠加而成,通过滤波可得到各自轮廓。

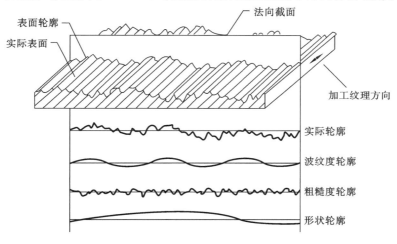

图 5-1　表面轮廓特征

粗糙度轮廓主要由加工过程中刀具与零件表面间的摩擦、切屑分离时表面金属层的塑性变形以及系统的高频振动所引起;形状轮廓主要由机床几何精度方面的误差引起;波纹度轮廓主要由加工过程中工艺系统的振动、发热、回转体不平衡等因素引起。

表面粗糙度是评定零件加工质量的重要指标,对机械零件的使用性能和寿命有很大影响,主要表现在以下几个方面。

(1) 影响配合性质的稳定性 表面粗糙度会使零件配合变松,对于间隙配合会使间隙增大,对于过盈配合会使过盈量减小,从而降低连接强度。

(2) 影响零件的耐磨性 一般情况下,表面越粗糙,摩擦因数越大,零件的磨损就越快。

(3) 影响零件的疲劳强度 粗糙的表面容易在表面微观不平度的凹谷处产生应力集中,使零件的疲劳强度降低。

(4) 影响零件的接触刚度 表面越粗糙,表面间实际接触面积就越小,单位面积受力增大,使接触刚度降低。

(5) 影响零件的密封性 表面越粗糙,越容易使液体或气体通过接触面之间的缝隙产生渗漏。

(6) 影响零件的耐蚀性 粗糙的表面易使腐蚀性物质附着于零件表面的微观凹谷,并渗入金属零件的内层,使锈蚀或电化学腐蚀加剧。

此外,表面粗糙度对产品外观及表面反射能力等都有明显的影响。

5.2 表面粗糙度的评定

5.2.1 基本术语及定义

在测量和评定表面粗糙度时,除了选择横向实际轮廓作为评定对象外,还需要确定取样长度、评定长度、基准线和评定参数。

1. 取样长度(lr)

取样长度是指用来判别具有表面粗糙度特征的一段基准线长度。标准规定取样长度按表面粗糙程度合理取值,通常应包含 5 个以上的波峰和波谷,如表 5-1 所示。这样规定既是为了限制和减弱表面波纹度对测量结果的影响,又为了客观真实地反映零件表面粗糙度的实际情况。

表 5-1 轮廓算术平均偏差 Ra、轮廓最大高度 Rz 和轮廓单元的平均宽度 Rsm 的参数
值与取样长度 lr 和评定长度值 ln 的对应关系(摘自 GB/T 1031—2009)

$Ra/\mu m$	$Rz/\mu m$	Rsm/mm	lr/mm	ln/mm
⩾0.008~0.02	⩾0.025~0.10	>0.013~0.04	0.08	0.4
>0.02~0.1	>0.10~0.50	>0.04~0.13	0.25	1.25
>0.1~2.0	>0.50~10.0	>0.13~0.4	0.8	4.0
>2.0~10.0	>10.0~50.0	>0.4~1.3	2.5	12.5
>10.0~80.0	>50~320	>1.3~4	8.0	40.0

2. 评定长度(ln)

评定长度是指评定轮廓表面粗糙度时所必需的一段长度,它可包括一个或几个取样长度(见图 5-2)。一般取 $ln=5lr$,对均匀性好的被测表面,可选 $ln<5lr$,对均匀性较差的被

测表面,可选 $ln > 5lr$。由于零件上各表面的表面粗糙度的不均匀性,单个取样长度 lr 往往不能合理地反映被测表面的粗糙度,所以需要在几个取样长度上分别测量,取其平均值作为测量结果。

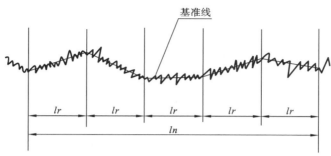

图 5-2　取样长度和评定长度

3. 基准线(中线 m)

基准线是指用以评定表面粗糙度参数值大小的一条参考线。中线是指具有几何轮廓形状并划分轮廓的基准线,分为下列两种。

(1)轮廓最小二乘中线 m　在取样长度 lr 内,使轮廓线上各点至该线的偏离值 y_i 的平方和为最小的一条假想线(见图 5-3),即 $\sum_{i=1}^{n} y_i^2 = \min$。

(2)轮廓算术平均中线 m　在取样长度 lr 内,划分实际轮廓为面积相等的上、下两部分的假想线(见图 5-4),即

$$F_1 + F_3 + \cdots + F_{2n-1} = F_2 + F_4 + \cdots + F_{2n} \tag{5-1}$$

最小二乘中线从理论上是理想的基准线,实际上在轮廓图形上确定最小二乘中线的位置比较困难。通常用目测来估计轮廓的算术平均中线,并以此作为评定表面粗糙度数值的基准线。

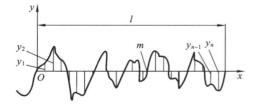

图 5-3　最小二乘中线图

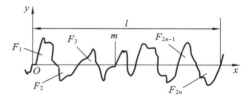

图 5-4　轮廓算术平均中线

4. 评定参数

GB/T 3505—2009 规定表面粗糙度的评定参数主要有幅度参数(Ra 和 Rz)、间距参数 Rsm 和混合参数 $Rmr(c)$。

(1)轮廓算术平均偏差 Ra　在取样长度 lr 范围内,轮廓线上各点至轮廓中线的距离的算术平均值,称为轮廓算术平均偏差 Ra(见图 5-5),用公式表示为

$$Ra = \frac{1}{lr} \int_0^{lr} | Z(x)\mathrm{d}x | \tag{5-2}$$

或近似为

$$Ra = \frac{1}{n}\sum_{i=1}^{n}|Z_i| \tag{5-3}$$

测得的 Ra 值越大,则表面越粗糙。评定参数 Ra 能充分、客观地反映表面微观几何形状高度方向的特性,且测量方便,为标准推荐优先选用的评定参数。一般用电动轮廓仪进行测量。

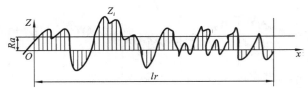

图 5-5　轮廓算术平均偏差 Ra

(2) 轮廓最大高度 Rz(旧标准为轮廓的最大高度 R_y)　在一个取样长度 lr 范围内,最大轮廓峰高与最大轮廓谷深之和的高度称为轮廓最大高度 Rz(见图 5-6)。用公式表示为

$$Rz = Rp + Rv \tag{5-4}$$

轮廓峰高是指在一个取样长度 lr 范围内,被评定轮廓上各个轮廓峰点至中线的距离,用符号 Zp_i 表示,其中最大的距离叫做最大轮廓峰高 Rp(图中 $Rp = Zp_6$);轮廓谷深是指在一个取样长度 lr 范围内,被评定轮廓上各个轮廓谷底点至中线的距离,用符号 Zv_i 表示,其中最大的距离称为最大轮廓谷深 Rv(图中 $Rv = Zv_2$)。旧标准中 Rz 为轮廓微观不平度十点高度,即 5 个最大的轮廓峰高的平均值与 5 个最大的轮廓谷深的平均值之和。

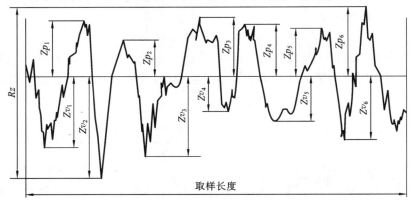

图 5-6　轮廓最大高度 Rz

评定参数 Rz 反映表面粗糙度高度方面的几何形状特性不如 Ra 充分。但可用于控制不允许出现较深加工痕迹的表面,常标注于容易产生应力集中作用的工作表面。此外,当被测表面很小(不足一个取样长度),不适宜采用 Ra 评定时,也常采用 Rz 评定参数。

(3) 轮廓单元的平均宽度 Rsm　在一个取样长度 lr 范围内,所有轮廓单元的宽度 Xs_i 的平均值(见图 5-7),即

$$Rsm = \frac{1}{m}\sum_{i=1}^{m}Xs_i \tag{5-5}$$

轮廓单元宽度是指在一个取样长度 lr 范围内,中线与各个轮廓单元相交线段的长度,

用符号 Xs_i 表示。一个轮廓峰与相邻的轮廓谷组成轮廓单元。

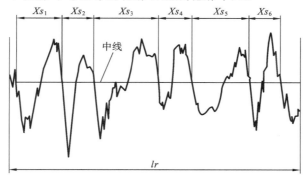

图 5-7 轮廓单元的宽度 Xs_i 与轮廓单元的平均宽度 Rsm

（4）轮廓支承长度率 $Rmr(c)$ 在评定长度 ln 内，一根平行于中线的线与轮廓相截，所得轮廓的实体材料长度 $Ml(c)$ 与评定长度 ln 之比。此平行线与轮廓峰顶线之间的距离称为截距 c（见图 5-8，图中为一个取样长度）。用公式表示为

$$Rmr(c) = \frac{\sum Ml(c)}{ln} \qquad (5-6)$$

轮廓支承长度率 $Rmr(c)$ 的值是对应于不同的水平截距(c)而给出的。它可用微米或 Rz 的百分数表示。当 c 一定时，$Rmr(c)$ 值越大，则表面的支承能力及耐磨性越好。

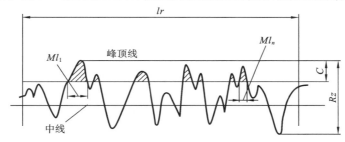

图 5-8 轮廓支承长度率 $Rmr(c)$

5.2.2 表面粗糙度的参数值

国标 GB/T 1031—2009 中规定了表面粗糙度的评定参数值，设计时应按国标规定的参数值系列选取，如表 5-2 至表 5-5 所示。根据表面功能和生产的经济合理性，当选用表 5-2、表 5-3、表 5-4 系列值不能满足要求时，可选取 GB/T 1031—2009 的附录 A 补充系列值。

表 5-2 轮廓算术平均偏差 Ra 的数值　　　　　　　　　　　　　　　　μm

Ra	0.012	0.2	3.2	
	0.025	0.4	6.3	50
	0.05	0.8	12.5	100
	0.1	1.6	25	

表 5-3　轮廓最大高度 Rz 的数值　　　　　　　　　　　　　　　　　　μm

Rz	0.02	0.2	3.2	50	
	5	0.4	6.3	100	800
	0.05	0.8	12.5	200	1600
	0.1	1.6	25	400	

表 5-4　轮廓单元的平均宽度 Rsm 的数值　　　　　　　　　　　　　　μm

| Rsm | 0.006 | 0.025 | 0.1 | 0.4 | 1.6 | 6.3 |
| | 0.0125 | 0.05 | 0.2 | 0.8 | 3.2 | 12.5 |

表 5-5　轮廓支承长度率 $Rmr(c)$ 的数值　　　　　　　　　　　　　　%

| $Rmr(c)$ | 10 | 15 | 20 | 25 | 30 | 40 | 50 | 60 | 70 | 80 | 90 |

注:选用轮廓的支承长度率参数时,应同时给出轮廓截面高度 c 值,它可用微米或 Rz 的百分数表示;Rz 的百分数系列如下:5%、10%、15%、20%、25%、30%、40%、50%、60%、70%、80%、90%。

5.3　表面粗糙度的选用

　　表面粗糙度轮廓的评定参数及参数值的大小应根据零件的功能要求和经济性要求来选择。表面粗糙度的选择主要包括评定参数的选择和参数值的选择。

　　1.　评定参数的选择

　　在表面粗糙度的四个评定参数中,Ra、Rz 两个幅度参数为基本参数,Rsm、$Rmr(c)$ 为附加参数。这些参数分别从不同的角度反映了零件的表面轮廓特征,但都存在着不同程度的缺陷。因此,在具体选用时要根据零件的功能要求、材料性能、结构特点以及测量的条件等情况选用适当的评定参数。

　　(1) 如无特殊要求,一般仅选用幅度参数。在幅度参数(峰和谷)常用的参数值范围内(Ra 为 $0.025\sim6.3\ \mu m$,Rz 为 $0.1\sim25\ \mu m$),推荐优先选用 Ra;当表面过于粗糙($Ra>6.3$ μm)或太光滑($Ra<0.025\ \mu m$)以及测量面积很小时,推荐选用 Rz;当表面不允许出现较深的加工痕迹,防止应力过于集中,要求保证零件的抗疲劳强度和密封性时,可选择 Ra 与 Rz 联用。

　　(2) 当表面有特殊功能要求时,为了保证表面功能要求,提高产品质量,除了选用高度参数的同时还要选择附加参数综合控制表面质量。对有特殊要求的少数零件的重要表面(如要求喷涂均匀、涂层有较好的附着性和光泽表面)还需要控制 Rsm 数值;对于有较高支承刚度和耐磨性的表面,应规定 $Rmr(c)$ 参数。

　　2.　参数值的选择

　　表面粗糙度评定参数值的选择合理与否,不仅与零件的使用性能有关,还与零件的制造及经济性有关。选用的原则:在满足零件表面功能的前提下,评定参数的允许值尽可能大(除 $Rmr(c)$ 外),以减小加工困难,降低生产成本。在实际工作中,通常采用类比法选择确定评定参数值的大小。首先参考经验统计资料,如表 5-6、表 5-7 所示,选择评定参数值的大小,然后根据实际工作条件进行调整。调整时应考虑以下几点:

（1）在同一零件上，工作表面比非工作表面的粗糙度值小。

（2）摩擦表面的粗糙度值比非摩擦表面的小，滚动摩擦表面的粗糙度值比滑动摩擦表面的小。

表 5-6 表面粗糙度 Ra 的推荐选用值

	公差等级	表面	基本尺寸/mm	
			≤50	>50～500
经常拆装的配合表面	5	轴	0.2	0.4
		孔	0.4	0.8
	6	轴	0.4	0.8
		孔	0.4～0.8	0.8～1.6
	7	轴	0.4～0.8	0.8～1.6
		孔	0.8	1.6
	8	轴	0.8	1.6
		孔	0.8～1.6	1.6～3.2

		公差等级	表面	基本尺寸/mm		
				≤50	>50～120	>120～
过盈配合	压入装配	5	轴	0.1～0.2	0.4	0.4
			孔	0.2～0.4	0.8	0.8
		6～7	轴	0.4	0.8	1.6
			孔	0.8	1.6	1.6
		8	轴	0.8	0.8～1.6	1.6～3.2
			孔	1.6	1.6～3.2	1.6～3.2
	热装	—	轴	1.6		
			孔	1.6～3.2		

	表面	分组公差/μm				
		<2.5	2.5	5	10	20
分组装配的零件表面	轴	0.05	0.1	0.2	0.4	0.8
	孔	0.1	0.2	0.4	0.8	1.6

	表面	径向跳动公差/μm				
		2.5	4	6	10	16	20
定心精度高的配合表面	轴	0.05	0.1	0.1	0.2	0.4	0.8
	孔	0.1	0.2	0.2	0.4	0.8	1.6

表 5-7　表面粗糙度的表面特征、经济加工方法及应用举例

表面微观特征		$Ra/\mu m$	$Rz/\mu m$	加工方法	应 用 举 例
粗糙表面	可见刀痕	>20～40	>80～160	粗车、粗刨、粗铣、钻、锯断	半成品粗加工过的表面,非配合加工表面,如轴的端面、倒角、齿轮及带轮的侧面、键槽的底面,垫圈接触面等
	微见刀痕	>10～20	>40～80		
半光表面	微见加工痕迹	>5～10	>20～40	车、刨、铣、钻、镗、粗铰	轴上不安装轴承及齿轮处的表面,紧固件的自由装配表面,轴和孔的退刀槽等
	微见加工痕迹	>2.5～5	>10～20	车、刨、铣、镗、磨、拉、粗刮、滚压	半精加工表面,箱体、支架、盖面、套筒等和其他零件结合而无配合要求的表面,需法兰的表面
	看不清加工痕迹	>1.25～2.5	>6.3～10	车、刨、铣、镗、磨、拉、刮、滚压、铣齿	接近于精加工表面,箱体上安装轴承的内孔表面,齿轮的工作面
光表面	可辨加工痕迹的方向	>0.63～1.25	>3.2～6.3	车、镗、拉、磨、刮、精铰、磨齿滚压	圆柱销、圆锥销,轴上与滚动轴承配合的表面,普通车床导轨面,内外花键定位表面,齿面
	微辨加工痕迹的方向	>0.32～0.63	>1.6～3.2	精铰、磨、精镗、刮、滚压	要求配合性质稳定的配合表面,工作时承受交变应力的重要表面,较高精度的车床导轨面,高精度齿轮齿面
	不可辨加工痕迹的方向	>0.16～0.32	>0.8～1.6	精磨、研磨、珩磨、超精加工	精密机床主轴锥孔、顶尖圆锥面,发动机曲轴的轴颈表面,凸轮轴的凸轮工作面,高精度齿面
极光表面	暗光泽面	>0.08～0.16	>0.4～0.8	精磨、研磨、普通抛光	精密机床主轴轴颈表面,一般量规工作表面,气缸套内表面,活塞销表面
	亮光泽面	>0.04～0.08	>0.2～0.4	超精磨、精抛光、镜面磨削	精密机床主轴轴颈表面,滚动轴承的滚珠表面,高压油泵中的柱塞和柱塞孔的配合面
	镜状光泽面	>0.01～0.04	>0.05～0.2		
	镜面	<0.01	<0.05	镜面磨削、超精研	高精度量仪、量块的工作面,光学仪器中的金属镜面

（3）运动速度高、单位面积压力大比运动速度低、压力小的摩擦表面的表面粗糙度参数值小。

（4）受交变载荷的零件表面,以及最易产生应力集中的部位(如沟槽、圆角、台肩等),表面粗糙度值要小。

（5）配合性质相同时,在一般情况下,零件尺寸越小,粗糙度值应越小;同一精度等级时,小尺寸比大尺寸、轴比孔的粗糙度数值要小。

（6）通常情况下,Ra 应小于形状公差值,一般为形状公差值的 20%～25%,高精度小尺寸零件,可达 50%～70%。

（7）配合精度要求高的结合表面、配合间隙小的配合表面及要求连接可靠且承受重载

的过盈配合表面,均应取较小的表面粗糙度值。

（8）凡有关标准已对表面粗糙度作出规定的标准件或常用典型零件(例如,与滚动轴承配合的轴颈和基座孔的工作面等),应按相应的标准确定其表面粗糙度值。

（9）耐蚀性、密封性要求高,外表美观的表面,粗糙度值应小。

5.4　表面粗糙度的标注

1. 表面粗糙度的符号

按 GB/T 131—2006,在图样上表示表面粗糙度的符号如表 5-8 所示。

表 5-8　表面粗糙度符号及意义

符　　号	意义及说明
√	基本图形符号。表示用任何方法所获得的表面,仅用于简化代号标注,没有补充说明时不能单独使用
▽	扩展图形符号。用去除材料的方法获得的表面。例如:车、铣、钻、磨、剪切、抛光、腐蚀、电火花加工等
∢	扩展图形符号。用不去除材料的方法获得的表面,例如:铸、锻、冲压变形、热轧、冷轧、粉末冶金等。或者是用于表示保持上道工序形成的表面
√ ▽ ∢	完整图形符号。横线上用于标注有关参数和说明

2. 表面粗糙度的代号

在表面粗糙度符号的基础上,注出表面粗糙度符号数值及其有关的规定项目后就形成了表面粗糙度代号。表面粗糙度数值及其有关的规定在符号中注写的位置如图 5-9 所示。

位置 a:标注粗糙度参数代号、极限值和传输带或取样长度。为避免误解,在参数代号与极限值之间插入空格,传输带或取样长度后应有一斜线"/",之后为粗糙度参数代号及数值。传输带指两个定义的滤波器之间的波长范围。

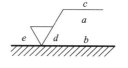

图 5-9　表面粗糙度代号

位置 b:标注两个或多个粗糙度要求。

位置 c:标注加工方法、表面处理、涂层或其他加工要求等。如车、磨、镀等加工表面。

位置 d:标注加工纹理方向符号。

位置 e:标注加工余量(mm)。

（1）高度参数的标注　标注高度特征参数值时分为上限值、下限值、最大值(max)和最小值(min)。当在图样上只标注一个参数值时,表示只要求上限值。当图样上同时标注上限值和下限值时,表示所有实测值中超过规定值的个数应少于总数的 16%(即 16% 规则,默认)。当在图样上同时标注最大值(max)和最小值(min)时,表示所有实测值不得超过规定值。当粗糙度参数后标注"max",表示应满足最大规则,即不允许参数值超出规定值。标注示例见表 5-9。

表 5-9　表面粗糙度高度参数标注示例(摘自 GB/T 131—2006)

a	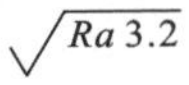 $\sqrt{Ra\,3.2}$	用任何方法获得的表面粗糙度,Ra 上限值为 3.2 μm
b	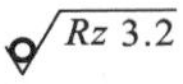 $\sqrt{Rz\,3.2}$	用不去除材料的方法获得的表面粗糙度,Rz 上限值为 3.2 μm
c	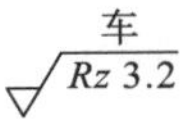 $\sqrt{\dfrac{车}{Rz\,3.2}}$	用车削的方法获得的表面粗糙度,Rz 上限值为 3.2 μm
d	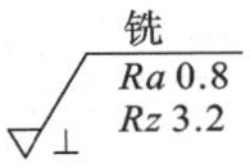 $\sqrt{\begin{array}{l}铣\\ Ra\,0.8\\ Rz\,3.2 \perp\end{array}}$	用铣削的方法获得的表面粗糙度,Ra 上限值为 0.8 μm,Rz 上限值为 3.2 μm,且要求该表面的加工纹理垂直于视图所在的投影面
e	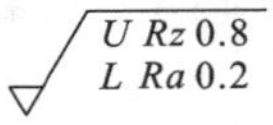 $\sqrt{\begin{array}{l}U\ Rz\,0.8\\ L\ Ra\,0.2\end{array}}$	用去除材料的方法获得的表面粗糙度,Rz 上限值为 0.8 μm,Ra 下限值为 0.2 μm
f	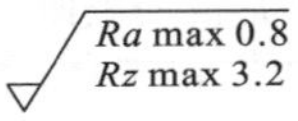 $\sqrt{\begin{array}{l}Ra\ \max\ 0.8\\ Rz\ \max\ 3.2\end{array}}$	用去除材料的方法获得的表面粗糙度,Ra 最大值为 0.8 μm,Rz 最大值为 3.2 μm,表示应满足最大规则

(2)带补充注释的符号标注示例　如表 5-10 所示。

表 5-10　带补充注释的符号标注示例

符　号	含　义	符　号	含　义
 $\sqrt{\ 铣}$	加工方法:铣削	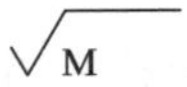 $\sqrt{M}$	表面纹理:纹理呈多方向
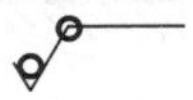 $\sqrt{\!\!\!\circ\!\!-\!\!\!-}$	对投影视图上封闭的轮廓线所表示的各表面有相同的表面结构要求	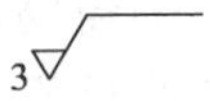 $_3\sqrt{\ }$	加工余量 3 mm

(3)加工纹理符号标注　表面加工纹理方向是指表面纹理结构的主要方向,有时需作出规定。如密封表面,加工纹理需呈同心圆状;相互移动的表面,加工纹理按一定方向呈直线状比较合理。常见加工纹理方向的符号及标注见图 5-10。

3. 表面粗糙度在图样上的标注

在同一图样上,表面粗糙度的要求应尽量与其他技术要求(如尺寸精度、几何精度等)标注在同一视图中。一个表面一般只标注一次,并标注在可见轮廓线、尺寸界线、引出线或它们的延长线上。表面粗糙度的符号的尖端必须从材料外垂直方向指向被注表面,数字注写和读取方向与尺寸的注写和读取方向一致。标注示例如图 5-11 至图 5-15 所示。

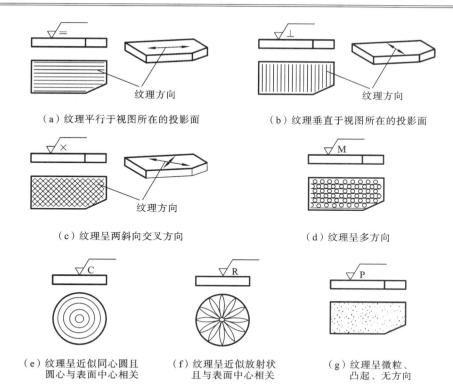

（a）纹理平行于视图所在的投影面　　　　　　（b）纹理垂直于视图所在的投影面

（c）纹理呈两斜向交叉方向　　　　　　　　　（d）纹理呈多方向

（e）纹理呈近似同心圆且　　（f）纹理呈近似放射状　　　（g）纹理呈微粒、
　　圆心与表面中心相关　　　　且与表面中心相关　　　　　凸起、无方向

图 5-10　常见加工纹理方向的符号及标注

　　简化标注可以在某些特定的情况下使用。如图 5-15 表示除了 Rz 值为 1.6 μm 和 6.3 μm 的表面外，其余表面粗糙度 Ra 值为 3.2 μm。相同粗糙度的符号应标注在标题栏附近。图 5-16 为空间受限制时的简化标注。

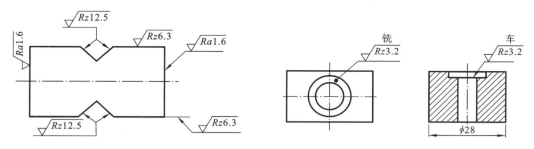

图 5-11　表面粗糙度在轮廓线上的标注　　　　图 5-12　用引出线标注表面粗糙度

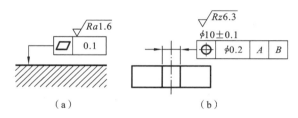

（a）　　　　　　　　（b）

图 5-13　表面粗糙度标注在几何公差框格上方

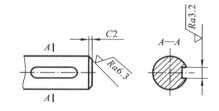

图 5-14　键槽的表面粗糙度标注

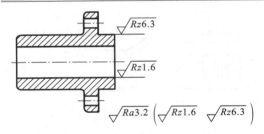

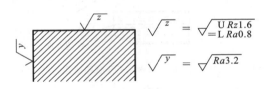

图 5-15　多数表面粗糙度相同的简化注法　　　　图 5-16　图样空间有限时的简化注法

5.5　表面粗糙度的检测

测量表面粗糙度参数值时,应注意不要将零件的表面缺陷(如气孔、划痕和沟槽等)包括进去。当图样上注明了表面粗糙度参数值的测量方向时,应按规定的方向测量。若图样上没有特别注明测量方向时,则应按测量数值最大的方向进行测量。常用的表面粗糙度测量的方法有比较法、光切法、干涉法、针描法和印模法。

1. 比较法

比较法是将被测表面与表面粗糙度标准样板进行比较,从而估计出被测表面粗糙度的一种测量方法。使用时,所用粗糙度样板的材料、表面形状、加工方法和加工纹理方向等应尽可能与被测表面一致,以减小测量误差。该方法多用于车间检验,适用于评定表面粗糙度要求不高的零件表面,且评定的准确性在很大程度上取决于检验人员的经验。

2. 光切法

光切法是利用光切原理来测量表面粗糙度的一种测量方法。常用的仪器是光切显微镜(又称双管显微镜),该种仪器适宜于测量车、铣、刨及其他类似加工方法所加工的金属零件表面。该方法主要用于测量 Rz 值,其测量的范围一般为 $0.5\sim80\ \mu m$。

3. 干涉法

干涉法是利用光波干涉原理来测量表面粗糙度的一种测量方法,常用的仪器是干涉显微镜,该种仪器适宜于测量表面粗糙度要求较高的零件表面。该方法主要用于测量 Rz 值,其测量范围一般为可用于干涉显微镜的测量范围 $0.05\sim0.8\ \mu m$。

4. 针描法

针描法(也称轮廓法)是指利用触针滑过被测表面,把表面结构放大描绘出来,经过计算处理装置直接测出表面粗糙度的一种测量方法。常用的仪器是电动轮廓仪,图 5-17 所示为电动轮廓仪的工作原理示意图。测量时,仪器的触针针尖与被测表面相接触,以一定速度在被测表面上移动,被测表面上的微小峰谷使触针在移动的同时,还沿轮廓的垂直方向作上、下运动。触针的运动情况实际反映了被测表面的轮廓情况,通过传感器转换成电信号,再通过滤波、放大和计算处理,直接显示出 Ra 值的大小。

它的特点是:显示数值直观,可测量多种形状的被测表面,如轴类、锥体、球类、沟槽类工件,测量时间短,方便快捷。不适于测量过于粗糙和过于光滑的表面,若测量表面过于粗糙,则会损伤触针;若测量表面过于光滑,则表面凹谷细小,针尖难以触到凹谷底部,因而测不出

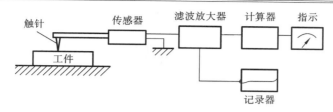

图 5-17　电动轮廓仪的工作原理示意图

轮廓的真实状况。所以适用于该方法的表面粗糙度测量范围为 $0.025\sim6.3\ \mu m$。

5. 印模法

印模法是利用印模材料(如石蜡、低熔点合金等)将被测表面的轮廓复制成模,再使用非接触测量方法测量印模,从而间接评定被测表面的粗糙度的一种方法。印模法适用于笨重零件及内表面,如深孔、凹槽、大型横梁等不便于用以上仪器测量的面。

习　　题

5-1　什么是表面粗糙度? 它与形状公差和表面波纹度有何区别?

5-2　表面粗糙度对零件的使用性能有什么影响?

5-3　评定表面粗糙度时为什么要规定取样长度和评定长度? 分别如何确定?

5-4　试述表面粗糙度高度特性的两个参数的定义,并写出其表达式。

5-5　表面粗糙度的符号有哪几种? 试说明各自的含义。

5-6　将下列要求标注在图 5-18 上,零件的加工均采用去除材料的方法。

(1) 直径为 $\phi50$ mm 的圆柱外表面粗糙度 Ra 的允许值为 $6.3\ \mu m$。

(2) 左端面的表面粗糙度 Ra 的允许值为 $3.2\ \mu m$。

(3) 直径为 $\phi50$ mm 的圆柱右端面的表面粗糙度 Ra 的允许值为 $1.6\ \mu m$。

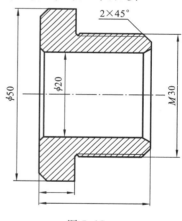

图 5-18

(4) 内孔表面粗糙度 Ra 的允许值为 $0.8\ \mu m$。

(5) 螺纹工作面的表面粗糙度 Rz 的最大值为 $0.8\ \mu m$,最小值为 $0.4\ \mu m$。

(6) 其余各加工面的表面粗糙度 Ra 的允许值为 $12.5\ \mu m$。

5-7　选择表面粗糙度参数值时,应考虑哪些因素?

5-8　如何选择表面粗糙度的检测方法?

第6章 光滑极限量规

光滑极限量规是一种成对使用、无刻度的专用检验器具,一般用于大批量生产,遵守包容要求的孔和轴的合格性检验。量规的使用可以避免人为的测量误差,提高检验效率和可靠性。相关国家标准有 GB/T 1957—2006《光滑极限量规 技术条件》、GB/T 10920—2008《螺纹量规和光滑极限量规 型式与尺寸》。

6.1 量规及其种类

6.1.1 概述

按照国标 GB/T 1957—2006,光滑极限量规定义为:具有以被检测孔或轴的最大极限尺寸和最小极限尺寸为公称尺寸的标准测量面,能反映控制被检孔或轴边界条件的无刻线长度测量器具。量规结构简单,使用方便、可靠,因而广泛用于大批量生产中。

当图样上提取要素的尺寸公差和几何公差按独立原则标注时,一般使用通用计量器具分别测量。当单一要素的尺寸公差和形状公差采用包容要求标注时,则应使用量规来检验,把尺寸公差和形状误差都控制在极限尺寸范围内。

检验孔的量规称为塞规,检验轴的量规称为卡规或环规,量规有通规和止规之分。通规用来模拟体现被测孔或轴的最大实体边界,检验孔或轴的实际轮廓(实际尺寸和形状误差的综合结果)是否超出其最大实体边界,即检验孔或轴的体外作用尺寸是否超出其最大实体尺寸。止规用来检验被测孔或轴的实际尺寸是否超出其最小实体尺寸。在对工件进行检验时,通规和止规要成对使用,工件应同时满足"通规能通过"和"止规不能通过"的条件,才能判定为合格。

图 6-1(a)所示为塞规与被检孔的直径关系。塞规的通规按被检孔的最大实体尺寸(即孔的下极限尺寸)制造,塞规的止规是按被检孔的最小实体尺寸(即孔的上极限尺寸)制造。

图 6-1(b)所示为卡规与被检轴的直径关系。卡规的通规按被检轴的最大实体尺寸(即轴的上极限尺寸)制造,卡规的止规按被检轴的最小实体尺寸(即轴的下极限尺寸)制造。

6.1.2 量规的种类

量规按其用途不同分为工作量规、验收量规和校对量规三种。

1)工作量规

指在零件制造过程中操作者所使用的量规。操作者应使用新的或磨损较少的量规。工作量规的通规用代号"T"表示,止规用代号"Z"表示。

2)验收量规

指在验收零件时检验人员或用户代表所使用的量规。它一般不另行制造,而采用与操

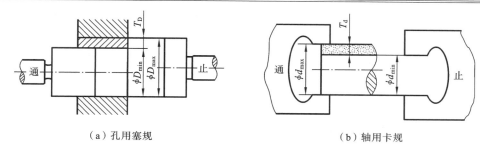

（a）孔用塞规　　　　　　　　　　（b）轴用卡规

图 6-1　光滑极限量规的通规和止规

D_{max}、D_{min}—孔的上、下极限尺寸；T_D—孔公差；d_{max}、d_{min}—轴的上、下极限尺寸；T_d—轴公差

作者所用类型相同且已经磨损较多但未超过磨损极限的通规。这样，由操作者自检合格的零件，检验人员验收时也一定合格。

3）校对量规

指用来检验工作量规或验收量规的量规。孔用量规（塞规）可以使用指示式计量器具测量，很方便，不需要校对量规。所以，只有轴用量规（环规）才使用校对量规（塞规），卡规使用量块作为校对量规。它分为三种：检验轴用量规通规的"校通—通"量规（TT）；检验轴用量规止规的"校止—通"量规（ZT）；检验轴用量规通规磨损极限的"校通—损"量规（TS）。

6.2　泰勒原则

加工完的工件，其实际尺寸虽经检验合格，但由于形状误差的存在，也有不能装配、装配困难或即使能装配，也达不到配合要求的可能。故用量规检验时，为了正确地评定被测工件是否合格，是否能装配，对于遵守包容原则的孔和轴，应按极限尺寸判断原则（即泰勒原则）验收。

泰勒原则指工件的作用尺寸不超过最大实体尺寸（即孔的作用尺寸应大于或等于其下极限尺寸；轴的作用尺寸应小于或等于其上极限尺寸），工件任何位置的实际尺寸应不超过其最小实体尺寸（即孔任何位置的实际尺寸应小于或等于上极限尺寸，轴任何位置的实际尺寸应大于或等于其下极限尺寸）。即

对于孔　　　　　　　　　　$D_{fe} \geqslant D_{min}$　　　且　　$D_a \leqslant D_{max}$

对于轴　　　　　　　　　　$d_{fe} \leqslant d_{max}$　　　且　　$d_a \geqslant d_{min}$

式中：D_{fe}、d_{fe}——孔、轴体外作用尺寸；

　　　D_a、d_a——孔、轴实际尺寸。

工件的作用尺寸由最大实体尺寸限制，就把形状误差限制在尺寸公差之内；工件的实际尺寸由最小实体尺寸限制，这样就能保证工件合格并具有互换性。因此符合泰勒原则验收的工件是能保证使用要求的。包容要求是从设计的角度出发，反映对孔、轴的设计要求。而泰勒原则是从验收的角度出发，反映对孔、轴的验收要求。从保证孔与轴的配合性质的要求来看，两者是一致的。

如图 6-2 所示，满足泰勒原则的光滑极限量规的通规工作部分应该具有最大实体边界形状，因而应与被测工件成面接触，即全形通规如图 6-2（b）、图 6-2（d）所示，且其定形尺寸

等于被测孔或被测轴的最大实体尺寸。止规工作部分与被测工件的接触应为两个点的接触，即两点式止规(图 6-2(a)所示为点接触,图 6-2(c)所示为线接触),且这两点之间的距离等于被测工件的最小实体尺寸,即为止规的定形尺寸。图中,D_L、D_M 分别为孔的最小、最大实体尺寸;d_L、d_M 分别为轴的最小、最大实体尺寸;T_D、T_d 分别为孔、轴的公差;L 为配合长度。

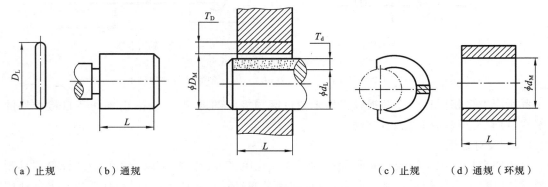

|(a)止规|(b)通规|(c)止规|(d)通规(环规)|

图 6-2　光滑极限量规

符合泰勒原则的光滑极限量规应达到如下要求:

通规用来控制工件的作用尺寸,它的测量面应具有与孔或轴相对应的完整表面,称为全形量规,其尺寸等于工件的最大实体尺寸,且其长度应等于被测工件的配合长度。

止规用来控制工件的实际尺寸,它的测量面应为两点状,称为不全形量规,两点间的尺寸应等于工件的最小实体尺寸。

用光滑极限量规检验孔或轴时,如果通规能够在被测孔、轴的全长范围内自由通过,且止规不能通过,则表示被测孔或轴合格。如果通规不能通过,或者止规能够通过,则表示被测孔或轴不合格。若光滑极限量规的设计不符合泰勒原则,则对工件的检验可能造成错误判断。以图 6-3 为例,分析量规形状对检验结果的影响:被测工件孔为椭圆形,实际轮廓从 x 方向和 y 方向都已超出公差带,已属废品。但若用两点状通规检验,可能从 y 方向通过,若不作多次不同方向检验,则可能发现不了孔已从 x 方向超出公差带。同理,若用全形止规检验,则根本通不过孔,发现不了孔已从 y 方向超出公差带。这样一来,由于使用工作部分形状不正确的量规进行检验,就会误判该孔合格。

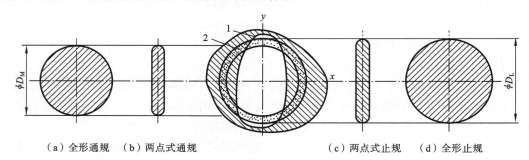

|(a)全形通规|(b)两点式通规|(c)两点式止规|(d)全形止规|

图 6-3　量规工作部分的形状对检验结果的影响

1 —实际孔;2 —尺寸公差

在被测孔或轴的形状误差不致影响孔、轴配合性质的情况下,为了克服量规加工困难或使用符合泰勒原则的量规时的不方便,允许使用偏离泰勒原则的量规。例如,为了使用已经标准化的量规,允许通规的长度小于工件的配合长度;对于大尺寸的孔和轴通常分别使用非全形通规进行检验,以代替笨重的全形通规;对曲轴轴颈由于不能使用全形的环规检验,允许使用卡规进行检验。对止规也不一定全是两点式接触,由于点接触容易磨损,一般常以小平面、圆柱面或球面代替点;检验小孔时,为了增加止规的刚度和便于制造,常用全形止规;同样,对刚性差的薄壁零件,为防止两点式止规造成该零件变形,常用全形止规。

在使用偏离泰勒原则的量规检验孔或轴的过程中,必须做到操作正确,尽量避免由于检验操作不当而造成的误判。应保证被测孔、轴的形状误差(尤其是轴线的直线度、圆度)不影响配合性质。例如,使用非全形通过检验孔或轴时,应在被测孔或轴的全长范围内的若干部位上分别围绕圆周的几个位置进行检验。

6.3 量规公差带

虽然量规是一种精密的检验工具,其制造精度要求比被检验工件更高,但在制造时也不可避免地会产生误差,因此对量规也必须规定制造公差。量规制造公差的大小不仅影响量规的制造难易程度,还会影响被测工件加工的难易程度以及被测工件的误判。为确保产品质量,国家标准 GB/T 1957—2006 规定量规公差带不得超越工件公差带。

由于通规在使用过程中经常通过工件,因而会逐渐磨损。为了使通规具有一定的使用寿命,应留出适当的磨损储量,因此对通规应规定磨损极限,即将通规公差带从最大实体尺寸向工件公差带内缩一个距离;而止规通常不通过工件,所以不需要留磨损储量,故将止规公差带放在工件公差带内,紧靠最小实体尺寸处。校对量规也不需要留磨损储量。

1. 工作量规的公差带

图 6-4 和图 6-5 分别为孔用和轴用工作量规公差带的配置形式。图中,D_L、D_M 为被测孔的最小、最大实体尺寸,D_{min}、D_{max} 为被测孔的下、上极限尺寸;d_L、d_M 为被测轴的最小、最大实体尺寸,d_{max}、d_{min} 为被测轴的上、下极限尺寸;T_1 为量规定形尺寸公差;Z_1 为通规定形

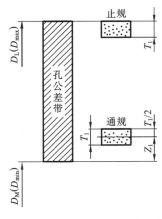

图 6-4 孔用工作量规公差带示意图

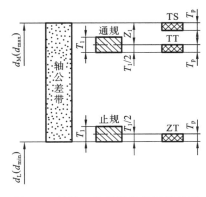

图 6-5 轴用工作量规公差带示意图

尺寸公差带中心到被测孔、轴最大实体尺寸之间的距离;T_p 表示校对量规的制造公差。通规的磨损极限为被测孔、轴的最大实体尺寸。

测量极限误差一般取为被测孔、轴尺寸公差的 $1/10\sim1/3$。对于标准公差等级相同而公称尺寸不同的孔、轴,这个比值基本相同。随着孔、轴的标准公差等级的降低,这个比值也会随之减小。量规定形尺寸公差带的大小和位置就是按照这一原则规定的。通规和止规定形尺寸公差和磨损储量的总和占被测孔、轴尺寸公差(标准公差 IT)的百分比如表 6-1 所示。

表 6-1　量规定形尺寸公差和磨损储量的总和占标准公差的百分比　　　　　　%

被测孔或轴的公差等级	IT6	IT7	IT8	IT9	IT10	IT11	IT12	IT13	IT14	IT15	IT16
$\dfrac{T_1+(Z_1+T_1/2)}{IT}$ 的百分比	40	32.9	28	23.5	19.7	16.9	14.4	13.8	12.9	12	11.5

GB/T 1957—2006 对公称尺寸至 500mm、标准公差等级 IT6~IT16 的孔和轴规定了通规和止规工作部分定形尺寸的公差及通规定形尺寸公差带中心到工件最大实体尺寸之间的距离。具体数值如表 6-2 所示。

表 6-2　量规定形尺寸公差 T_1 和通规定形尺寸公差带中心
到工件最大实体尺寸之间的距离 Z_1 值　　　　　　μm

工件的公称尺寸/mm	IT6			IT7			IT8			IT9			IT10			IT11			IT12		
	IT6	T_1	Z_1	IT7	T_1	Z_1	IT8	T_1	Z_1	IT9	T_1	Z_1	IT10	T_1	Z_1	IT11	T_1	Z_1	IT12	T_1	Z_1
>10~18	11	1.6	2	18	2	2.8	27	2.8	4	43	3.4	6	70	4	8	110	6	11	180	7	15
>18~30	13	2	2.4	21	2.4	3.4	33	3.4	5	52	4	7	84	5	9	130	7	13	210	8	18
>30~50	16	2.4	2.8	25	3	4	39	4	6	62	5	8	100	6	11	160	8	16	250	10	22
>50~80	19	2.8	3.4	30	3.6	4.6	46	4.6	7	74	6	9	120	7	13	190	9	19	300	12	26
>80~120	22	3.2	3.8	35	4.2	5.4	54	5.4	8	87	7	10	140	8	15	220	10	22	350	14	30

国标还规定了量规的工作部分的形状误差应该控制在定形尺寸公差范围内,即采用包容要求。其几何公差为定形尺寸公差的 50%。考虑到制造和测量的困难,当量规定形尺寸公差小于或等于 0.002 mm 时,其几何公差取为 0.001 mm。

根据被测孔、轴的标准公差等级的高低和量规测量面定形尺寸的大小,量规测量面的表面粗糙度 Ra 的上限值为 $0.05\sim0.8$ μm,如表 6-3 所示。

表 6-3　量规测量面的表面粗糙度 Ra 值

光滑极限量规	量规测量面的定形尺寸/mm		
	≤120	>120~315	>315~500
	Ra/μm		
IT6 级孔用工作量规	≤0.05	≤0.10	≤0.20
IT7~IT9 级孔用工作量规	≤0.10	≤0.20	≤0.40
IT10~IT12 级孔用工作量规	≤0.20	≤0.40	≤0.80

光滑极限量规	量规测量面的定形尺寸/mm		
	≤120	>120～315	>315～500
	$Ra/\mu m$		
IT13～IT16 级孔用工作量规	≤0.40	≤0.80	≤0.80
IT6～IT9 级轴用工作量规	≤0.10	≤0.20	≤0.40
IT10～IT12 级轴用工作量规	≤0.20	≤0.40	≤0.80
IT13～IT16 级轴用工作量规	≤0.40	≤0.80	≤0.80
IT6～IT9 级轴用工作环规的校对塞规	≤0.05	≤0.10	≤0.20
IT10～IT12 级轴用工作环规的校对塞规	≤0.10	≤0.20	≤0.40
IT13～IT16 级轴用工作环规的校对塞规	≤0.20	≤0.40	≤0.40

2. 验收量规的公差带

在光滑极限量规国家标准中,没有单独规定验收量规公差带,但规定了检验部门应使用磨损较多的通规,用户代表应使用接近工件最大实体尺寸的通规,以及接近工件最小实体尺寸的止规。

3. 校对量规的公差带

校对量规的公差带有以下三种。

(1) 制造新的通规时所使用的校对塞规。

此种塞规称为"校通—通"塞规(代号 TT)。它用在轴用通规制造时,其作用是防止通规尺寸小于其下极限尺寸,故其公差带是从通规的下偏差起,向轴用通规公差带内分布。新的通规内圆柱测量面应能在其全长范围内被 TT 校对塞规整个长度通过,这样就能保证被测轴有足够的尺寸加工公差。

(2) 制造新的止规时所使用的校对塞规。

此种塞规称为"校止—通"塞规(代号 ZT)。它用在轴用止规制造时,其作用是防止止规尺寸小于其下极限尺寸,故其公差带是从止规的下偏差起,向轴用止规公差带内分布。新的止规内圆柱测量面应能在其全长范围内被 ZT 校对塞规整个长度通过,这样就能保证被测轴的实际尺寸不小于其下极限尺寸。

(3) 检验使用中的通规是否磨损到极限时所用的校对塞规。

此种塞规称为"校通—损"塞规(代号 TS)。它用于检验使用中的轴用通规是否磨损,其作用是防止通规在使用中超过磨损极限尺寸,故其公差带是从通规的磨损极限起,向轴用通规公差带内分布。尚未完全磨损的通规内圆柱测量面应不能被 TS 校对塞规通过,并且应在该测量面的两端进行检验。如果通规被 TS 校对塞规通过,则表示该通规已达到磨损极限,应予报废。

校对量规的定形尺寸公差 T_p 为工作量规定形尺寸公差 T_1 的一半,其几何误差应控制在其定形尺寸公差带的范围内,即采用包容要求。其测量面的表面粗糙度 Ra 值比工作量规小。由于校对量规精度高,制造困难,而目前测量技术又在不断发展,因此在实际生产中逐步用量块或计量仪器代替校对量规。

6.4 量规设计

光滑极限量规的设计就是根据工件图样上的要求,设计出能够把工件尺寸控制在允许的公差范围内的使用的量具。量规设计包括选择量规结构形式、确定量规结构尺寸、计算量规工作尺寸以及绘制量规工作图。

1. 量规的设计原则及其结构

设计量规应遵守泰勒原则(极限尺寸判断原则)。但在实际应用中,在能保证被测工件的形状误差不致影响配合性质的前提下,也允许使用偏离泰勒原则的量规。

检验光滑工件的光滑极限量规形式多样,国家标准推荐了量规型式的应用尺寸范围及使用顺序。对于孔、轴的光滑极限量规的结构、通用尺寸、适用范围、使用顺序,GB/T 10920—2008《螺纹量规和光滑极限量规 型式与尺寸》都作了详细的规定和阐述,具体选择时可参考相关资料。选用量规结构型式时,同时必须考虑到工件结构、大小、产量及检验效率等。

2. 量规的技术要求

量规测量面可用合金工具钢(如 CrMn、CrMnW、CrMoV),碳素工具钢(如 T10A、T12A),渗碳钢(如 15 钢、20 钢)及其他耐磨材料(如硬质合金)等制造。手柄一般用 Q235、LY11 铝等制造。测量面的硬度应为 58～65HRC,并应经过稳定性处理。

国家标准规定了 IT6～IT12 工件的量规公差。量规的形状公差应在量规的尺寸公差带内,形状公差为尺寸公差的 50%,但尺寸公差小于或等于 0.002 mm 时,由于制造和测量都比较困难,形状公差都规定为 0.001 mm。

量规测量面的粗糙度,主要是从量规使用寿命、工件表面粗糙度及量规制造的工艺水平方面来考虑的。一般量规工作面的粗糙度应比被测工件的表面粗糙度要求严格些,量规测量面粗糙度要求可参见表 6-3 选用。

3. 量规工作尺寸的计算

量规工作尺寸的计算通常按以下四个步骤进行。

① 根据零件图上标注的被测孔或轴的公差带代号查出孔或轴的上、下偏差,并计算出最大、最小实体尺寸,它们分别是通规、止规及校对量规的工作部分的定形尺寸。

② 由表 6-2 查出量规定形尺寸公差 T_1 和通规定形尺寸公差带中心到被测工件的最大实体尺寸之间的距离 Z_1,按 T_1 确定量规的形状公差和校对量规的制造公差。

③ 按照图 6-1 和图 6-2 所示的形式绘制量规定形尺寸公差带示意图,确定量规的上、下偏差,并计算量规工作部分的极限尺寸及磨损极限尺寸。

④ 按量规的常用形式绘制并标注量规图样。

【例 6-1】 试计算 $\phi30H8/f7$ 孔与轴用的工作量规及其校对量规的极限尺寸。

解 (1)根据 GB/T 1800.1—2009 查出孔与轴的上、下偏差。

$$ES = +33 \ \mu m, \quad EI = 0$$

$$es = -20 \ \mu m, \quad ei = -41 \ \mu m$$

(2)选择量规的结构形式分别为锥柄双头圆柱塞规和单头双极限圆形片状卡规。

(3)查表 6-2,量规的定形尺寸公差 T_1 和 Z_1 值,并确定量规的形状公差和校对量规的制造公差。

塞规:定形尺寸公差 $T_1 = 3.4 \ \mu m$;$Z_1 = 5 \ \mu m$;形状公差 $T_1/2 = 1.7 \ \mu m$。

卡规:定形尺寸公差 $T_1 = 2.4 \ \mu m$;$Z_1 = 3.4 \ \mu m$;形状公差 $T_1/2 = 1.2 \ \mu m$。

校对量规制造公差:$T_p = 1.2 \ \mu m$。

(4) 计算量规的极限偏差及工作部分的极限尺寸。

① $\phi 30H8$ 孔用塞规

通规(T):上偏差 $= EI + Z_1 + T_1/2 = +6.7 \ \mu m$;

　　　　　下偏差 $= EI + Z_1 - T_1/2 = +3.3 \ \mu m$;

　　　　　磨损极限 $= EI = 0$。

故塞规的通端尺寸为 $\phi 30^{+0.0067}_{+0.0033}$ mm,磨损极限尺寸为 $\phi 30$ mm。

止规(Z):上偏差 $= ES = +33 \ \mu m$;

　　　　　下偏差 $= ES - T_1 = +29.6 \ \mu m$。

故塞规的止端尺寸 $\phi 30^{+0.033}_{+0.0296}$ mm。

② $\phi 30f7$ 轴用卡规

通规(T):上偏差 $= es - Z_1 + T_1/2 = -22.2 \ \mu m$;

　　　　　下偏差 $= es - Z_1 - T_1/2 = -24.6 \ \mu m$;

　　　　　磨损极限 $= es = -20 \ \mu m$。

故卡规的通端尺寸为 $\phi 30^{-0.0222}_{-0.0246}$ mm,磨损极限尺寸为 $\phi 29.980$ mm。

止规(Z):上偏差 $= ei + T_1 = -38.6 \ \mu m$;

　　　　　下偏差 $= ei = -41 \ \mu m$。

故卡规的止端尺寸为 $\phi 30^{-0.0386}_{-0.041}$ mm。

③ 轴用卡规的校对量规

"校通—通"量规(TT):

　　　　上偏差 $= es - Z_1 - T_1/2 + T_p = -23.4 \ \mu m$;

　　　　下偏差 $= es - Z_1 - T_1/2 = -24.6 \ \mu m$。

故"校通—通"量规工作部分的极限尺寸为 $\phi 30^{-0.0234}_{-0.0246}$ mm。

"校止—通"量规(ZT):

　　　　上偏差 $= ei + T_p = -39.8 \ \mu m$;

　　　　下偏差 $= ei = -41 \ \mu m$。

故"校止—通"量规工作部分的极限尺寸为 $\phi 30^{-0.0398}_{-0.041}$ mm。

"校通—损"量规(TS):

　　　　上偏差 $= es = -20 \ \mu m$;

　　　　下偏差 $= es - T_p = -21.2 \ \mu m$。

故"校通—损"量规工作部分的极限尺寸为 $\phi 30^{-0.02}_{-0.0212}$ mm。

(5) 绘制 $\phi 30H8/f7$ 孔与轴量规公差示意图,如图 6-6 所示。

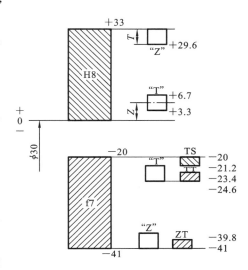

图 6-6　量规公差带示意图

（6）绘制并标注量规图样，如图 6-7 所示。

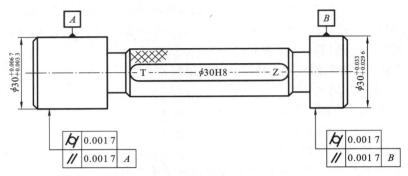

（a）塞规简图

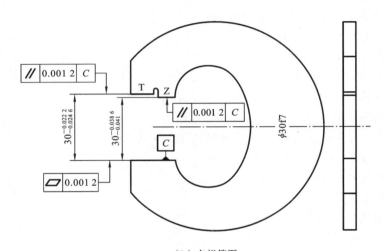

（b）卡规简图

图 6-7 $\phi30H8/f7$ 工作量规工作图

习 题

6-1 量规的通规和止规按工件的哪个实体尺寸制造？各控制工件的什么尺寸？

6-2 用量规检验工件时，为什么总是成对使用？被测工件合格的标志是什么？

6-3 孔、轴用工作量规公差带的布置有何特点？

6-4 试计算 $\phi35H8$ 孔的工作量规的工作尺寸，并画出量规的公差带图。

6-5 试计算 $\phi45f7$ 轴的工作量规及其校对量规的工作尺寸，并画出量规的公差带图。

第7章　尺寸链基础

尺寸链是机器装配或零件加工过程中,由相互连接的尺寸形成的封闭尺寸组。通过尺寸链计算可以确定零件加工的工序尺寸和公差,以及确定零件的结构尺寸及公差,从而保证零件加工质量或产品的装配精度要求。本章着重介绍尺寸链定义、类型及建立方法,以及极值法和概率法两类基本的尺寸链计算方法。

本章内容涉及的标准有 GB/T 5847—2004《尺寸链 计算方法》。

7.1　概述

7.1.1　尺寸链的定义、组成

1. 尺寸链的定义

在机器装配或零件加工过程中,由相互连接的尺寸形成的封闭尺寸组,称为尺寸链。尺寸链具有封闭性和关联性特征。产品总体设计中,与某项装配精度指标相关的尺寸链称为装配尺寸链(见图 7-1(a));零件结构设计时,同一零件的设计尺寸形成的尺寸链,称为零件尺寸链(见图 7-1(b));零件加工中,该零件的工艺尺寸形成的尺寸链,称为工艺尺寸链(见图 7-1(c))。工艺尺寸链和装配尺寸链是最常见的尺寸链类型。

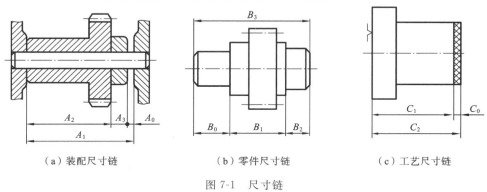

（a）装配尺寸链　　　　　（b）零件尺寸链　　　　　（c）工艺尺寸链

图 7-1　尺寸链

2. 尺寸链的组成

尺寸链中的每一个尺寸称为环,其中加工或装配过程中最终形成的环称为封闭环,如图 7-1 中的 A_0、B_0 和 C_0,尺寸链的其余各环称为组成环。封闭环加下角标 0,组成环加下角标阿拉伯数字。组成环分两类,一类叫增环,另一类叫减环。增环是本身的变动引起封闭环同向变动,即该环增大(其余组成环不变)时封闭环增大;反之,该环减小时封闭环也减小,如图 7-1(a)中的 A_1。减环是本身的变化引起封闭环反向变动,即该环增大时封闭环减小或该环减小时封闭环增大,如图 7-1(a)中的 A_2 和 A_3。

7.1.2 尺寸链的类型

1. 按应用场合分

尺寸链按应用场合分可以分为装配尺寸链、零件尺寸链及工艺尺寸链。装配尺寸链和零件尺寸链在产品设计过程中使用,工艺尺寸链在零件的制造过程中使用。

2. 按尺寸链所在空间位置分

(1) 直线尺寸链　尺寸链各环位于同一平面,且相互平行或共线(见图7-1)。

(2) 平面尺寸链　尺寸链各环位于同一平面或几个平行平面内,但其中有一个或几个环不平行(见图7-2)。

(3) 空间尺寸链　尺寸链各环位于几个不平行的平面内(见图7-3)。

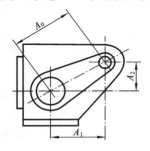

图 7-2　平面尺寸链

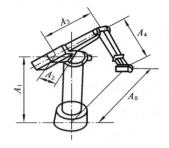

图 7-3　空间尺寸链

3. 按尺寸环几何特征分

(1) 长度尺寸链　尺寸链各环均为长度尺寸(见图7-1至图7-3),用大写拉丁字母 A、B、C 等表示。

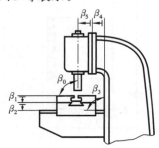

图 7-4　角度尺寸链

(2) 角度尺寸链　尺寸链各环为角度尺寸(见图7-4),用小写希腊字母 α、β、γ 等表示。

尺寸链中最基本的形式是简单的长度直线尺寸链,平面尺寸链和空间尺寸链可以用投影的方法分解为直线尺寸链来进行计算。角度尺寸链常用于分析和计算机械结构中有关零件要素的位置精度,如平行度、垂直度和同轴度等,在图7-4所示的立式铣床中,β_1、β_2、β_4 及 β_5 由平行度要求转化而来,β_0 和 β_3 由垂直度要求转化而来。角度尺寸链与直线尺寸链的计算方法和公式相同。

7.1.3 尺寸链的建立及判别

正确建立尺寸链并判别各环性质是利用尺寸链进行精度设计或确定工序尺寸的关键。

1. 确定封闭环

正确确定封闭环是建立尺寸链的第一步。封闭环是尺寸链中最后形成的,并随其他环的尺寸变化而变化。在一个尺寸链中有且仅有一个封闭环。装配尺寸链的封闭环是装配之后形成的,往往是产品的某项装配精度指标。如卧式车床装配后主轴轴线与尾座轴线的高度差,图7-4中的立铣床主轴对工作台的垂直度,以及传动轴之间的平行度等。

工艺尺寸链的封闭环是在加工中最后自然形成的环,是间接获得的尺寸,一般为被加工零件的设计尺寸或余量尺寸。封闭环的确定与加工顺序密切相关。

2. 建立尺寸链

组成环是对封闭环有直接影响的那些尺寸,尺寸链建立应符合最短原则(即组成环数量最少)。装配尺寸链的组成环是不同零件的结构尺寸或几何公差,工艺尺寸链的组成环是工序尺寸或加工余量。

组成环查找可以从封闭环的任意一端开始,将相互连接的各个尺寸依次找到,直到最后一个尺寸与封闭环的另一端连接为止,这样就构成一个封闭的尺寸链。

在建立尺寸链时,几何公差也可以是尺寸链的组成环。对于同轴度、对称度和位置度等,可以表示成 $0^{+t/2}_{-t/2}$ 尺寸形式,其他几何公差,表示成 0^{+t}_{0} 形式(t 为几何公差值)。

对称形状的零件尺寸取半。画尺寸链图时,以轴线为界,从圆心开始,取半径构成尺寸链。

3. 判别组成环性质

增、减环的判断对分析、计算尺寸链十分重要。环数较少时,可以根据定义判别;环数较多时通常先给封闭环任定一个方向画上箭头,然后沿此方向环绕尺寸链依次给每一个组成环画出箭头,凡是组成环箭头方向与封闭环箭头相同的为减环,相反的为增环。如图7-5所示,A_5、A_1、A_3 为减环,其余为增环。

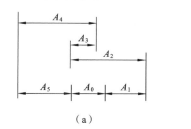

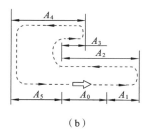

(a)　　　　　　　　　　　　　(b)

图 7-5　尺寸链增减环判别示例

4. 组成环的传递系数

表示组成环对封闭环影响程度的系数称为传递系数,用 ξ 表示。如果封闭环 L_0 与组成环的函数关系为 $L_0 = f(L_1, L_2, \cdots, L_m)$,则组成环 L_i 对应的传递系数 $\xi_i = \partial f / \partial L_i$。直线尺寸链增环的传递系数为+1,减环为-1。

7.2　尺寸链计算方法

计算尺寸链的目的,在于准确地确定有关尺寸的公差和极限偏差,从而以经济的方案设计零件加工精度,保证零件互换性,满足产品设计要求。尺寸链计算分正计算、反计算和中间计算三种类型。已知组成环求封闭环的计算方式称为正计算,主要用于设计图纸审核及工序尺寸验算;已知封闭环求组成环称为反计算,主要用于将封闭环公差合理分配给各组成环,在装配尺寸链计算中较为常见;已知封闭环及部分组成环,求其余的一个或几个组成环,称为中间计算,主要用于工艺尺寸链的计算。

7.2.1 极值法

极值法又称完全互换法,是在尺寸链各环处于极限尺寸状态下求解封闭环尺寸与组成环尺寸之间的关系。因此,只要尺寸链的各组成环合格,就能确保封闭环精度要求。此方法简便、可靠,通常情况下应优先选用。但当封闭环公差小、组成环数较多时,会使组成环的公差过于严格。

1. 基本公式

设尺寸链组成环数为 n,其中增环为 m 个,减环为 $n-m$ 个,增环用下角标 z 表示,减环用下角标 j 表示。对于直线尺寸链,传递系数 ξ,增环取 $+1$,减环取 -1,计算公式如下。

(1) 封闭环的基本尺寸

$$A_0 = \sum_{i=1}^{n} \xi_i A_i = \sum_{z=1}^{m} A_z - \sum_{j=m+1}^{n} A_j \tag{7-1}$$

(2) 封闭环的极限尺寸

$$A_{0\max} = \sum_{z=1}^{m} A_{z\max} - \sum_{j=m+1}^{n} A_{j\min} \tag{7-2}$$

$$A_{0\min} = \sum_{z=1}^{m} A_{z\min} - \sum_{j=m+1}^{n} A_{j\max} \tag{7-3}$$

(3) 封闭环的极限偏差

$$ES_0 = \sum_{z=1}^{m} ES_z - \sum_{j=m+1}^{n} EI_j \tag{7-4}$$

$$EI_0 = \sum_{z=1}^{m} EI_z - \sum_{j=m+1}^{n} ES_j \tag{7-5}$$

(4) 封闭环的公差

$$T_0 = \sum_{i=1}^{n} | \xi_i | T_i = \sum_{i=1}^{n} T_i \tag{7-6}$$

2. 正计算

正计算即公差控制计算或校核计算。零件尺寸(组成环)往往按经济加工精度设计,再进行验算,如果不符合要求,根据具体情况(加工的难易等)作些调整。

【例 7-1】 如图 7-1(a)所示为减速机中的某轴,轴上零件的尺寸为 $A_1 = 40$ mm,$A_2 = 35$ mm,$A_3 = 5$ mm。要求装配后的轴向间隙为 0.10~0.18 mm,如果按精度 IT8 及"入体原则"设计,能否满足轴向间隙要求。

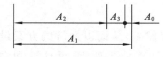

图 7-6 尺寸链图

解 (1) 绘制尺寸链图,确定增环和减环。根据尺寸关系,绘制图 7-6 所示尺寸链图。由图可知封闭环 A_0 为轴向间隙,增环 A_1 为箱体内壁间距,减环 A_2 为齿轮轴向长度,减环 A_3 为轴向套筒的长度。

按照零件设计精度及"入体原则",即被包容表面尺寸(轴)取上偏差为零,包容表面(孔)尺寸下偏差取零,可以确定 $A_1 = 40^{+0.039}_{0}$,$A_2 = 35^{0}_{-0.039}$,$A_3 = 5^{0}_{-0.018}$。设计的封闭环尺寸

$A_0 = 0^{+0.18}_{+0.10}$。

（2）确定传递系数。对于直线尺寸链,增环的传递系数为 $+1$,减环为 -1（直线尺寸链此步骤可省）。

（3）校核封闭环。封闭环的校核应在基本尺寸相同（装配尺寸链中一般为 0）的情况下,公差值及上下偏差不能超出规定值。

$$A_0^* = \sum_{z=1}^{m} A_z - \sum_{j=m+1}^{n} A_j = A_1 - A_2 - A_3 = (40 - 35 - 5)\,\text{mm} = 0 = A_0$$

$$T_0^* = \sum_{i=1}^{n} T_i = T_1 + T_2 + T_3 = (0.039 + 0.039 + 0.018)\,\text{mm} = 0.096\,\text{mm}$$

显然, $T_0^* = 0.096 > T_0 = 0.080$,超差 0.016 mm,不能满足装配间隙要求。需要对组成环进行调整。

（4）调整组成环的公差及极限偏差。组成环公差的调整主要依据加工的难易程度,极限偏差的调整通过协调环实现,标准件不调整,基孔制的孔采用定尺寸刀具（如铰刀）加工时,不调整。本例中 A_2 和 A_3 容易加工,适当缩小公差值,调整后取公差值 $T_1 = 0.039$ mm, $T_2 = 0.025$ mm, $T_3 = 0.016$ mm。选取 A_3 为协调环,按"入体原则"确定其余组成环的极限偏差为 $A_1 = 40^{+0.039}_{0}$, $A_2 = 35^{0}_{-0.025}$, A_3 的极限偏差按式（7-4）和式（7-5）计算。即

$$\text{ES}_0 = \text{ES}_1 - (\text{EI}_2 + \text{EI}_3); \quad \text{EI}_0 = \text{EI}_1 - (\text{ES}_2 + \text{ES}_3)$$

$$\text{ES}_3 = \text{EI}_1 - \text{ES}_2 - \text{EI}_0 = (0 - 0 - 0.10)\,\text{mm} = -0.10\,\text{mm}$$

$$\text{EI}_3 = \text{ES}_1 - \text{EI}_2 - \text{ES}_0 = [0.039 - (-0.025) - 0.18]\,\text{mm} = -0.116\,\text{mm}$$

所以
$$A_3 = 5^{-0.10}_{-0.116}\,\text{mm}$$

3. 反计算

反计算即公差分配计算或设计计算。封闭环公差的分配主要有以下几种方式。

1）等公差法

将封闭环的公差平均分配给各组成环

$$T_i = T_{\text{av}} = T_0/n \tag{7-7}$$

等公差法计算简便,当各组成环基本尺寸相近,加工方法相同时,应优先采用;当组成环差异较大时,不能简单套用。

2）等精度法

按照等精度原则来分配封闭环尺寸。即认为各组成环的公差具有相同的公差等级,按此计算出公差等级系数,再确定各组成环公差。

由第 2 章可知标准公差 $T = ai$,尺寸 $\leqslant 500$ mm 的国家标准公差因子 i 见表 7-1。由于各组成环公差等级相同,设公差等级系数为 a,则

$$a_1 = a_2 = \cdots = a_n = a \tag{7-8}$$

$$T_0 = T_1 + T_2 + \cdots + T_n = ai_1 + ai_2 + \cdots + ai_n = a\sum_{k=1}^{n} i_k \tag{7-9}$$

$$a = T_0 \Big/ \sum_{k=1}^{n} i_k \tag{7-10}$$

表 7-1　公差因子 i 数值

尺寸段/mm	≤3	>3 ~6	>6 ~10	>10 ~18	>18 ~30	>30 ~50	>50 ~80	>80 ~120	>120 ~180	>180 ~250	>250 ~315	>315 ~400	>400 ~500
$i/\mu m$	0.54	0.73	0.9	1.08	1.31	1.56	1.86	2.17	2.52	2.90	3.23	3.54	3.89

通过计算得到的 a 值,对照表 7-2 公差等级系数 a 值,确定组成环公差等级,再由标准公差数值表查出相应各组成环的公差 T_i,同时需满足各组成环公差之和不大于封闭环公差的要求。

等精度法工艺上比较合理,当各组成环加工方法相同,而基本尺寸相差较大时,应考虑采用。

表 7-2　公差等级系数 a 值

公差等级	IT5	IT6	IT7	IT8	IT9	IT10	IT11	IT12	IT13	IT14	IT15
系数 a	7	10	16	25	40	64	100	160	250	400	640

3)综合法

在工程实际中,组成环尺寸往往相差较大,加工方法也常常不同。因此单一采用等公差或等精度的方法就显得不尽合理。综合法以等公差为基础,先算出平均公差 T_{av},并根据各组成环尺寸大小和加工的难易程度,对各组成环的公差进行适当的调整。调整时可参照下列原则。

(1)标准件尺寸(如轴承或弹性挡圈厚度等)不调整。

(2)组成环是几个尺寸链的公共环时,其公差值及其分布由其中要求最严格的尺寸链先行确定,对其余尺寸链则应成为确定值。

(3)尺寸相近、加工方法相同的组成环,其公差值相等;尺寸相差较大、加工方法相同的组成环,其公差值参考等精度确定。

(4)难加工或难测量的组成环,其公差可取较大数值;容易加工或测量的组成环,其公差取较小数值。

(5)为便于加工,公差值尽量选择标准公差值,孔一般采用基孔制。

在确定各组成环极限偏差时,一般按"入体原则"标注,入体方向不明的长度尺寸,其极限偏差按"对称偏差"标注。

显然,组成环按上述原则确定公差及其极限偏差时,必须选择其中一环作为协调环,按极值法相关公式确定其公差和分布,以保证封闭环极限偏差要求。标准件或公共环自然不能作为协调环,协调环的制造难度应与其他组成环加工的难度基本相当。

【例 7-2】　如图 7-7 所示齿轮与轴组件装配,齿轮空套在轴上,要求齿轮与挡圈的轴向间隙为 0.1~0.35 mm。已知各相关零件的基本尺寸为:$A_1=30$ mm,$A_2=5$ mm,$A_3=43$ mm,$A_4=3_{-0.05}^{0}$ mm(标准件),$A_5=5$ mm。试用极值法确定各组成环的公差及偏差。

解　(1)画装配尺寸链图如图 7-7(b)所示,校验各环基本尺寸。

依题意,轴向间隙为 0.1~0.35 mm,则封闭环 $A_0=0_{+0.10}^{+0.35}$ mm,封闭环公差 $T_0=0.25$ mm。A_3 为增环,A_1、A_2、A_4、A_5 为减环。

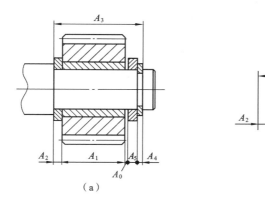

图 7-7 齿轮与轴组件装配

$$A_0 = \sum_i^n \xi_i A_i = A_3 - (A_1 + A_2 + A_4 + A_5) = [43 - (30 + 5 + 3 + 5)] \text{ mm} = 0 \text{ mm}$$

（2）确定各组成环公差及偏差。

① 按综合法计算。

a. 公差值确定。

$$T_{av} = T_0/n = (0.25/5) \text{ mm} = 0.05 \text{ mm}$$

以平均公差为基础,根据各组成环的尺寸、零件加工难易程度,确定各组成环公差。A_4 为标准件,$A_4 = 3_{-0.05}^{0}$ mm,$T_4 = 0.05$ mm ,A_2、A_5 的结构、形状、尺寸及功能相同,按相同零件处理更为合理。$A_2(A_5)$ 为一垫片,易于加工测量,故选 A_2 为协调环。其余组成环公差为:$T_1 = 0.06$ mm,$T_3 = 0.07$ mm,公差等级为 IT9。则

$$T_2 = T_5 = [T_0 - (T_1 + T_3 + T_4)]/2 = [0.25 - (0.06 + 0.07 + 0.05)]/2 \text{ mm}$$
$$= 0.035 \text{ mm (IT9)}$$

b. 极限偏差确定。

标准件不变,其余除协调环外各组成环按"入体原则"标注为

$$A_1 = 30_{-0.06}^{0} \text{ mm}, \quad A_3 = 43_{0}^{+0.07} \text{ mm}$$

由式(7-5)计算协调环的偏差

$$\text{EI}_2 = \text{EI}_5 = [\text{ES}_3 - \text{ES}_0 - (\text{EI}_1 + \text{EI}_4)]/2 = [0.07 - 0.35 - (-0.06 - 0.05)]/2 \text{ mm}$$
$$= -0.085 \text{ mm}$$
$$\text{ES}_2 = \text{ES}_5 = \text{EI}_5 + T_5 = (-0.085 + 0.035) \text{ mm} = -0.050 \text{ mm}$$

所以协调环 $A_2 = A_5 = 5_{-0.085}^{-0.050}$ mm。

② 按等精度法计算。

a. 公差值确定。

由表 7-1 可知,公差因子 $i_1 = 1.31$,$i_2 = i_5 = 0.73$,$i_3 = 1.56$,$i_4 = 0.54$。由式(7-10),有

$$a = \frac{T_0}{\sum_{k=1}^{5} i_k} = \frac{250}{1.31 + 2 \times 0.73 + 1.56 + 0.54} = 51.3$$

查表 7-2 知,51.3 介于 IT9 与 IT10 之间,可以按 IT9 确定公差值。

$$T_1 = T_3 = 0.06 \text{ mm}, \quad T_2 = T_5 = 0.04 \text{ mm}, \quad T_4 = 0.05 \text{ mm}$$

b. 极限偏差确定。

取 $A_5(A_2)$ 为协调环,除标准件外,其余组成环按"入体原则"标注为

$$A_1 = 30_{-0.06}^{0} \text{ mm}, \quad A_3 = 43_{0}^{+0.06} \text{ mm}$$

由式(7-5)计算协调环的下偏差

$$\text{EI}_2 = \text{EI}_5 = [\text{ES}_3 - \text{ES}_0 - (\text{EI}_1 + \text{EI}_4)]/2 = [0.06 - 0.35 - (-0.06 - 0.05)]/2 \text{ mm}$$
$$= -0.09 \text{ mm}$$
$$\text{ES}_2 = \text{ES}_5 = \text{EI}_5 + T_5 = (-0.09 + 0.04) \text{ mm} = -0.05 \text{ mm}$$

所以协调环 $A_2 = A_5 = 5_{-0.09}^{-0.05}$ mm。

4. 中间计算

中间计算主要用于加工时的工序尺寸的计算,封闭环一般为间接保证的尺寸。

【例 7-3】 图 7-8(a)所示为一带键槽的内孔需淬火及磨削。内孔及键槽的加工顺序是:

(1) 镗内孔至 $\phi 39.6_{0}^{+0.1}$ mm;

(2) 插键槽至尺寸 A;

(3) 热处理:淬火;

(4) 磨内孔至 $\phi 40_{0}^{+0.05}$ mm,间接保证键槽深度 $43.6_{0}^{+0.34}$ mm。

试确定工序尺寸 A 及其公差(不考虑热处理引起的内孔变形误差)。

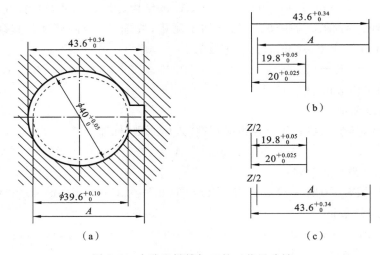

图 7-8 内孔和键槽加工的工艺尺寸链

解 根据尺寸关系,可以建立整体尺寸链如图 7-8(b)所示,其中 $43.6_{0}^{+0.34}$ mm 是封闭环。A 和 $20_{0}^{+0.025}$ mm(内孔半径)为增环,$19.8_{0}^{+0.05}$ mm(镗孔 $\phi 39.6_{0}^{+0.10}$ mm 的半径)为减环,则

$$A = (43.6 + 19.8 - 20) \text{ mm} = 43.4 \text{ mm}$$
$$\text{ES} = (0.34 - 0.025 - 0) \text{ mm} = 0.315 \text{ mm}$$
$$\text{EI} = (0 + 0.05 - 0) \text{ mm} = 0.05 \text{ mm}$$

所以 $A = 43.4^{+0.315}_{+0.05}$ mm $= 43.45^{+0.265}_{0}$ mm。

为便于分析加工余量与工序尺寸间的关系,图 7-8(b)尺寸链可拆成两个尺寸链,见图 7-8(c)。半径磨削余量 $Z/2$ 为公共环,该环在图 7-8(c)的上尺寸链中,属间接形成,为封闭环,而在图 7-8(c)的下尺寸链中则为组成环。

7.2.2　概率法

概率法又称大数互换法。概率法解尺寸链是运用概率论原理来求解封闭环尺寸与组成环尺寸之间的关系。此法允许组成环相对于极值法时的公差大一些,易于加工,但会出现极少数不满足封闭环精度要求的情况。此方法用于环数较多,以及大批大量自动化生产中。

1. 基本公式

设尺寸链组成环数为 n,其中增环为 m 个,减环为 $n-m$ 个,增环下角标 z,减环下角标 j。机械制造中尺寸分布大多为正态分布。对于正态分布直线尺寸链,可用下述方法求解(非正态分布可参考相关手册计算)。

(1) 将工艺尺寸链中各环的基本尺寸改用平均尺寸表示

$$A_{iM} = \frac{A_{imax} + A_{imin}}{2} = A_i + \frac{ES_i + EI_i}{2} \tag{7-11}$$

$$A_{0M} = \frac{A_{0max} + A_{0min}}{2} = A_0 + \frac{ES_0 + EI_0}{2} = \sum_{z=1}^{m} A_z - \sum_{j=m+1}^{n} A_j \tag{7-12}$$

(2) 封闭环的公差为

$$T_0 = \sqrt{\sum_{i=1}^{n} T_i^2} \tag{7-13}$$

(3) 对称公差形式的各环尺寸为

$$A_0 = A_{0M} \pm \frac{T_0}{2} \tag{7-14}$$

$$A_i = A_{iM} \pm \frac{T_i}{2} \tag{7-15}$$

2. 正计算

【例 7-4】 以例 7-1 中的尺寸链为例,尺寸链图及增、减环确定与例 7-1 相同。$A_1 = 40^{+0.039}_{0}$,$A_2 = 35^{0}_{-0.039}$,$A_3 = 5^{0}_{-0.018}$,轴向间隙为 0.10～0.18 mm。尺寸链组成环均为正态分布。

(1) 计算平均尺寸。

$$A_{1M} = \left[40 + \frac{1}{2} \times (0.039 + 0) \right] \text{mm} = 40.019\ 5\ \text{mm}$$

$$A_{2M} = \left[35 + \frac{1}{2} \times (0 - 0.039) \right] \text{mm} = 34.980\ 5\ \text{mm}$$

$$A_{3M} = \left[5 + \frac{1}{2} \times (0 - 0.018) \right] \text{mm} = 4.991\ \text{mm}$$

$$A_{0M}^* = A_{1M} - A_{2M} - A_{3M} = (40.0195 - 34.9805 - 4.991)\ \text{mm} = 0.048\ \text{mm}$$

$$A_{0M} = \frac{1}{2} \times (0.10 + 0.18) \text{ mm} = 0.14 \text{ mm}$$

$$A_{0M}^* - A_{0M} = (0.048 - 0.14) \text{ mm} = -0.092 \text{ mm}$$

(2) 计算封闭环的公差。

$$T_0^* = \sqrt{\sum_{i=1}^{n} T_i^2} = \sqrt{0.039^2 + 0.039^2 + 0.018^2} \text{ mm} = 0.058 \text{ mm} < T_0 = 0.080 \text{ mm}$$

(3) 计算封闭环尺寸。

$$T_0^* = (0.048 \pm 0.029) \text{ mm} \quad 即 \quad (+0.019 \sim +0.077) \text{ mm}$$

不符合题目要求的 0.10~0.18 mm 间隙。

虽然计算所得的公差值远小于规定值,但仍不能满足要求。原因在于 A_{0M}^* 与 A_{0M} 不重合。改进方法:由 $A_{0M}^* - A_{0M}$ 为负值可知,需增加 A_{0M}^*,即可以减少减环尺寸或增加增环尺寸。为方便起见,减少 A_3 尺寸 0.1 mm 即可满足要求。

对比例 7-1 和例 7-4 可知:在相同封闭环要求的情况下,概率法允许的组成环公差要比极值法大许多,相应零件的加工精度要求低,更易于加工。

3. 反计算

【例 7-5】 以例 7-2 的尺寸链为例,改用概率法计算。

解 (1) 画装配尺寸链图,校验各环基本尺寸与例 7-2 相同。

(2) 确定各组成环公差。

假定该产品大批量生产,工艺稳定,则各组成环尺寸正态分布,各组成环平均统计公差为

$$T_{av} = \frac{T_0}{\sqrt{n}} = \frac{0.25}{\sqrt{5}} \text{ mm} \approx 0.11 \text{ mm}$$

A_3 为包容(孔槽)尺寸,较其他零件难加工。现选 A_3 为协调环,则应以平均统计公差为基础,参考各零件尺寸和加工难度,从严选取各组成环公差。

取 $T_1 = 0.14$ mm,$T_2 = T_5 = 0.06$ mm,其公差等级为 IT11。$A_4 = 3_{-0.05}^{0}$ mm(标准件),$T_4 = 0.05$ mm,则

$$T_3 = \sqrt{T_0^2 - (T_1^2 + T_2^2 + T_4^2 + T_5^2)}$$

$$= \sqrt{0.25^2 - (0.14^2 + 0.08^2 + 0.05^2 + 0.08^2)} \text{ mm} = 0.16 \text{ mm}(只舍不进)$$

(3) 确定组成环的偏差。

除协调环外各组成环按"入体原则"标注为

$$A_1 = 30_{-0.14}^{0} \text{ mm}, \quad A_2 = 5_{-0.08}^{0} \text{ mm}, \quad A_5 = 5_{-0.08}^{0} \text{ mm}$$

由式(7-12)得

$$A_{3M} = A_{0M} + (A_{1M} + A_{2M} + A_{4M} + A_{5M})$$

$$= [0.225 + (30 - 0.07) + (5 - 0.04) + (3 - 0.025) + (5 - 0.04)] \text{ mm} = 43.05 \text{ mm}$$

所以

$$A_3 = 43.05 \pm 0.08 \text{ mm} = 43_{-0.03}^{+0.13} \text{ mm}$$

4. 中间计算

中间计算方法与正、反计算类似,同样利用式(7-11)至式(7-15),先求各环平均尺寸,再求公差值,最后用平均尺寸和对称分布公差的组合形式表示。中间计算在工艺尺寸链计

算中应用较少,在此不再细述。

7.2.3　其他装配尺寸链计算方法

为了保证装配精度,应优先采用极值法和概率法对应的完全互换装配法和大数互换装配法,以避免装配过程中的修配作业,从而保证装配效率及质量。但在某些情况下,为获得更高的装配精度,同时生产条件又不允许提高组成环的制造精度,则需要采用分组装配、修配装配和调整装配等方法实现。

1. 分组装配法

分组装配是把组成环的公差同向放大数倍,使其尺寸能够按经济加工精度进行生产,然后按完工后零件实际尺寸分成若干组(组数等于放大倍数),装配时根据大配大、小配小原则,对应组进行装配,组内零件可以互换。

采用分组装配时,配合件的公差值应相等,配合件的尺寸分布基本相同,组数不宜过多。

分组装配适合于大批量生产中,零件数少、装配精度很高,又不便采用调整装置的情况下使用。

2. 修配装配法

采用修配装配法装配时,各组成环公差按经济加工精度确定,通过修配预先选取的某一组成环(修配环),来补偿其他组成环的累积误差以保证装配精度。修配环应选取拆卸方便、易于修配的零件。公共环不能作为修配环。

修配环修配时会出现越修封闭环越大,或越修封闭环尺寸越小的情况,为保证配合质量,应确保最小的修配量。一般取最小修磨量 0.05～0.10 mm,最小刮研量 0.10～0.20 mm。

修配装配法适用于批量不大、环数较多、精度要求高的尺寸链。

3. 调整装配法

采用调整装配法装配时,各组成环公差按经济加工精度的要求确定,通过调整的方法改变补偿环的实际尺寸或相对位置,补偿由于各组成环公差扩大后所产生的累积误差,以达到装配精度要求的目的。

常见的调整方法有固定调整法和可动调整法。可动调整法通过调整可动补偿环的位置以达到封闭环精度要求,特别适合于批量小、环数多、精度要求较高的场合;固定调整法按尺寸大小将补偿环分成若干组,装配时从合适的尺寸组中选取一补偿环,装配后满足装配精度要求,适合批量大、环数多、精度要求高的场合。

习　　题

7-1　什么是尺寸链? 通常有哪几种分类?

7-2　如何确定尺寸链中的封闭环? 怎样区分增环与减环?

7-3　比较极值法与概率法在原理及适用场合方面的区别。

7-4　试述正计算、反计算、中间计算的特点及应用场合。

7-5　如图 7-9 所示的齿轮箱部件,根据使用要求,齿轮轴肩与轴承端面间的轴向间隙应在 1～1.75 mm 范围内。若已知各零件的基本尺寸为 $A_1 = 140$ mm、$A_2 = 5$ mm、

$A_3 = 50$ mm、$A_4 = 101$ mm、$A_5 = 5$ mm,试用极值法和概率法分别确定这些零件尺寸的公差及偏差。

7-6 如图 7-10 所示的工件,成批生产时以端面 B 定位加工面 A,保证尺寸 $10^{+0.20}_{0}$ mm,试标注铣此缺口时的工序尺寸及公差。

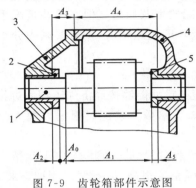

图 7-9 齿轮箱部件示意图

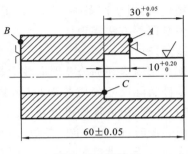

图 7-10 铣缺口

第8章 零件典型表面的公差配合与检测

在生产实际中,某些零部件已经规范化或标准化,只有了解它们有关的公差规定及检测方法,才能合理地加以使用。本章主要介绍滚动轴承的公差与配合;键和花键、螺纹的公差与检测;圆锥的公差与配合。键和花键联结是机械产品中普遍应用的结合方式,它广泛用作轴和轴上传动件(如齿轮、带轮、凸轮、联轴器)之间的可拆卸联结,以传递扭矩,有时也用作轴上传动件的导向。相关标准有 GB/T 1095—2003《平键 键槽的剖面尺寸》、GB/T 1144—2001《矩形花键尺寸、公差和检验》、GB/T 192—2003《普通螺纹 基本牙型》、GB/T 196—2003《普通螺纹 基本尺寸》、GB/T 197—2003《普通螺纹 公差》、GB/T 275—2015《滚动轴承 配合》、GB/T 307.1—2005《滚动轴承 向心轴承 公差》、GB/T 307.3—2005《滚动轴承 通用技术规则》、GB/T 307.4—2012《滚动轴承公差 第 4 部分:推力轴承公差》、GB/T 4604.1—2012《滚动轴承 游隙 第 1 部分:向心轴承的径向游隙》、GB/T 157—2001《产品几何量技术规范(GPS) 圆锥的锥度与锥角系列》、GB/T 11334—2005《产品几何量技术规范(GPS)圆锥公差》、GB/T 12360—2005《产品几何量技术规范(GPS)圆锥配合》、GB/T 15754—1995《技术制图 圆锥的尺寸和公差注法》等。

8.1 螺纹的公差配合与检测

在工业生产中,螺纹结合,尤其是普通螺纹结合得到广泛的应用。按照用途可以分成不同的类型。本节主要讨论普通螺纹的公差和检测。

8.1.1 螺纹的分类与参数

1. 螺纹的分类及使用要求

(1)紧固螺纹 紧固螺纹又称普通螺纹。其牙型为三角形,主要用于紧固和连接零件。其使用要求主要为良好的可旋合性和足够的连接强度。

(2)传动螺纹 传动螺纹通常用于传递动力和位移,如机床的丝杠、测量仪的测微螺纹。牙型主要为梯形、锯齿形、矩形等,其使用要求是传递动力的可靠性、传动比的正确性和稳定性,并要求保证有一定的间隙,可储存润滑油,使传动灵活。

(3)紧密螺纹 紧密螺纹又称密封螺纹,主要用于密封,如连接管道用的螺纹。紧密螺纹多为三角形牙型的圆锥螺纹。其使用要求是结合紧密性,不漏水、气、油;足够的连接强度。

2. 普通螺纹的几何参数

螺纹的基本牙型如图 8-1 中的粗线所示,它是按规定的削平高度,将高度为 H 的原始等边三角形的顶部和底部削去后所形成的内、外螺纹共有的理论牙型。

普通螺纹的几何参数如下。

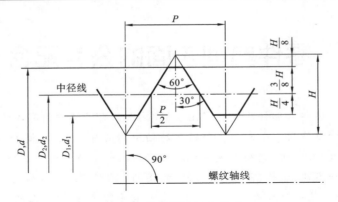

图 8-1 普通螺纹基本牙型

大径(D 或 d):大径是指与外螺纹牙顶或内螺纹牙底相重合的理想圆柱或圆锥的直径。用 D 表示内螺纹的大径,d 表示外螺纹的大径。国家标准规定,普通螺纹的公称直径即是螺纹大径的基本尺寸。

小径(D_1 或 d_1):小径是指与外螺纹牙底或内螺纹牙顶相重合的理想圆柱或圆锥的直径。用 D_1 和 d_1 分别表示内、外螺纹的小径。为了使用方便,外螺纹的大径和内螺纹的小径统称为顶径,外螺纹的小径和内螺纹的大径统称为底径。

中径(D_2 或 d_2):中径是指一个假想圆柱的直径,该圆柱的母线通过牙型上沟槽和凸起宽度相等的地方,如图 8-2 所示。

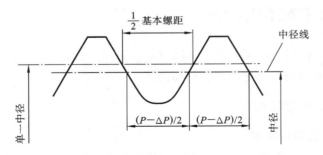

图 8-2 普通螺纹的单一中径

中径的大小决定了螺纹牙侧相对于轴线的径向位置,它的大小直接影响了螺纹的使用。因此,中径是螺纹公差与配合中的主要参数之一。中径的大小不受大径和小径尺寸变化的影响,也不是大径和小径的平均值。

螺距(P)与导程(P_h):螺距 P 是指相邻两牙在中径线上对应两点间的轴向距离。导程 P_h 是指在同一条螺旋线上相邻两牙在中径线上对应两点间的轴向距离。对于单头螺纹,$P_h = P$;对于 n 头螺纹,$P_h = nP$。

螺距 P 应按国家标准规定的系列选用,见表 8-1。普通螺纹的螺距分为粗牙和细牙两种,表中黑体数字为粗牙。

单一中径(D_{2s} 或 d_{2s}):单一中径是一个假想圆柱的直径。该圆柱的母线通过牙型上沟槽宽度等于螺距基本值的一半($P/2$)的地方,如图 8-2 所示。内、外螺纹的单一中径分别用

符号 D_{2s} 和 d_{2s} 表示。单一中径是用三针法测得的螺纹的实际中径来定义的。当螺距没有误差时,中径就是单一中径;螺距有误差时,中径则不等于单一中径。

表 8-1　普通螺纹的基本尺寸　　　　　　　　　　　　　　　　mm

大径 D、d	螺距 P	中径 D_2、d_2	小径 D_1、d_1	大径 D、d	螺距 P	中径 D_2、d_2	小径 D_1、d_1
6	**1**	5.350	4.917	16	**2**	14.701	13.835
	0.75	5.513	5.108		1.5	15.026	14.376
	(0.5)	5.675	5.459		1	15.350	14.917
					(0.75)	15.513	15.188
					(0.5)	15.575	15.459
8	**1.25**	7.188	6.647	20	**2.5**	18.376	17.294
	1	7.350	6.917		2	18.701	17.835
	0.75	7.513	7.188		1.5	19.026	18.376
	0.5	7.675	7.459		1	19.350	18.917
					(0.75)	19.513	19.188
					(0.5)	19.675	19.459
10	**1.5**	9.026	8.376	24	**3**	22.051	20.752
	1.25	9.188	8.647		2	22.701	21.835
	1	9.350	8.917		1.5	23.026	22.376
	0.75	9.513	9.188		1	23.350	22.917
	(0.5)	9.675	9.459		(0.75)	23.513	23.188
12	**1.75**	10.863	10.106	30	**3.5**	27.727	26.211
	1.5	11.026	10.376		(3)	28.051	26.752
	1.25	11.188	10.647		2	28.701	27.835
	1	11.350	10.917		1.5	29.026	28.376
	(0.75)	11.513	11.188		1	29.350	28.917
	(0.5)	11.675	11.675		(0.75)	29.513	29.188

牙型角 (α) 和牙型半角 ($\alpha/2$):牙型角是指螺纹牙型上,相邻的两牙侧间的夹角。牙型半角为牙型角的一半。普通螺纹的牙型角为 60°,牙型半角为 30°。

牙侧角 (α_1、α_2):牙侧角(见图 8-3)是指螺纹牙型上,某一牙侧与螺纹轴线的垂线之间的夹角。α_1 表示左牙侧角,α_2 表示右牙侧角,普通螺纹的左、右牙侧角均为 30°。实际螺纹的牙型角正确,而牙侧角则不一定正确。

螺纹旋合长度:螺纹旋合长度是指两个相互配合的螺纹沿螺纹轴线方向相互旋合部分的长度。

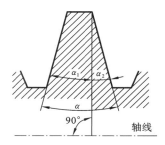

图 8-3　普通螺纹牙侧角

3. 普通螺纹几何参数对互换性的影响

要实现普通螺纹的互换性,必须保证良好的旋合性和足够的连接强度。影响螺纹互换性的几何参数主要有:螺纹大径、中径、小径、螺距和牙侧角。螺纹的大径和小径处一般有间隙,不会影响螺纹的配合性质,而内、外螺纹连接是依靠旋合后的牙侧面接触的均匀性来实现的。因此影响螺纹互换性的主要因素是中径误差、螺距误差和牙侧角误差。

1)中径误差的影响

中径误差是指中径的实际尺寸(以单一中径体现)与公称尺寸的代数差。由于内、外螺纹相互作用集中在牙侧面,因此中径的大小直接影响牙侧的径向位置,从而影响螺纹的配合性质。若外螺纹的中径大于内螺纹中径,则导致螺纹牙侧干涉而难以旋合,若外螺纹中径过小,则太松,难以保证牙侧面的良好接触。

对于精密螺纹,为了满足其功能要求,对螺距、牙侧角和中径分别规定较严的公差,按独立原则进行测量。其中螺距误差常表现为多个螺距的螺距累积误差。

对于紧固螺纹,主要要求保证可旋合性和一定的连接强度,应采用包容要求来处理。标准中只规定中径公差,螺距和牙侧角误差都由中径公差来综合控制。用中径极限偏差构成牙廓的最大实体边界来限制螺距和牙侧角等的几何误差。

2)螺距误差的影响

螺距误差包括单个螺距误差和螺距累积误差。单个螺距误差是指一牙螺距的实际值与其标准值之代数差的绝对值,它与旋合长度无关。螺距累积误差是指旋合长度内,任意两同名牙侧与中径线交点间的实际轴向距离与基本值之差的最大绝对值。后者是螺纹互换性的主要影响因素。

如图 8-4 所示,假设内螺纹具有理想牙型,与之相配的外螺纹只存在螺距误差,且它的螺距 $P_外$ 比内螺纹的螺距 $P_内$(即 P)大,则在 n 个螺牙的螺纹长度($L_外$、$L_内$)内,螺距累积误差 $\Delta P_\Sigma = |nP_外 - nP_内|$。螺距累积误差的存在,使内、外螺纹牙侧产生干涉而不能旋合。

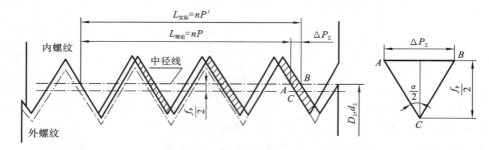

图 8-4　螺距累积误差对旋合性的影响

实际生产中,为了使具有螺距累积误差的外螺纹能够旋入标准的内螺纹,只需将外螺纹牙侧上的 B 点移至与内螺纹牙侧上的 C 点接触,即需要将外螺纹的中径减小一个数值 f_P。同理,在 n 个螺牙的旋合长度内,内螺纹存在螺距累积误差 ΔP_Σ 时,为了保证旋合性,就必须将内螺纹的中径增大一个数值 F_a。F_a 和 f_P 称为螺距误差的中径当量。由图 8-4 中的 $\triangle ABC$ 可得出 f_P 与 ΔP_Σ 的关系如下:

$$f_P = |\Delta P_\Sigma| \cot(\alpha/2) \tag{8-1}$$

对于普通螺纹,牙型角 $\alpha = 60°$,所以

$$f_P(\text{或 } F_a) = 1.732|\Delta P_\Sigma| \tag{8-2}$$

由式(8-2)知,若 ΔP_Σ 过大,内、外螺纹中径要分别增大或减小许多,虽可保证旋合性,却使螺纹实际接触的螺牙减少,载荷集中在接触部位,造成接触压力增大,降低螺纹连接强度。

3)牙侧角误差的影响

牙侧角误差是指实际牙侧角的实际值与公称值的代数差,是螺纹牙侧相对于螺纹轴线的位置误差,直接影响螺纹旋合性和牙侧接触面积。即使螺纹的牙型角正确,牙侧角也可能存在一定的误差。

如图 8-5 所示,假设内螺纹具有理论牙型,与之配合的外螺纹仅存在牙侧角误差。左、右牙侧角存在误差 $\Delta\alpha_1<0$ 和 $\Delta\alpha_2>0$。当内、外螺纹旋合时,将在外螺纹的牙顶左侧和牙根右侧产生干涉(如图中剖面线所示)而不能旋合。为了消除干涉,保证旋合性,可将外螺纹牙型沿垂直于螺纹轴线的方向下移至图中双点画线以下,从而螺纹中径减少一个数值 f_α。同理,内螺纹存在牙侧角误差时,为了保证旋合性,就必须将内螺纹的中径增大一个数值 F_α。F_α 和 f_α 称为牙侧角误差的中径当量。

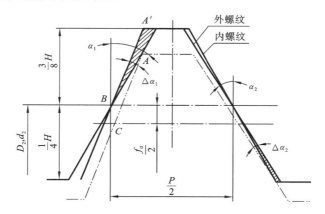

图 8-5　牙侧角偏差对旋合性的影响

根据任意三角形的正弦定理,考虑左、右牙侧角误差同时存在,以及必要的换算得到

$$f_\alpha(\text{或 } F_\alpha) = 0.073P(K_1|\Delta\alpha_1| + K_2|\Delta\alpha_2|) \tag{8-3}$$

式中:P——螺距(mm);

　　$\Delta\alpha_1$、$\Delta\alpha_2$——左、右牙侧角误差('),$\Delta\alpha_1 = \alpha_1 - 30°$,$\Delta\alpha_2 = \alpha_2 - 30°$;

　　K_1、K_2——左、右牙侧角误差系数。外螺纹,牙侧角误差 $\Delta\alpha$ 为正值时,对应 K 值取 2;

　　　　　　　$\Delta\alpha$ 为负值时,对应 K 值取 3。内螺纹,K 取值与外螺纹取值相反。

4)作用中径、中径公差和中径合格性判断原则

(1)作用中径。

实际螺纹可能同时存在螺距误差和牙侧角误差,中径实际尺寸也会偏离其基本尺寸。因此,实际螺纹是否符合旋合性的要求,取决于中径实际尺寸、螺距累积误差和牙型半角误差的综合结果。

螺纹的作用中径是指在规定的旋合长度内,恰好包容实际螺纹的一个假想螺纹的中径,如图 8-6 所示。该假想螺纹具有基本牙型的螺距、牙侧角及牙型高度,并在牙底和牙顶处留有间隙,以保证不与实际螺纹的大、小径发生干涉。作用中径是螺纹旋合时实际起作用的中径。

如图 8-6 所示,当外螺纹存在螺距误差和牙侧角误差时,该实际外螺纹就只能与一个中径较大的、与实际外螺纹的牙侧外接的理想内螺纹旋合。其效果相当于外螺纹的中径增大。这个增大的假想中径叫做外螺纹的作用中径,用符号 d_{2m} 表示。它等于外螺纹的实际中径(用单一中径 d_{2s} 来表示)与螺距误差中径当量 f_P 及牙侧角误差中径当量 f_α 之和,即

$$d_{2m}=d_{2s}+(f_P+f_\alpha) \tag{8-4}$$

同理,当内螺纹存在螺距误差和牙侧角误差时,该实际内螺纹只能与一个中径较小的、与实际内螺纹牙侧外接的理想外螺纹旋合。其效果相当于内螺纹的中径减小。这个减小的假想中径叫做内螺纹的作用中径,用符号 D_{2m} 表示。它等于内螺纹的实际中径(用单一中径 D_{2s} 来表示)与螺距误差中径当量 F_P 及牙侧角误差中径当量 F_α 之差,即

$$D_{2m}=D_{2s}-(F_P+F_\alpha) \tag{8-5}$$

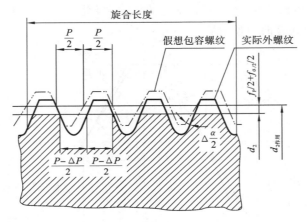

图 8-6　外螺纹的作用中径

(2) 中径公差。

由于螺纹中径的两个极限尺寸分别控制作用中径和单一中径,而作用中径又是单一中径与螺距误差中径当量及牙型半角误差中径当量的综合。因此,国家标准中没有单独规定螺距和牙型半角公差,只规定了内、外螺纹的中径公差 T_{D2}、T_{d2},通过中径公差同时限制中径本身的尺寸偏差、螺距误差和牙侧角误差。

如图 8-7 所示,当螺纹的单一中径偏离最大实体牙型的中径时,允许螺距误差和牙侧角误差适当增大。

(3) 螺纹中径合格性判断原则。

作用中径是用来判断螺纹可否旋合的中径,中径误差将影响螺纹配合的松紧程度。外螺纹作用中径过大或内螺纹作用中径过小,会使配合过紧,甚至不能旋合;外螺纹单一中径过小或内螺纹单一中径过大,将会导致配合过松,难以保证牙侧面接触良好,且密封性差。中径合格与否将直接影响螺纹结合的互换性。

判断中径的合格性应遵循泰勒原则:实际螺纹的作用中径不允许超越其最大实体牙型的中径;任意位置的实际中径(单一中径)不允许超越最小实体牙型的中径。所谓最大和最小实体牙型是指在螺纹中径公差范围内,分别具有材料量最多和最少且与基本牙型形状一致的螺纹牙型,如图 8-7 所示。

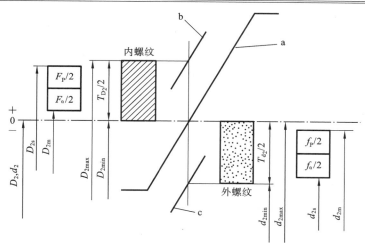

图 8-7 螺纹中径的合格性判断

a—内外螺纹最大实体牙型；b—内螺纹最小实体牙型；c—外螺纹最小实体牙型

因此，螺纹中径的合格条件如下所述。

对外螺纹，作用中径不大于中径的最大极限尺寸；任意位置的实际中径（单一中径）不小于中径最小极限尺寸，即

$$d_{2m} \leqslant d_{2max} \quad 且 \quad d_{2s} \geqslant d_{2min} \tag{8-6}$$

对内螺纹，作用中径不小于中径的最小极限尺寸；任意位置的实际中径（单一中径）不大于中径最大极限尺寸，即

$$D_{2m} \geqslant D_{2min} \quad 且 \quad D_{2s} \leqslant D_{2max} \tag{8-7}$$

8.1.2 普通螺纹的公差与配合

国家标准 GB/T 197—2003 将螺纹公差带的两个基本要素公差带大小和公差带位置进行标准化，组成各种螺纹公差带。螺纹配合由内、外螺纹公差带组合而成，考虑到旋合长度对螺纹精度的影响，螺纹精度由螺纹公差带与旋合长度构成，螺纹公差制的基本结构如图 8-8 所示。

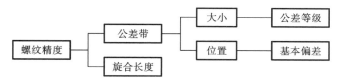

图 8-8 普通螺纹公差制结构

1. 普通螺纹的公差带

普通螺纹的公差带与尺寸公差带一样，其位置由基本偏差决定，大小由公差等级决定。国家标准规定了螺纹大、中、小径的公差带。

1）公差带的位置和基本偏差

螺纹的公差带是以基本牙型为零线布置的，其位置如图 8-9 所示。螺纹的基本牙型是计算螺纹偏差的基准。

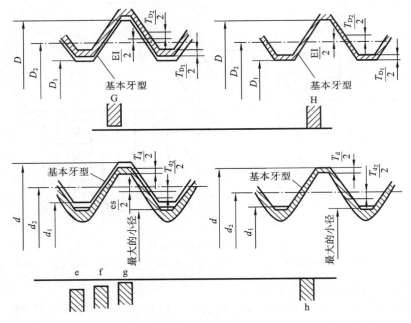

图 8-9　内、外螺纹的基本偏差

　　国家标准规定,内螺纹中径和小径的下偏差 EI 与外螺纹中径和大径的上偏差 es 为基本偏差。考虑到易装配性和保证镀层厚度的需要,规定了几种公差带位置,分别用大、小写字母表示:内螺纹有代号为 G 和 H 的两种基本偏差;外螺纹有代号为 e、f、g 和 h 的四种基本偏差。

　　由图 8-9 可见,H 的基本偏差 EI 和 h 的基本偏差 es 均为零,G 的基本偏差为正值,e、f、g 的基本偏差为负值。它们的数值见表 8-2。

表 8-2　普通螺纹的基本偏差和顶径公差(摘自 GB/T 197—2003)

螺距 P/mm	内螺纹的基本偏差 EI/μm		外螺纹的基本偏差 es/μm				内螺纹小径公差 T_{D1}/μm					外螺纹大径公差 T_d/μm		
	代号		代号				公差等级					公差等级		
	G	H	e	f	g	h	4	5	6	7	8	4	6	8
1	+26		−60	−40	−26		150	190	236	300	375	112	180	280
1.25	+28		−63	−42	−28		170	212	265	335	425	132	212	335
1.5	+32		−67	−45	−32		190	236	300	375	485	150	236	375
1.75	+34		−71	−48	−34		212	265	335	425	530	170	265	425
2	+38	0	−71	−52	−38	0	236	300	375	475	600	180	280	450
2.5	+42		−80	−58	−42		280	355	450	560	710	212	335	530
3	+48		−85	−63	−48		315	400	500	630	800	236	375	600
3.5	+53		−90	−70	−53		355	450	560	710	900	265	425	670
4	+60		−95	−75	−60		375	475	600	750	950	300	450	750

2）普通螺纹公差带的大小和公差等级

螺纹公差带的大小由公差值确定。螺纹的公差等级见表 8-3。其中 6 级为基本级；3 级公差值最小，精度最高；9 级精度最低。各级公差值见表 8-2 和表 8-4。由于内螺纹的加工比较困难，同一公差等级内螺纹中径公差比外螺纹中径公差大 32% 左右。

表 8-3　螺纹的公差等级（摘自 GB/T 197—2003）

螺纹直径	公差等级	螺纹直径	公差等级
外螺纹中径 d_2	3、5、6、7、8、9	内螺纹中径 D_2	4、5、6、7、8
外螺纹大径 d	4、6、8	内螺纹小径 D_1	4、5、6、7、8

表 8-4　普通螺纹的中径公差（摘自 GB/T 197—2003）

公称直径 D/mm >	公称直径 D/mm ≤	螺距 P/mm	内螺纹中径公差 T_{D2}/μm 公差等级 4	5	6	7	8	外螺纹中径公差 T_{d2}/μm 公差等级 3	4	5	6	7	8	9
5.6	11.2	0.5	71	90	112	140	—	42	53	67	85	106	—	—
		0.75	85	106	132	170	—	50	63	80	100	125	—	—
		1	95	118	150	190	236	56	71	90	112	140	180	224
		1.25	100	125	160	200	250	60	75	95	118	150	190	236
		1.5	112	140	180	224	280	67	85	106	132	170	212	295
11.2	22.4	0.5	75	95	118	150	—	45	56	71	90	112	—	—
		0.75	90	112	140	180	—	53	67	85	106	132	—	—
		1	100	125	160	200	250	60	75	95	118	150	190	236
		1.25	112	140	180	224	280	67	85	106	132	170	212	265
		1.5	118	150	190	236	300	71	90	112	140	180	224	280
		1.75	125	160	200	250	315	75	95	118	150	190	236	300
		2	132	170	212	265	335	80	100	125	160	200	250	315
		2.5	140	180	224	280	355	85	106	132	170	212	265	335
22.4	45	0.75	95	118	150	190	—	56	71	90	112	140	—	—
		1	106	132	170	212	—	63	80	100	125	160	200	250
		1.5	125	160	200	250	315	75	95	118	150	190	236	300
		2	140	180	224	280	355	85	106	132	170	212	265	335
		3	170	212	265	335	425	100	125	160	200	250	315	400
		3.5	180	224	280	355	450	106	132	170	212	265	335	425
		4	190	236	300	375	475	112	140	180	224	280	355	450
		4.5	200	250	315	400	500	118	150	190	236	300	375	475

由于外螺纹的小径和内螺纹的大径是由刀具在切制螺纹时同时形成的，由刀具保证，因此国家标准中对内螺纹的大径和外螺纹的小径均不规定具体的公差值，只规定内、外螺纹牙底实际轮廓的任何点不能超过基本偏差所确定的最大实体牙型。

按螺纹的公差等级和基本偏差可组成很多公差带，普通螺纹的公差代号由表示公差等级的数字和基本偏差字母组成,如内螺纹公差带代号 6H,外螺纹公差带代号 5g。

3)旋合长度和精度等级

旋合长度是螺纹设计中考虑的一个因素。旋合长度越长,螺距累积误差越大,对螺纹旋合性的影响越大。国家标准按螺纹的公称直径和螺距基本值规定了三组旋合长度,分别称为短旋合长度 S、中旋合长度 N、长旋合长度 L。设计时一般采用中旋合长度 N。具体数据见表 8-5。

表 8-5 螺纹的旋合长度 mm

公称直径 D、d		螺距 P	旋合长度			
			S	N		L
>	≤		≤	>	≤	>
5.6	11.2	0.5	1.6	1.6	4.7	4.7
		0.75	2.4	2.4	7.1	7.1
		1	2	2	9	9
		1.25	4	4	12	12
		1.5	5	5	15	15
11.2	22.4	0.5	1.8	1.8	5.4	5.4
		0.75	2.7	2.7	8.1	8.1
		1	3.8	3.8	11	11
		1.25	4.5	4.5	13	13
		1.5	5.6	5.6	16	16
		1.75	6	6	18	18
		2	8	8	24	24
		2.5	10	10	30	30
22.4	45	1	4	4	12	12
		1.5	6.3	6.3	19	19
		2	8.5	8.5	25	25
		3	12	12	36	36
		3.5	15	15	45	45
		4	18	18	53	53
		4.5	21	21	63	63

螺纹的精度不仅取决于螺纹直径的公差等级,而且与旋合长度有关。当公差等级一定时,旋合长度越长,加工时产生的螺距累积误差和牙型半角偏差越大,加工就越困难。因此,公差等级相同而旋合长度不同的螺纹的精度等级就不同。

8.1.3 螺纹的公差带选用与标记

1. 公差与配合的选用

在生产中为了减少刀具、量具的规格和种类,国家标准中规定了既能满足需要,而数量又有限的常用公差带,如表 8-6 所示。除了特殊需要之外,一般不应选择标准规定以外的公差带。

表 8-6　普通螺纹选用公差带

旋合长度		内螺纹选用公差带			外螺纹选用公差带		
		S	N	L	S	N	L
配合精度	精密	4H	4H5H	5H6H	(3h4h)	4h*	(5h4h)
	中等	5H* (5G)	6H * (6G)	7H* (7G)	(5h6h) (5g6g)	6h* 6g * 6e* 6f*	(7h6h) (7g6g)
	粗糙	—	7H (7G)	—	—	(8h) 8g	—

注:大批量生产的精制紧固件螺纹,推荐采用带方框的公差带;带 * 号的公差带优先选用,其次是不带 * 号的公差带,带( )的公差带尽可能不用。

（1）配合精度的选用　国家标准规定了普通螺纹的配合精度,分为精密、中等和粗糙三级。精密级用于精密连接螺纹,要求配合性质稳定,配合间隙变动较小,有定心精度要求的情况;中等级用于一般螺纹的连接;粗糙级用于不重要的螺纹连接,以及制造困难或热轧螺纹。实际选用时,还必须考虑螺纹的工作条件、尺寸的大小、加工的难易程度、工艺结构等情况。例如,当螺纹的承载较大,且为交变载荷或有较大的振动时,则应选用精密级;对于小直径的螺纹,为了保证连接强度,也必须提高配合精度;而对于加工难度较大的,虽是一般要求,也需降低其配合精度。

（2）旋合长度的选用　一般用中等旋合长度。仅当结构和强度上有特殊要求时,方可采用短旋合长度或长旋合长度。过度增加旋合长度,会增加加工困难,增大螺距累积误差,造成螺牙强度和密封性的下降。

（3）公差带的确定　根据配合精度和旋合长度,在表 8-6 中选定公差等级和基本偏差,具体数据见表 8-3 和表 8-4。

（4）配合的选用　内、外螺纹配合的公差带可以任意组合成多种配合。但从保证足够的接触强度出发,最好组成 H/g、H/h、G/h 的配合,选择时主要考虑以下几种情况。

① 为了保证旋合性,内、外螺纹应具有较高的同轴度,并有足够的接触高度和结合强度。通常采用最小间隙等于零的配合（H/h）,即内螺纹为 H,外螺纹为 h。

② 若需要拆卸,可选用较小间隙的配合（H/g 或 G/h）,即内螺纹用 H 或 G,外螺纹用 g 或 h。

③ 需镀层的螺纹,其基本偏差按所需镀层厚度确定。内螺纹较难镀层,涂镀对象主要是外螺纹。若镀层较薄时（约 5μm）,内螺纹选用 6H,外螺纹选用 6g;若镀层较厚时（达 10μm）,内螺纹选用 6H,外螺纹选用 6e;若均需镀层,选 6G/6e。

④ 高温工作的螺纹,可根据装配时的温度,来确定适当的间隙和相应的基本偏差。留有间隙以防螺纹卡死。一般常用基本偏差 e。如汽车上用的 M14×1.25 规格的火花塞。温度相对较低时,可用基本偏差 g。

（5）螺纹的表面粗糙度选用　螺纹牙侧表面的粗糙度,主要按中径公差等级来确定,如

表 8-7 所示。

表 8-7　螺纹牙侧表面粗糙度 Ra 推荐值

工件	螺纹中径公差等级		
	4、5	6、7	7～9
	$Ra/\mu m(\leqslant)$		
螺栓、螺钉、螺母	1.6	3.2	3.2～6.3
轴及套上的螺纹	0.8～1.6	1.6	3.2

2. 普通螺纹的标记

普通螺纹的完整标记由螺纹代号(尺寸规格和左、右旋)、螺纹公差带代号和螺纹旋合长度代号组成。螺纹公差带代号标注在螺纹代号之后,中间用短横符号"－"分开。如果螺纹的中径公差带与顶径公差带代号不同,则分别注出;如果中径公差带与顶径公差带代号一致,则只标注一个代号。公差带代号是由表示大小的公差等级数字和表示位置的基本偏差代号组成。对细牙螺纹还需标注出螺距。

外螺纹:

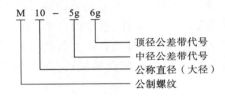

内螺纹:

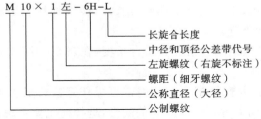

在装配图上,内外螺纹公差带代号用斜线分开,左边表示内螺纹公差带代号,右边表示外螺纹公差带代号。如:M20×2-6H/6g。

一般情况下,不标注螺纹旋合长度,螺纹公差带按中等旋合长度确定。必要时在螺纹公差带代号后面加注旋合长度代号 S 或 L,中间用短横符号"－"分开。例如:M10－5g6g－S。特殊需要时,可标注螺纹旋合长度的数值,中间用短横符号"－"分开,例如:M20×2－7g6g－40 表示螺纹的旋合长度为 40 mm。

3. 普通螺纹的应用实例

【例 8-1】 已知螺纹尺寸和公差要求为 M24×2-6g,加工后测得:实际顶径 $d_a=23.850$ mm,实际中径 $d_{2s}=22.510$ mm,螺距累积偏差 $\Delta P_\Sigma=+0.04$ mm;牙侧角偏差分别为 $\Delta\alpha_1=-30'$,$\Delta\alpha_2=+70'$。试求顶径和中径是否合格,并确定所需旋合长度的范围。

解　(1)由表 8-1 查得 $d_2=22.701$ mm。由表 8-2、表 8-4 查得

中径　　　　　　　　　　　　　$es = -38\ \mu m$,　$T_{d2} = 170\ \mu m$

大径　　　　　　　　　　　　　$es = -38\ \mu m$,　$T_d = 280\ \mu m$

（2）判断顶径的合格性

$$d_{max} = d + es = (24 - 0.038)\ mm = 23.962\ mm$$

$$d_{min} = d_{max} - T_d = (23.962 - 0.28)\ mm = 23.682\ mm$$

因 $d_{max} > d_a = 23.850\ mm > d_{min}$，故顶径合格。

（3）判断中径的合格性

$$d_{2max} = d_2 + es = (22.701 - 0.038)\ mm = 22.663\ mm$$

$$d_{2min} = d_{2max} - T_{d2} = (22.663 - 0.17)\ mm = 22.493\ mm$$

$$d_{2m} = d_{2s} + (f_P + f_\alpha)$$

式中：$d_{2s} = 22.510\ mm$；

$$f_P = 1.732 |\Delta P_\Sigma| = 1.732 \times 0.04\ mm = 0.069\ mm$$

$$f_\alpha = 0.073 P[K_1 |\Delta\alpha_1| + K_2 |\Delta\alpha_2|] = 0.073 \times 2 \times (3 \times 30 + 2 \times 70)\ \mu m$$
$$= 33.58\ \mu m = 0.034\ mm$$

则　　　　　　　$d_{2m} = [22.510 + (0.069 + 0.034)]\ mm = 22.613\ mm$

按泰勒原则

$$d_{2m} = 22.613\ mm < 22.663\ mm\ (d_{2max})$$

$$d_{2s} = 22.510\ mm > 22.493\ mm\ (d_{2min})$$

故中径也合格。

（4）根据该螺纹尺寸 $d = 24\ mm$，螺距 $P = 2\ mm$，由表 8-5 可知，应采用中等旋合长度，其值为 8.5~25 mm。

8.1.4　螺纹的检测

根据使用要求，螺纹检测分为综合检验和单项测量两类。

1. 综合检验

对于大量生产的用于紧固连接的普通螺纹，只要求保证可旋合性和一定的连接强度，其螺距误差及牙型半角误差按公差原则的包容要求，由中径公差综合控制，不单独规定公差。

综合检验能一次同时检验几个螺纹参数，以几个参数的综合误差来判断该螺纹是否合格。检验量规包括：使用普通螺纹量规通规和止规分别对被测螺纹的作用中径和实际中径进行检验；使用光滑极限量规对被测螺纹的实际顶径进行检验。

检验内螺纹用的螺纹量规称为螺纹塞规，检验外螺纹用的量规称为螺纹环规。

螺纹量规的设计符合泰勒原则（极限尺寸判断原则）。量规通规模拟被测螺纹的最大实体牙型，检验被测螺纹的作用中径是否超出其最大实体牙型的中径，并同时检验底径实际尺寸是否超出其最大实体尺寸。因此，通规应具有完整的牙型，并且螺纹的长度等于被测螺纹的旋合长度。止规用来检验被测螺纹的实际中径是否超出其最小实体牙型的中径。因此止规采用截短牙型，并且只有 2~3 个螺距的螺纹长度，以减少牙侧角偏差和螺距误差对检验结果的影响。

图 8-10 所示为用环规和卡规检验外螺纹的情况。通端螺纹环规控制外螺纹的实际中

径和小径的最大尺寸,而止端螺纹环规用来控制外螺纹的实际中径。外螺纹的大径用卡规另行检验。

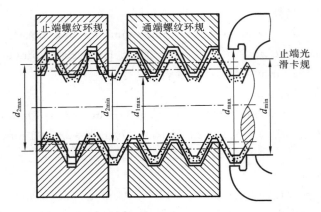

图 8-10　用螺纹环规和光滑极限卡规检验外螺纹

图 8-11 所示为用塞规检验内螺纹的情况。通端螺纹塞规控制内螺纹的实际中径和大径的最大尺寸,而止端螺纹塞规用来控制内螺纹的实际中径。内螺纹的小径用卡规另行检验。

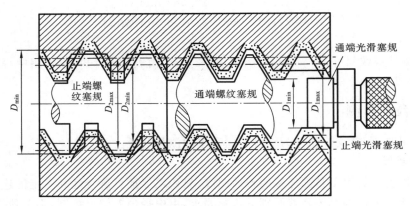

图 8-11　用螺纹塞规和光滑极限塞规检验内螺纹

　　综合检验时,若被测螺纹能与螺纹通规旋合通过,且与螺纹止规不完全旋合通过(螺纹止规只允许与被测螺纹两端旋合,旋合量不得超过两个螺距),就表明被测螺纹的作用中径没有超出其最大实体牙型的中径,且实际中径没有超出其最小实体牙型的中径,那么就可以保证旋合性和连接强度,则被测螺纹中径合格。否则,为不合格。

　　螺纹塞规、环规的通规和止规的中径、大径、小径和螺距、牙侧角都要分别确定相应的基本尺寸及极限偏差。检验螺纹顶径用的光滑极限量规和止规也要分别确定相应的定型尺寸及极限偏差,与检验孔、轴用的光滑极限量规类似。这些在国家标准中都有具体规定。

2. 单项测量

　　对紧密螺纹,除了可旋合性和连接可靠外,还有其他精度要求和功能要求,应按公差独立原则对其中径、螺距和牙侧角等参数分别规定公差。单项测量就是指分别对螺纹的各个几何参数进行测量。

单项测量螺纹的方法有很多,常用的有以下几种。

1）三针法

实际生产中测量外螺纹中径多采用"三针法",该方法简单,测量精度高,应用广泛。

图 8-12 所示为"三针法"测量原理图。测量时,将三根直径都为 d_0 的刚性圆柱形量针放在被测量螺纹对径位置的沟槽中,与两牙侧面接触,测量这三根针外侧母线之间的距离(针距 M)。量针放入螺纹沟槽中,其轴线并不与螺纹轴线垂直,而是顺着螺纹沟槽的旋向偏斜。量针与两牙侧面的接触点在螺纹法向剖面内,而不在通过螺纹轴线的剖面内。

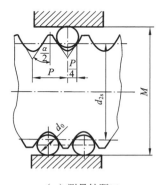

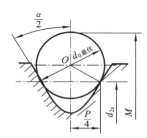

（a）测量针距 M　　　　　　　　　　　（b）量针最佳直径 $d_{0最佳}$

图 8-12　三针法测外螺纹单一中径

由于普通螺纹的螺旋升角很小,法向剖面与通过螺纹轴线的剖面间的夹角就很小,所以可近似地认为量针与两牙侧面在通过螺纹轴线的剖面内接触。由图 8-12 可见,被测螺纹的单一中径 d_{2s} 与 d_0、M、螺距 P、牙型半角 $\alpha/2$ 有如下关系:

$$d_{2s} = M - d_0\left[1 + 1/\sin\left(\frac{\alpha}{2}\right)\right] + 0.5P\cot\frac{\alpha}{2} \tag{8-8}$$

对于普通公制螺纹($\alpha = 60°$): $d_{2s} = M - 3d_0 + 0.866P$

对于梯形螺纹($\alpha = 30°$): $\quad d_{2s} = M - 4.863d_0 + 1.866P$

由式(8-8)可知,影响单一中径测量精度的因素有:测量针距 M 时产生的误差,量针形状误差和直径偏差,被测螺纹的螺距偏差和牙型半角偏差。为了消除牙型半角误差对测量结果的影响,应使量针在中径线上与牙侧接触,这样的量针直径称为最佳量针直径

$$d_{0最佳} = 0.5P\cos(\alpha/2)$$

2）螺纹千分尺

对于低精度外螺纹中径,常用螺纹千分尺测量。它的结构与一般外径千分尺相似,所不同的是测量头。如图 8-13 所示,测量时,将一对符合被测螺纹牙型角和螺距的锥形测头 3 和 V 型槽测头 2,分别插入千分尺两测砧的位置,以测量螺纹中径。为了满足不同螺距的被测螺纹的需要,螺纹千分尺带有一套可更换的不同规格的测头。

3）影像法

影像法是指用万能工具显微镜测量螺纹的中径、螺距和牙型半角。万能工具显微镜是一种应用很广泛的光学计量仪器,测量螺纹是其主要用途之一。测量时,用工具显微镜将被

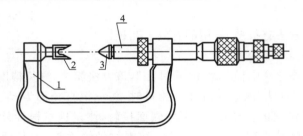

图 8-13 螺纹千分尺

1—千分尺身;2—V型槽测头;3—锥形测头;4—测微螺杆

测螺纹的牙型轮廓放大成像,按被测螺纹的影像测量其螺距、牙型半角和中径,也可测量其大径和小径。

各种精密螺纹,如螺纹量规、丝杠等,均可在工具显微镜上测量。

8.2　滚动轴承的公差配合

滚动轴承是机械制造业中应用极为广泛的一种高精度标准部件,是一种支承部件。图 8-14 所示为滚动轴承的结构,由外圈、内圈、滚动体(球、圆柱、圆锥等)和保持架组成。外圈与外壳孔配合,内圈与传动轴颈配合,属于典型的光滑圆柱配合。但由于它的结构特点和功能要求的特殊性,其公差配合与一般光滑圆柱配合要求不同。

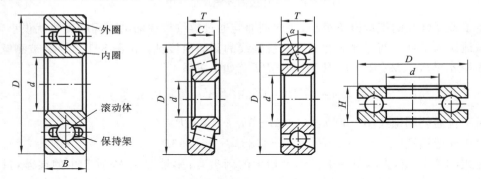

图 8-14　滚动轴承的结构

本节讨论滚动轴承在使用上的有关内容,包括公差等级、配合选用等。

8.2.1　滚动轴承的公差等级

1. 滚动轴承的互换性

滚动轴承作为标准件,应具有良好的互换性,能够方便实现在机器上的安装或更换。

为保证工作时轴承的工作性能,滚动轴承使用时必须满足下列两项要求。

(1) 必要的旋转精度　轴承工作时轴承的内、外圈和端面的跳动应控制在允许的范围内,以保证传动零件的回转精度。

(2) 合适的游隙　滚动体与内、外圈之间的游隙分为径向游隙 δ_1 和轴向游隙 δ_2(见图

8-15)。轴承工作时这两种游隙的大小皆应保持在合适的范围内。

2. 滚动轴承的公差等级及应用

滚动轴承的精度等级由轴承的尺寸公差和旋转精度决定。前者指轴承内径 d、外径 D、宽度 B 等的尺寸公差。后者指轴承内、外圈作相对转动时跳动的程度，包括成套轴承内、外圈的径向跳动，成套轴承内、外圈端面对滚道的跳动，内圈基准面对内孔的跳动等。

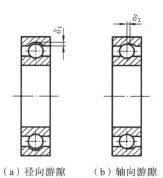

（a）径向游隙　（b）轴向游隙

图 8-15　滚动轴承的游隙

根据国家标准 GB/T 307.3—2005《滚动轴承 一般技术规则》规定：轴承按尺寸公差和旋转精度分级，向心轴承（圆锥滚子轴承除外）分为 0、6、5、4、2 五级；圆锥滚子轴承则分为 0、6X、5、4、2 五级；推力轴承分 0、6、5、4 四级，精度等级依次由低到高，即 0 级最低，2 级最高。

各级精度的滚动轴承应用如下。

（1）0 级轴承为普通级轴承。用于中低转速和旋转精度要求不高的一般旋转机构中，在机械中应用最广。如普通机床的变速机构及进给机构、汽车和拖拉机中的变速机构、普通电动机、水泵、压缩机等旋转机构中所用的轴承。

（2）6 级及 6X 级轴承为中级精度轴承。主要应用在旋转精度要求较高或转速较高的旋转机构中。如：普通机床主轴的后轴承，精密机床变速箱轴承。

（3）5 级和 4 级轴承为较高精度轴承和高精度轴承。用于高精度、高速的旋转机构中，如：普通机床主轴的前轴承多采用 5 级，航海陀螺仪、高速摄影机以及其他精密机构等常采用 4 级轴承。

（4）2 级轴承为精密级轴承。用于旋转精度和转速很高及严格控制噪声、振动的旋转机构中，如：坐标镗床的主轴轴承、高精度仪器和高转速机构中使用的轴承。

3. 滚动轴承内、外径公差带的特点

由于滚动轴承为标准件，轴承内圈与轴颈的配合采用基孔制，外圈与外壳孔的配合采用基轴制。但这里的基孔制和基轴制与光滑圆柱结合又有所不同，是由滚动轴承配合的特殊需要所决定的。

轴承内圈通常与轴一起旋转，为防止内圈和轴颈的配合产生相对滑动而磨损，影响轴承的工作性能，一般要求配合面间具有一定的过盈量，但过盈量不能太大。如果作为基准孔的轴承内圈仍采用基本偏差为 H 的公差带，轴颈也选用光滑圆柱结合国家标准中的公差带，则这样在配合时，无论选过渡配合（过盈量偏小）或过盈配合（过盈量偏大）都不能满足轴承工作的需要。若轴颈采用非标准的公差带，则又违反了标准化与互换性的原则。为此，国家标准 GB/T 307.1—2005 规定：轴承内圈基准孔的公差带位于以公称内径 d 为零线的下方，且上偏差为零。这种特殊的基准孔公差带不同于 GB/T 1801—2009 中基孔制的公差带，构成配合比同名配合的配合性质偏紧，在一般基孔制下的过渡配合，转变成过盈配合，小间隙配合可能成为过渡配合。

轴承外圈因安装在外壳孔中，通常不旋转，考虑到工作时温度升高会使轴热胀而产生轴向移动,因此两端轴承中有一端应是游动支承,可使外圈与外壳孔的配合稍微松一点,使之能补偿轴的热胀伸长量,不至于使轴变弯而被卡住,影响正常运转。为此规定轴承外圈的公差带位于公称外径 D 为零线的下方,且上偏差为零。与基本偏差为 h 的公差带相类似,但公差值不同。轴承外圈采取这样的基准轴公差带与 GB/T 1801—2009 中基轴制配合的孔公差带所组成的配合,基本上保持了 GB/T 1801—2009 中的配合性质。滚动轴承内、外径公差带如图 8-16 所示。

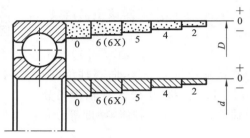

图 8-16　滚动轴承内径与外径的公差带

8.2.2　滚动轴承配合件公差及应用

滚动轴承配合件就是与滚动轴承内圈孔和外圈轴相配合的传动轴轴颈和箱体外壳孔。

1. 轴颈和外壳孔的常用公差带

由于滚动轴承内圈孔径和外圈轴径的公差带在生产时已确定,因此轴承在使用时,它与轴颈、外壳孔的配合性质,需由轴颈和外壳孔的公差带确定。故选择轴承的配合也就是确定轴颈和外壳孔的公差带种类。GB/T 275—2015 规定了 0 级和 6 级轴承与轴颈和外壳孔配合时轴颈和外壳孔的常用公差带,如图 8-17 和图 8-18 所示。

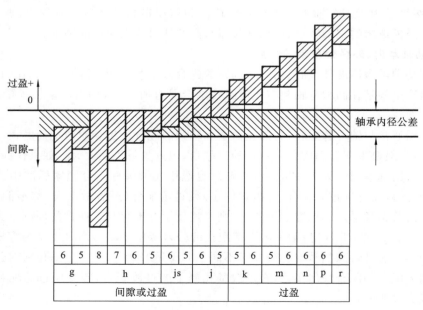

图 8-17　0 级公差轴承与轴配合的常用公差带关系图

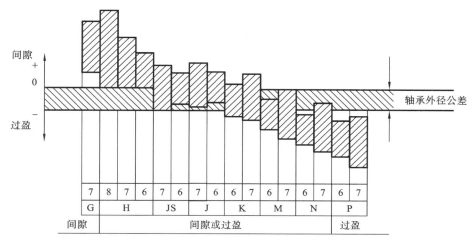

图 8-18　6 级公差轴承与轴承座孔配合的常用公差带关系图

从图 8-17 可见,轴承内圈与轴颈的配合比 GB/T 1801—2009 中基孔制的同名配合偏紧一些,h5、h6、h7、h8 轴颈与轴承内圈的配合已变成过渡配合,k5、k6、m5、m6、n6 轴颈与轴承内圈的配合已变成过盈较小的过盈配合,其余的也有所变紧。

从图 8-18 可见,轴承外圈与外壳孔的配合与 GB/T 1801—2009 中基轴制的同名配合相比较,虽然尺寸公差有所不同,配合性质基本一致。

2. 滚动轴承配合选择的基本原则

1）运转条件

套圈相对于载荷方向旋转或摆动时,应选择过盈配合;套圈相对于载荷方向固定时,可选择间隙配合,见表 8-8;载荷方向难以确定时,宜选择过盈配合。

表 8-8　套圈运转及承载情况

套圈运转情况	典型示例	示意图	套圈承载情况	推荐的配合
内圈旋转 外圈静止 载荷方向恒定	传送带驱动轴		内圈承受旋转载荷 外圈承受静止载荷	内圈过盈配合 外圈间隙配合
内圈静止 外圈旋转 载荷方向恒定	传送带托辊 汽车轮毂轴承		内圈承受静止载荷 外圈承受旋转载荷	内圈间隙配合 外圈过盈配合
内圈旋转 外圈静止 载荷随内圈旋转	离心机 振动筛 振动机械		内圈承受静止载荷 外圈承受旋转载荷	内圈间隙配合 外圈过盈配合

续表

套圈运转情况	典型示例	示意图	套圈承载情况	推荐的配合
内圈静止 外圈旋转 载荷随外圈旋转	回转式破碎机		内圈承受旋转载荷 外圈承受静止载荷	内圈过盈配合 外圈间隙配合

2）载荷大小

载荷越大,选择的配合过盈量应越大。当承受冲击载荷或重载荷时,一般应选择比正常、轻载荷时更紧的配合。对向心轴承,载荷大小用径向当量动载荷 P_r 与径向额定动载荷 C_r 的比值区分,见表 8-9。

表 8-9   向心轴承载荷大小

负荷状态	轻负荷	正常负荷	重负荷
P_r/C_r	≤0.06	>0.06～0.12	>0.12

3）旋转精度

对旋转精度和运行平稳性有较高要求的场合,一般不采用间隙配合。在提高轴承公差等级的同时,轴承配合部位也应相应提高精度。与 0、6（X）级轴承配合的轴,其尺寸公差等级一般为 IT6,轴承座孔一般为 IT7。

4）轴承游隙

采用过盈配合会导致轴承游隙减少,应检验安装后轴承的游隙是否满足使用要求,以便正确选择配合及轴承游隙。

轴承的径向游隙按 GB/T 4604.1—2012 规定分为五组,即第 2 组、基本组、第 3 组、第 4 组、第 5 组,游隙依次由小到大。

游隙大小必须合适。游隙过大,就会使转轴产生较大的径向跳动和轴向跳动,从而使轴承产生较大的振动和噪声。游隙过小,若轴承与轴颈、外壳孔的配合为过盈配合,则会使轴承中滚动体与套圈产生较大的接触应力,并增加轴承摩擦发热,以致缩短轴承的寿命。

在常温状态下工作的具有基本组径向游隙的轴承,则轴承与轴颈、外壳孔配合的过盈应适当。通常,市场上供应的轴承若无游隙标记,则为基本组游隙。若轴承具有的游隙比基本组大,在特别工作条件下时(如内圈和外圈温差较大,或内圈与轴颈间、外圈与外壳孔间都要求有过盈等),则配合的过盈量应较大。若轴承具有的游隙比基本组小,在轻负荷下工作,要求噪声和振动小,或要求旋转精度较高时,则配合的过盈量应较小。

5）其他因素

在确定轴承配合时,还应注意其他因素的影响。

（1）温度。轴承运转时,因摩擦发热等原因其温度通常比相邻零件的温度高,造成轴承内圈与轴的配合变松,外圈可能因为膨胀而影响轴承在轴承座中的轴向移动。因此,应考虑轴承与轴和轴承座的温差和热的流向。

（2）轴承尺寸。随着轴承尺寸的增大，选择的过盈配合过盈量增大，或间隙配合的间隙量增大。

（3）轴或轴承座的材料和结构。对于剖分式轴承座，外圈不宜采用过盈配合。当轴承用于空心轴或薄壁、轻合金轴承座时，应采用比实心轴或厚壁钢或铸铁轴承座更紧的过盈配合。

（4）轴承的安装和拆卸。间隙配合更易于轴承的安装和拆卸。对于要求采用过盈配合且便于安装与拆卸的应用场合，可采用分离轴承或锥孔轴承。

（5）游动端轴承的轴向移动。当以不可分离轴承作为游动支承时，应以相对载荷方向固定的套圈作为游动套圈，选择间隙配合或过渡配合。

综上所述，选择滚动轴承与轴颈和轴承座孔配合时，需考虑的因素较多，在实际生产中常用类比法来选择。具体选择时可参考表 8-10～表 8-13。

表 8-10　向心轴承和轴配合——公差带

载荷情况		举　　例	圆柱孔轴承			
			深沟球轴承、调心球轴承和角接触球轴承	圆柱滚子轴承和圆锥滚子轴承	调心滚子轴承	公差带
			轴承公称内径/mm			
内圈承受旋转载荷或方向不定载荷		轻载荷	输送机、轻载齿轮箱	≤18 >18～100 >100～200	≤40 >40～140 >140～200	≤40 >40～100 >100～200	h5 j6[a] k6[a] m6[a]
		正常载荷	一般通用机械、电动机、泵、内燃机、正齿轮传动装置	≤18 >18～100 >100～140 >140～200 >200～280	— ≤40 >40～100 >100～140 >140～200 >200～400	— ≤40 >40～65 >65～100 >100～140 >140～280 >280～500	j5　js5 k5[b] m5[b] m6 n6 p6 r6
		重载荷	铁路机车车辆轴箱、牵引电动机、破碎机等	—	>50～140 >140～200 >200	>50～100 >100～140 >140～200 >200	n6[c] p6[c] r6[c] r7[c]
内圈承受固定载荷	所有载荷	内圈需在轴向易移动	非旋转轴上的各种轮子	所有尺寸			f6 g6
		内圈不需在轴向易移动	张紧轮、绳轮				h6 j6
仅有轴向载荷			所有尺寸				j6、js6

续表

载 荷 情 况		举 例	圆锥孔轴承			公差带
			深沟球轴承、调心球轴承和角接触球轴承	圆柱滚子轴承和圆锥滚子轴承	调心滚子轴承	
			轴承公称内径/mm			
所有载荷		铁路机车车辆轴箱	装在退卸套上	所有尺寸		h8(IT6)[d,e]
		一般机械传动	装在坚定套上	所有尺寸		h9(IT7)[d,e]

[a] 凡精度要求较高的场合,应用 j5、k5、m5 代替 j6、k6、m6。
[b] 圆锥滚子轴承、角接触球轴承配合对游隙影响不大,可用 k6、m6 代替 k5、m5。
[c] 重载荷下轴承游隙应选大于 N 组。
[d] 凡精度要求较高或转速要求较高的场合,应选用 h7(IT5)代替 h8(IT6)等。
[e] IT6、IT7 表示圆柱度公差数值。

表 8-11 向心轴承和轴承座孔的配合——孔公差带

载荷情况		举例	其他状况	公差带[a]	
				球轴承	滚子轴承
外圈承受固定载荷	轻、正常、重	一般机械、铁路机车车辆轴箱	轴向易移动,可采用剖分式轴承座	H7、G7[b]	
	冲击		轴向能移动,可采用整体或剖分式轴承座	J7、JS7	
方向不定载荷	轻、正常	电动机、泵、曲轴主轴承		K7	
	正常、重				
	重、冲击	牵引电动机		M7	
外圈承受旋转载荷	轻	皮带张紧轮	轴向不移动,采用整体式轴承座	J7	K7
	正常	轮毂轴承		M7	N7
	重			—	N7、P7

[a] 并列公差带随尺寸的增大从左至右选择。对旋转精度有较高要求时,可相应提高一个公差等级。
[b] 不适用于剖分式轴承座。

表 8-12 推力轴承和轴的配合——轴公差带

载 荷 情 况		轴承类型	轴承公称内径/mm	公差带
仅有轴向载荷		推力球和推力圆柱滚子轴承	所有尺寸	j6、js6
径向和轴向联合载荷	轴圈承受固定载荷	推力调心滚子轴承、推力角接触球轴承、推力圆锥滚子轴承	≤250	j6
			>250	js6
	轴圈承受旋转载荷或方向不定载荷		≤200	k6[a]
			>200~400	m6
			>400	n6

[a] 要求较小过盈时,可分别用 j6、k6、m6 代替 k6、m6、n6。

表 8-13　推力轴承和轴承座孔的配合——孔公差带

载　荷　情　况		轴　承　类　型	公　差　带
仅有轴向载荷		推力球轴承	H8
		推力圆柱、圆锥滚子轴承	H7
		推力调心滚子轴承	…[a]
径向和轴向联合载荷	座圈承受固定载荷	推力角接触球轴承、推力调心滚子轴承、推力圆锥滚子轴承	H7
	座圈承受旋转载荷或方向不定载荷		K7[b]
			M7[c]

[a] 轴承座孔与座圈间隙为 $0.001D$（D 为轴承公称外径）。

[b] 一般工作条件。

[c] 有较大径向载荷时。

3. 轴承配合表面及挡肩的几何公差

如果轴承的配合圆柱（锥）表面存在较大的形状误差，则轴承安装后，难以保证配合要求，套圈会因此而产生变形，影响轴承的正常使用。挡肩的端面是轴承安装的轴向定位面，若存在较大的垂直度误差，则轴承安装后会产生歪斜。

配合表面和挡肩的几何公差要求如图 8-19 所示，公差值可参考表 8-14 选取。

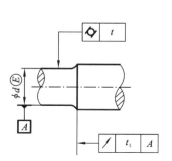

（a）轴颈的圆柱度公差和
轴肩的轴向圆跳动

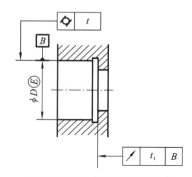

（b）轴承座孔表面的圆柱度公差
和孔肩的轴向圆跳动

图 8-19　轴承配合和挡肩的几何公差

表 8-14　轴和轴承座孔的几何公差

公称尺寸/mm		圆柱度 $t/\mu m$				轴向圆跳动 $t_1/\mu m$			
		轴颈		轴承座孔		轴肩		轴承座孔肩	
		轴承公差等级							
>	≤	0	6(6X)	0	6(6X)	0	6(6X)	0	6(6X)
—	6	2.5	1.5	4	2.5	5	3	8	5
6	10	2.5	1.5	4	2.5	6	4	10	6
10	18	3	2	5	3	8	5	12	8

续表

公称尺寸/mm		圆柱度 $t/\mu m$				轴向圆跳动 $t_1/\mu m$			
		轴颈		轴承座孔		轴肩		轴承座孔肩	
		轴承公差等级							
>	≤	0	6(6X)	0	6(6X)	0	6(6X)	0	6(6X)
18	30	4	2.5	6	4	10	6	15	10
30	50	4	2.5	7	4	12	8	20	12
50	80	5	3	8	5	15	10	25	15
80	120	6	4	10	6	15	10	25	15
120	180	8	5	12	8	20	12	30	20
180	250	10	7	14	10	20	12	30	20
250	315	12	8	16	12	25	15	40	25
315	400	13	9	18	13	25	15	40	25
400	500	15	10	20	15	25	15	40	25

4. 轴承配合表面及端面粗糙度

轴颈和轴承座孔配合表面的表面粗糙度要求按表 8-15 选取。

表 8-15 配合表面及端面的表面粗糙度

轴或轴承座孔直径 /mm		轴或轴承座孔配合表面直径公差等级					
		IT7		IT6		IT5	
		表面粗糙度 $Ra/\mu m$					
>	≤	磨	车	磨	车	磨	车
—	80	1.6	32.	0.8	1.6	0.4	0.8
80	500	1.6	3.2	1.6	3.2	0.8	1.6
500	1 250	3.2	6.3	1.6	3.2	1.6	3.2
端面		3.2	6.3	3.2	6.3	1.6	3.2

5. 滚动轴承配合选择实例

以图 8-20(a)所示直齿圆柱齿轮减速器输出轴上的深沟球轴承为例,说明如何确定与该轴承配合的轴颈和外壳孔的各项公差及它们在图样上的标注。

【例 8-2】 已知该减速器的功率为 5 kW,从动轴转速为 83 r/min,其两端的轴承为 211 深沟球轴承($d=55$ mm,$D=100$ mm),齿轮的模数为 3 mm,齿数为 79。试确定轴颈和外壳孔的公差带代号(尺寸极限偏差)、几何公差值和表面粗糙度参数值,并将它们分别标注在装配图和零件图上。

解 (1)减速器属于一般机械,轴的转速不高,所以选用 0 级轴承。

(2)受定向负荷的作用,内圈与轴一起旋转,外圈安装在剖分式壳体中,不旋转。因此,内圈相对于负荷方向旋转,它与轴颈的配合应较紧;外圈相对于负荷方向静止,它与外壳孔的配合应较松。

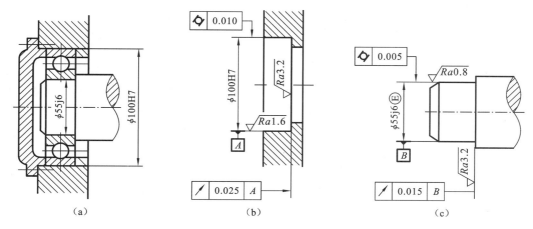

图 8-20 滚动轴承图样标注示例

（3）按该轴承的工作条件，由经验计算公式（见《机械工程手册第 29 篇 轴承》），并经单位换算，求得该轴承的当量径向负荷 P_r 为 883 N，查得 211 球轴承的额定动负荷 C_r 为 43.2 kN。所以 $P_r/C_r=0.02<0.06$，故轴承负荷类型属于轻负荷。

（4）按轴承工作条件从表 8-10 和表 8-11 选取轴颈公差带为 $\phi55j6$（基孔制配合），外壳孔公差带为 $\phi100H7$（基轴制配合）。

（5）按表 8-14 选取几何公差值：轴颈圆柱度公差 0.005 mm，轴肩端面圆跳动公差 0.015 mm；外壳孔圆柱度公差 0.01 mm，挡肩端面圆跳动公差 0.025 mm。

（6）按表 8-15 选取轴颈和外壳孔表面粗糙度参数值：轴颈 $Ra\leqslant0.8$ μm，轴肩端面 $Ra\leqslant3.2$ μm；外壳孔 $Ra\leqslant1.6$ μm，挡肩 $Ra\leqslant3.2$ μm。

（7）将确定好的上述公差标注在图样上，见图 8-20(b)、图 8-20(c)。

由于滚动轴承是外购的标准部件，因此，在装配图上只需标注出轴颈和外壳孔的公差带代号（见图 8-20(a)）。

8.3 圆锥配合的公差与检测

圆锥配合是机器、仪表及工具中较为常见的结构。与圆柱配合比较，具有同轴精度高、紧密性好、间隙或过盈可以调整、可利用摩擦力传递转矩等优点。但圆锥配合在结构上较为复杂，影响互换性的参数比较复杂，加工和检测也较麻烦，故应用不如圆柱配合广泛。

8.3.1 圆锥配合中的基本参数

圆锥配合中的基本参数如图 8-21 所示。

1. 圆锥角（α）

圆锥角（α）指在通过圆锥轴线的截面内，两条素线之间的夹角，用 α 表示。

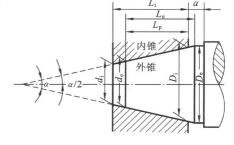

图 8-21 圆锥及其配合的基本参数

2. 圆锥直径

圆锥直径指与圆锥轴线垂直截面内的直径。圆锥直径有内、外圆锥的最大直径 D_i、D_e，内、外圆锥的最小直径 d_i、d_e。给定截面圆锥直径 d_x(距离圆锥基面距离 L_x)。

3. 圆锥长度(L)

圆锥长度(L)指圆锥最大直径与最小直径所在截面之间的轴向距离。内、外圆锥长度分别用 L_i、L_e 表示。圆锥配合长度指内、外圆锥配合面间的轴向距离，用 L_p 表示。

4. 锥度(C)

锥度(C)指圆锥最大直径与最小直径之差与圆锥长度之比，用 C 表示，即

$$C=(D-d)/L=2\tan(\alpha/2) \tag{8-9}$$

锥度常用比例或者分数表示，如 $C=1:20$ 或 $C=1/20$ 等。GB/T 157—2001 规定了一般用途和特殊用途的锥度与锥度角系列，常见一般用途锥度有 $1:3$、$1:5$、$1:20$，特殊用途有 $7:12$、莫氏锥度等。

5. 基面距

基面距指相互结合的内、外圆锥基准面之间的距离，用 a 表示。外锥面的基面常用轴肩或端面，内圆锥的基面一般是端面。

6. 轴向位移

轴向位移 E_a 指互相结合的内、外圆锥从实际初始位置到终止位置移动的距离。用轴向位移可实现圆锥的各种不同的配合。

圆锥零件图标注采用一个圆锥直径(D 或 d 或 d_x)、圆锥角和圆锥长度 L(或 L_x)，或者圆锥大小径 D、d 及圆锥长度 L 表示。

8.3.2 圆锥公差

GB/T 11334—2005 适用于圆锥体锥度 $1:3\sim1:500$，长度 L 从 6 至 630 mm 的光滑圆锥工件。标准中规定了 4 个圆锥公差项目。

1. 圆锥直径公差 T_D

圆锥直径公差 T_D 是指圆锥直径允许的变动量。它适用于圆锥全长。其公差带为两个极限圆锥所限定的区域。极限圆锥是最大、最小极限圆锥的统称，它们与基本圆锥共轴且圆锥角相等，在垂直于轴线的任意截面上两个极限圆锥的直径差相等，如图 8-22 所示。圆锥

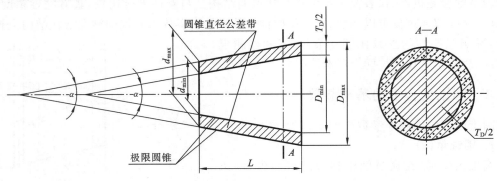

图 8-22 圆锥直径公差带

直径公差为

$$T_D = D_{max} - D_{min} \qquad (8\text{-}10)$$

为了统一公差标准，圆锥直径公差带的标准公差和基本偏差都从光滑圆柱体的公差标准中选取。

2. 圆锥角公差 AT

圆锥角公差 AT 是指圆锥角的允许变动量。以弧度或角度为单位时用 AT_α 表示；以长度为单位时用 AT_D 表示。由图 8-23 可知，

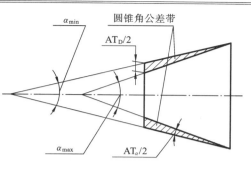

图 8-23　圆锥角公差带

在圆锥轴向截面内，由最大和最小圆锥角所限定的区域为圆锥角公差带。标准对圆锥角公差规定了 12 个等级，其中 AT1 精度最高，其余依次降低。AT4～AT6 用于高精度圆锥量规和角度样板；AT7～AT9 用于工具圆锥、圆锥销、传递大转矩摩擦圆锥；AT10～AT11 用于圆锥套、圆锥齿轮之类的中等精度零件。表8-16列出了 AT4～AT9 级圆锥角公差。

表 8-16　圆锥角公差（摘自 GB/T 11334—2005）

基本圆锥长度 L/mm		圆锥角公差等级								
		AT4			AT5			AT6		
		AT_α		AT_D	AT_α		AT_D	AT_α		AT_D
大于	至	μrad	(″)	μm	μrad	(″)	μm	μrad	(″)	μm
自 6	10	200	41	>1.3～2.0	315	65	>2.0～3.2	500	103	>0.8～1.3
10	16	160	33	>1.6～2.5	250	62	>2.5～4.0	400	82	>1.0～1.6
16	25	125	26	>2.0～3.2	200	41	>3.2～5.0	315	65	>1.3～2.0
25	40	100	21	>2.5～4.0	160	33	>4.0～6.3	250	52	>1.6～2.5
40	63	80	16	>3.2～5.0	125	26	>5.0～8.0	200	41	>2.0～3.2
63	100	63	13	>4.0～6.3	100	21	>6.3～10.0	160	33	>2.5～4.0
100	160	50	10	>5.0～8.0	80	16	>8.0～12.5	125	26	>3.2～5.0
160	250	40	8	>6.3～10.0	63	13	>10.0～16.0	100	21	>4.0～6.3
250	400	31.5	6	>8.0～12.5	50	10	>12.5～20.0	80	16	>5.0～8.0
400	630	25	5	>10.0～16.0	40	8	>16.～25.0	63	13	>6.3～10.0

基本圆锥长度 L/mm		圆锥角公差等级								
		AT7			AT8			AT9		
		AT_α		AT_D	AT_α		AT_D	AT_α		AT_D
大于	至	μrad	(′)(″)	μm	μrad	(′)(″)	μm	μrad	(′)(″)	μm
自 6	10	800	2′45″	>5.0～8.0	1250	4′18″	>8.0～12.5	2000	6′52″	>12.5～20
10	16	630	2′10″	>6.3～10.0	1000	3′26″	>10.0～16.0	1600	5′30″	>16～25
16	25	500	1′43″	>8.0～12.5	800	2′45″	>12.5～20.0	1250	4′18″	>20～32
25	40	400	1′22″	>10.0～16.0	630	2′10″	>16.0～25.0	1000	3′26″	>25～40
40	63	315	1′05″	>12.5～20.0	500	1′43″	>20.0～32.0	800	2′45″	>32～50
63	100	250	52″	>16.0～25.0	400	1′22″	>25.0～40.0	630	2′10″	>40～63
100	160	200	41″	>20.0～32.0	315	1′05″	>32.0～50.0	500	1′43″	>50～80
160	250	160	33″	>25.0～40.0	250	52″	>40.0～63.0	400	1′22″	>63～100
250	400	125	26″	>32.0～50.0	200	41″	>50.0～80.0	315	1′05″	>80～125
400	630	100	21″	>40.0～63.0	160	33″	>63.0～100	250	52″	>100～160

表 8-16 中,在每一基本圆锥长度 L 的尺寸段内,当公差等级一定时,AT_α 为一定值,对应的 AT_D 随长度不同而变化

$$AT_D = AT_\alpha \times L \times 10^{-3} \tag{8-11}$$

式中:AT_α 单位为 μrad;AT_D 单位为 μm;L 单位为 mm。

3. 给定截面圆锥直径公差 T_{DS}

给定截面圆锥直径公差 T_{DS} 是指在垂直于圆锥轴线的给定截面内,圆锥直径的变动量。它仅适用于该给定截面的圆锥直径。其公差带是在给定的截面内两同心圆所限定的区域,如图 8-24 所示。T_{DS} 公差带所限定的是平面区域,而 T_D 公差带限定的是空间区域。

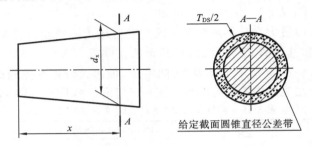

图 8-24 给定截面圆锥直径公差带

4. 圆锥的形状公差 T_F

圆锥的形状公差 T_F 包括素线直线度公差、垂直于轴线截面圆度公差及面轮廓度公差等。T_F 的数值推荐按 GB/T 1184—1996 中附录 B"图样上注出公差值的规定"选取。一般情况下,圆锥的形状公差用直径公差 T_D 控制,要求较高时,给出直线度和圆度公差或者面轮廓度公差。

8.3.3 圆锥公差的给定方法

对于一个具体的圆锥工件是根据工件使用要求来提出公差项目的。

GB/T 11334—2005 中规定了两种圆锥公差的给定方法。

(1) 给出圆锥的公称圆锥角 α(或锥度 C)和圆锥直径公差 T_D。由 T_D 确定两个极限圆锥。此时,圆锥角误差和圆锥的形状误差均应在极限圆锥所限定的区域内。这相当于包容要求。图 8-25(a)所示为此种给定方法的标注示例,图 8-25(b)所示为其公差带。

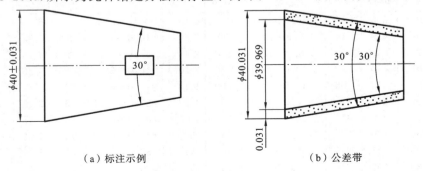

(a)标注示例 (b)公差带

图 8-25 第一种公差的给定方法

当对圆锥角公差、形状公差有更高要求时,可再给出圆锥角公差 AT、形状公差 T_F,此时 AT、T_F 仅占 T_D 的一部分。

（2）给出给定截面圆锥直径公差 T_{DS} 和圆锥角公差 AT。此时,T_{DS} 和 AT 是独立的,应分别满足。此方法是在假定圆锥素线为理想直线的情况下给出的。当对形状公差有更高要求时,可再给出圆锥的形状公差 T_F,如图 8-26 所示。

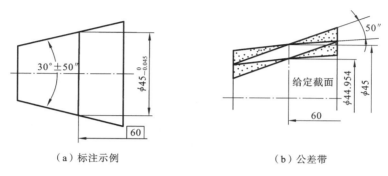

（a）标注示例　　　　　　　　（b）公差带

图 8-26　第二种公差的给定方法

8.3.4　圆锥配合

圆锥配合需符合 GB/T 12360—2005《圆锥配合》规定的要求,圆锥配合同圆柱配合一样,分为间隙配合、过渡配合和过盈配合。实际生产中,可以采取以下圆锥配合结构。

（1）结构型圆锥配合　由圆锥结构确定装配位置,内、外圆锥公差区的相互关系,可以实现间隙配合、过渡配合或过盈配合。图 8-27（a）为由轴肩接触得到间隙配合的结构型圆锥配合示例,图 8-27（b）为由结构尺寸 a 得到过盈配合的结构型圆锥配合示例。

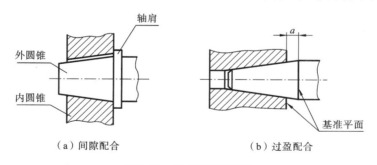

（a）间隙配合　　　　　　　　（b）过盈配合

图 8-27　结构型圆锥配合

（2）位移型圆锥配合　内、外圆锥在装配时作一定的相对轴向位移 E_a 来实现所需的配合性质。位移型圆锥配合可以是间隙配合或过盈配合,一般不用于过渡配合。图 8-28（a）所示为内圆锥由初始位置（在不施力的情况下,内、外圆锥表面接触时的轴向位置）向左移动轴向位移 E_a,得到间隙配合的位移型圆锥配合。图 8-28（b）所示为在给定装配力 F_s 的作用下,内圆锥由实际初始位置 P_a 移至终止位置 P_f,得到过盈配合的位移型圆锥配合。

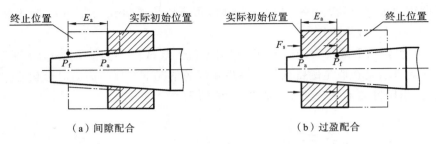

（a）间隙配合　　　　　　　　　（b）过盈配合

图 8-28　位移型圆锥配合

8.3.5　圆锥锥度的检测

1. 锥度的一般检测

圆锥锥度间接测量法是通过测量与锥度有关的尺寸,按几何关系换算出被测的锥度(或

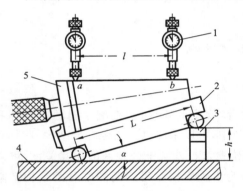

图 8-29　用正弦规测量外圆锥锥度

锥角)。图 8-29 所示为用正弦规测量外圆锥锥度示意图。先按公式 $h=L\sin\alpha$ 计算并组合量块组。式中:α 为公称圆锥角;L 为正弦规两圆柱中心距。然后按图 8-29 进行测量。工件的锥度偏差为

$$\Delta C=(h_a-h_b)/l \qquad (8-12)$$

式中:h_a、h_b——指示表在 a、b 两点的读数;

　　　　l——a、b 两点间距离。

2. 锥度的量规检验

大批量生产的圆锥零件可采用量规作为检验工具。检验内圆锥用塞规,如图 8-30(a)所示,检

验外圆锥用环规如图 8-30(b)所示。

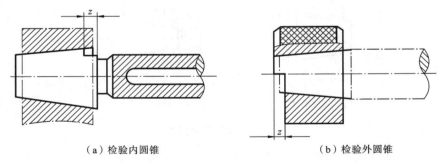

（a）检验内圆锥　　　　　　　　（b）检验外圆锥

图 8-30　圆锥量规

检测锥度时,先在量规圆锥面素线的全长上,涂 3～4 条极薄的显示剂,然后把量规与被测圆锥对研(来回旋转角应小于 180°)。根据被测圆锥上的着色或量规上擦掉的痕迹,来判断被测锥度或圆锥角是否合格。

此外,在量规的基准端部刻有两条刻线或小台阶,它们之间的距离为

$$z = (T_D/C) \times 10^{-3} \text{ mm} \tag{8-13}$$

式中：T_D——被检验圆锥直径公差，单位为 μm；

　　C——锥度。

z 用以检验实际圆锥的直径偏差、圆锥角偏差和形状误差的综合结果。若被测圆锥的基面端位于量规的两刻线之间，则表示合格。

8.4　键与花键的公差配合与检验

单键和花键是机械产品中常见的结合件。本节重点介绍平键和矩形花键联结的公差与配合特点、基准制、几何公差和表面粗糙度的选用与标注，矩形花键联结的定心方式及平键和花键的检验方法等。

8.4.1　键与花键的种类和用途

1. 单键联结

键又称单键，它是应用很普遍的一种标准件，分为平键、半圆键和楔键等几种形式，其中平键又分为普通平键和导向平键，前者用于固定联结的场合，后者用于轴上零件与轴需作相对移动的场合。单键联结的各种形式如图 8-31 所示。

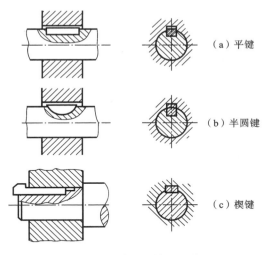

（a）平键

（b）半圆键

（c）楔键

图 8-31　单键联结的形式

平键联结的应用最为广泛，它制造简单、拆装方便，轴与轮毂相联后对中良好，可做成静联结或滑动联结；半圆键联结加工和装配工艺性能好，键在轴槽中能绕槽底圆弧的曲率中心摆动，但轴上键槽较深，对轴强度削弱较大，故一般用于轻载联结，多与圆锥联结配合使用。

2. 花键联结

当传递转矩较大、定心精度又要求较高时，单键结合已不能满足要求，因而从单键逐渐发展为多键。均布的多个键与轴结合成一整体，形成花键轴；对应的轮毂开有相应的均布键槽，称为花键孔，两者结合，构成花键联结。花键轴又称外花键，花键孔又称内花键。

花键联结与单键联结相比,具有明显的优势:孔与轴的轴线定心精度高,导向性好。同时,由于键数目的增加,键与轴结合为一体,轴和轮毂上承受的负荷分布比较均匀,因而可以传递较大的转矩。另外,强度高,联结也更为可靠。

花键联结按其键形不同,分为矩形花键、渐开线花键和三角花键三种,如图 8-32 所示。

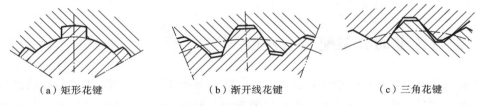

(a)矩形花键   (b)渐开线花键   (c)三角花键

图 8-32 花键联结的形式

矩形花键的键侧边为直线,加工方便,可用磨削方法获得较高的精度。在机床和一般机械中应用最广。

渐开线花键的齿廓为渐开线,加工工艺与渐开线齿轮相同,齿的根部渐厚,应力集中小,故强度高;易于对中、联结的稳定性较好。在汽车、拖拉机制造业中已被日益广泛采用,主要用于扭矩大、定心精度要求高以及尺寸较大的联结部位。

三角花键联结的内花键齿形为三角形,外花键齿廓为压力角等于 45° 的渐开线。主要用于扭矩小和直径小的操纵机构和调整机构中,特别适用于轴与薄壁零件的联结、某些可拆卸的轻载联结部位。

上述三种花键联结中,目前用得最普遍的是矩形花键。

8.4.2 平键联结的公差与配合

1. 平键和键槽的尺寸

平键联结由键、轴键槽和轮毂键槽三个部分组成,如图 8-33 所示。由于扭矩是通过键与键槽的侧面传递的,因此,键与键槽的宽度 b 是配合尺寸,应规定较严的公差;其余尺寸都是非配合尺寸,应给予较松的公差。

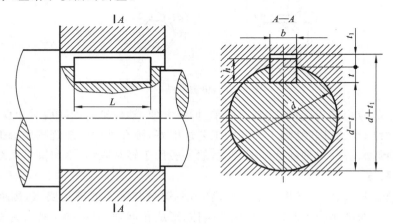

图 8-33 平键和键槽的剖面尺寸

2. 配合尺寸的公差带与配合种类

平键联结采用基轴制配合,而且键的侧面同时与轴槽与轮毂槽的两个侧面联结,并要求有不同的配合性质。GB/T 1095—2003《平键 键和键槽的剖面尺寸》确定了平键联结的公差与配合,其中对键的宽度规定了一种公差带,对轴和轮毂键槽的宽度各规定了三种公差带(见图 8-34),分别形成了三组配合及其应用(见表 8-17)。

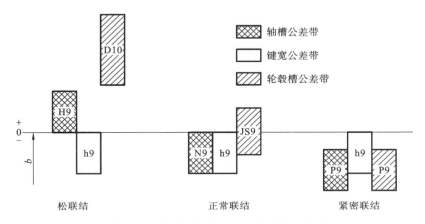

图 8-34 普通型平键宽和键槽宽的公差带

表 8-17 普通型平键联结的公差带及其应用

配合种类	尺寸 b 的公差带			应 用
	键	轴键槽	轮毂键槽	
松联结		H9	D10	用于导向平键,轮毂在轴上移动
正常联结	h9	N9	JS9	键在轴键槽中和轮毂槽中均固定,用于载荷不大的场合
紧密联结		P9	P9	键在轴键槽中和轮毂槽中均牢固固定,用于载荷较大、有冲击和双向转矩的场合

3. 非配合尺寸的公差带

平键高度 h 的公差带采用 h11,键长公差带采用 h14,平键轴槽长度公差带采用 H14。为了便于测量,一般在图纸上对轴槽深和轮毂槽深常标注 $d-t$ 及 $d+t_1$,而不标注 t 及 t_1,它们的极限偏差由表 8-18 查取。

4. 几何公差和表面粗糙度要求

1)平键的对称度公差

键装于键槽内的松紧程度,除取决于键及键槽的公差与配合外,键及键槽的形状和位置误差,也是影响结合质量的因素。其中,轴键槽的对称度误差,是由于键槽的实际中心平面在径向产生偏移和在轴向产生倾斜造成的,轮毂键槽产生对称度误差的原因同上。应分别对轴键槽宽度的中心平面对轴基准轴线、轮毂键槽宽度的中心平面对孔基准轴线的对称度规定公差,其公差等级可按标准取为 7~9 级,见表 8-19。

表 8-18　平键的公称尺寸和键槽深的尺寸及极限偏差　　　　　　　　mm

轴 颈	键	轴 键 槽				轮 毂 键 槽		
基本尺寸 d	公称尺寸 $b \times h$	t		$d-t$		t_1		$d+t_1$
		公称尺寸	极限偏差			公称尺寸	极限偏差	
6～8	2×2	1.2	+0.4 0	0 −0.1		1.0	+0.1 0	+0.1 0
>8～10	3×3	1.8				1.4		
>10～12	4×4	2.5				1.8		
>12～17	5×5	3.0				2.3		
>17～22	6×6	3.5				2.8		
>22～30	8×7	4.0	+0.2 0	0 −0.2		3.3	+0.2 0	+0.2 0
>30～38	10×8	5.0				3.3		
>38～44	12×8	5.0				3.3		
>44～50	14×9	5.5				3.8		
>50～58	16×10	6.0				4.3		

表 8-19　单键键槽对称度公差

槽宽 b 的基本尺寸/mm	公差 等 级			槽宽 b 的基本尺寸/mm	公差 等 级		
	7	8	9		7	8	9
	公 差 值/μm				公 差 值/μm		
～3	6	10	20	>18～30	15	25	50
>3～6	8	12	25	>30～50	20	30	60
>6～10	10	15	30	>50～120	25	40	80
>16～18	12	20	40				

2）平键的平行度公差

当键宽比 $L/b \geqslant 8$ 时,应规定键的两工作侧面在长度方向上的平行度要求。可按 GB/T 1184—1996 的规定选取:当 $b \leqslant 6$ mm 时取 7 级;当 $b \geqslant 8 \sim 36$ mm 时取 6 级;当 $b \geqslant 40$ mm 时取 5 级。

3）表面粗糙度

键槽侧面粗糙度影响配合稳定性。对于固定配合,由于装配时表面粗糙轮廓的波峰被挤平,减少了配合的过盈量;对于滑动配合,由于工作中波峰被磨损,增大了间隙,故粗糙度不能过高,否则影响使用性能。键和键槽配合表面的表面粗糙度 Ra 一般取为 1.6～3.2 μm,非配合表面的表面粗糙度 Ra 取为 6.3～12.5 μm。

图样标注如图 8-35 所示。

8.4.3　矩形花键联结的公差与配合

1. 矩形花键的主要尺寸

矩形花键联结有三个主要尺寸参数:小径 d、大径 D、键(或槽)宽 B,如图 8-36 所示。为了便于加工和检测,键数 N 规定为偶数,有 6、8、10 三种。按承载能力,对基本尺寸规定

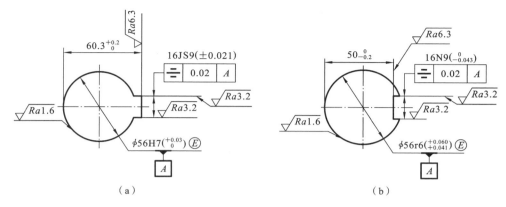

图 8-35　键槽尺寸和公差的标注示例

了轻、中两个系列,同一小径的轻系列和中系列的键数、键宽(或槽宽)均相同,仅大径不相同,如表 8-20 所示。

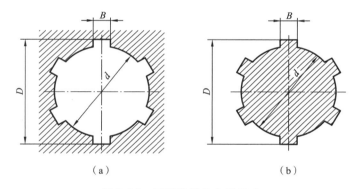

图 8-36　矩形花键的主要尺寸

2. 矩形花键的定心方式

在矩形花键联结中,若要使 d、D 和 B 三个尺寸都同时配合得很准,是相当困难的,即使三个尺寸都加工得很精确,还会受到它们之间的表面形状和位置误差的影响,使各处配合的松紧程度不一样,甚至无法进行装配。因此,在矩形花键联结中,只选取其中一个尺寸的结合面为主,来确定内、外花键的配合性质,这个结合面称为定心表面。每个结合面都可以作为定心表面,故花键联结可以有三种定心方式:小径 d 定心、大径 D 定心、键宽(键槽宽)B定心。

花键联结的基本要求是保证联结中的同轴度以及传递较大的扭矩。因此,定心直径的公差等级较高,以保证同轴度,非定心直径的公差等级较低,并且非定心表面之间有相当大的间隙,以保证相互不接触。但是,无论键和键槽的侧面是否作为定心表面,均要求有较高的精度,以保证传递扭矩或导向的需要。

GB/T 1144—2001 规定矩形花键联结采用小径定心方式,如图 8-37 所示。其原因是:① 有利于提高产品性能、质量和技术水平;小径定心的定心精度高,稳定性好,而且能用磨削的方法消除热处理变形,使定心直径尺寸、形状及位置获得更高的精度;② 有利于简化加

表 8-20 矩形花键基本尺寸的系列(摘自 GB/T 1144—2001) mm

d	轻 系 列				中 系 列			
	标 记	N	D	B	标 记	N	D	B
11					6×11×14	6	14	3
13					6×13×16	6	16	3.5
16					6×16×20	6	20	4
18					6×18×22	6	22	5
21					6×21×25	6	25	6
23	6×23×26	6	26	6	6×23×28	6	28	6
26	6×26×30	6	30	6	6×26×32	6	32	6
28	6×28×32	6	32	7	6×28×34	6	34	7
32	8×32×36	8	36	6	8×32×38	8	38	6
36	8×36×40	8	40	7	8×36×42	8	42	7
42	8×42×46	8	46	8	8×42×48	8	48	8
46	8×46×50	8	50	9	8×46×54	8	54	9
52	8×52×58	8	58	10	8×52×60	8	60	10
56	8×56×62	8	62	10	8×56×65	8	65	10
62	8×62×68	8	68	12	8×62×72	8	72	12
72	10×72×78	10	78	12	10×72×82	10	82	12
82	10×82×88	10	88	12	10×82×92	10	92	12
92	10×92×98	10	98	14	10×92×102	10	102	14
102	10×102×108	10	108	16	10×102×112	10	112	16
112	10×112×120	10	120	18	10×112×125	10	125	18

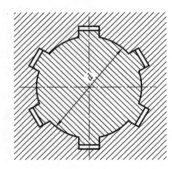

图 8-37 矩形花键的小径
定心方式

工工艺,降低生产成本;尤其是对内花键定心表面的加工,采用磨削加工方法,可以减少成本较高的拉刀规格,也易于保证表面质量;③ 与国际标准相符,便于进行国际交流与合作;④ 便于齿轮精度标准的贯彻配套。

3. 尺寸公差带与装配形式

矩形花键内、外花键尺寸的公差带分为一般传动用和精密传动用两种,组合后分为 9 种装配形式,如表 8-21 所示。

4. 矩形花键的几何公差

矩形花键属于多参数配合,除了尺寸公差外,还规定了几何公差,并通过对内、外花键小径定心表面采用包容原则来控制其几何公差。

表 8-21　矩形花键的尺寸公差与装配形式

内花键				外花键			装配形式
d	D	B		d	D	B	
		拉削后不热处理	拉削后热处理				
一般传动用							
H7	H10	H9	H11	f7	d10		滑动
				g7	a11	f9	紧滑动
				h7		h10	固定
精密传动用							
H5	H10	H7,H9		f5		d8	滑动
				g5		f7	紧滑动
				h5		h8	固定
H6				f6	a11	d8	滑动
				g6		f7	紧滑动
				h6		h8	固定

注：① 精密传动用的内花键，当需要控制键侧配合间隙时，键槽宽 B 可选用 H7，一般情况下可选用 H9。

　　② 小径 d 的公差带为 H6 或 H7 的内花键，允许与提高一级的外花键配合。

内、外花键的几何公差对花键联结的影响如图 8-38 所示：花键结合采用小径定心。

假设内、外花键各部分的实际尺寸合格，内花键（粗实线）定心表面和键槽侧面的形状和位置都正确，而外花键（细实线）定心表面各部分不同轴，各键不等分或不对称，这相当于外花键轮廓尺寸增大，造成它与内花键干涉。同样地，内花键几何公差的存在相当于内花键轮廓尺寸减小，也会造成它与外花键干涉。

为了控制内、外花键的几何公差，避免装配困难，并且使键侧面和键槽侧面受力均匀，除了采用包容原则控制定心表面的形状误差以外，还应该控制花键的分度误差，必要时应进一步控制内花键各键槽的侧面和外花键各键的侧面对定心表面轴线的平行度误差。对于花键几何公差的控制，分为以下几种情况。

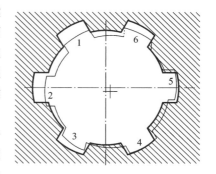

图 8-38　花键几何公差对花键联结的影响

（1）在大量、大批生产条件下，一般用键和键槽的位置度公差来控制分度误差（见表 8-22），其图样标注如图 8-39 所示，用花键量规检验。

（2）在单件、少量生产条件下，则需要对键和键槽规定对称度公差和等分度公差，两者同值均为 t_2（见表 8-23），图样标注如图 8-40 所示。

表 8-22 位置度公差   mm

键槽宽或键宽 B	3	3.5~6	7~10	12~18
	t_1			
键槽宽位置度公差	0.010	0.015	0.020	0.025
键宽位置度公差 滑动、固定	0.010	0.015	0.020	0.025
键宽位置度公差 紧滑动	0.006	0.010	0.013	0.016

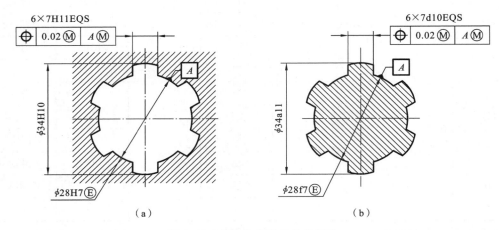

图 8-39 花键位置度的公差标注

表 8-23 对称度公差和等分度公差   mm

键槽宽或键宽 B	3	3.5~6	7~10	12~18
	t_2			
一般传动用	0.010	0.012	0.015	0.018
精密传动用	0.006	0.008	0.009	0.011

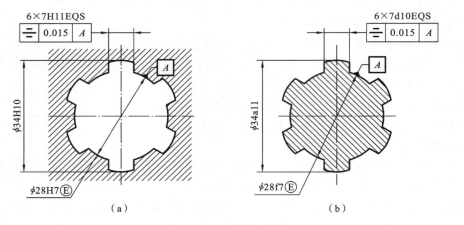

图 8-40 花键对称度的公差标注

（3）对较长的花键,可根据产品性能自行规定键侧对轴线的平行度公差,其值由产品性能确定。

由于内、外花键的大径分别按 H10 和 a11 加工,它们的大径表面配合间隙很大,因而大径表面轴线对定心小径表面轴线的同轴度误差可以利用该间隙来补偿。

5. 矩形花键的表面粗糙度

矩形花键的表面粗糙度选取参照表 8-24。

表 8-24 矩形花键表面粗糙度推荐值

加 工 表 面		内 花 键	外 花 键
$Ra/\mu m$	大径	≤6.3	≤3.2
	小径	≤0.8	≤0.8
	键侧	≤3.2	≤0.8

8.4.4 平键与矩形花键的检验

1. 平键的检验

平键本身属于标准件,故这里仅介绍平键槽的检验。

1）键槽尺寸的检验

键槽尺寸的检验应与生产批量相适应。在单件或小批生产中,一般用通用量具(游标卡尺,外径、内径和深度千分尺等)测量轴槽、轮毂槽的深度与宽度;在大批和大量生产中,则用专用量规进行检验。量规的结构如图 8-41 所示。

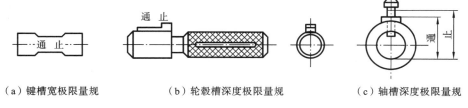

（a）键槽宽极限量规　　　（b）轮毂槽深度极限量规　　　（c）轴槽深度极限量规

图 8-41　平键尺寸检测用极限量规

2）键槽对称度的检验

小批生产时,键槽对称度可以用分度头、V 形块和百分表来测量;大批、大量生产时,键槽的位置精度是由加工工艺保证的,很少进行检验。当要检验时,常用图 8-42 所示的量规进行。其中图 8-42(a)是检验轮毂槽对称度的量规,以量规能够通过轮毂孔与键槽为合格。图 8-42(b)是检验轴槽对称度的量规,以 V 形表面为基准,当量规上的量杆可以放入轴槽内,同时 V 形表面两侧与轴的表面都能贴合且无间隙,则表示合格。

2. 矩形花键的检验

矩形花键的检验包括参数尺寸和几何公差两部分内容,具体分为单项检验和综合检验。单项检验主要在加工中进行,在大批、大量生产中更重要的是对完工零件进行综合检验。

具体采用哪些检验与矩形花键位置公差的项目不同有关。第一种情形:若规定的是位置度公差,则既需要对各参数尺寸逐个进行单项检验,还需要对尺寸及几何公差进行综合检

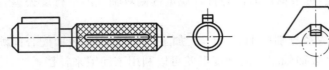

(a)轮毂槽对称度极限量规　　　　　　(b)轴槽对称度极限量规

图 8-42　轮毂槽和轴槽对称度极限量规

验,两项检验都合格的方为合格件。第二种情形:若规定的是对称度公差,则只需要对各参数尺寸和位置误差分别进行单项检验,而无须进行综合检验。以下对相应的单项检验和综合检验给予具体介绍。

1)单项检验

(1)第一种情形　分别对花键的小径、大径和键(槽)宽进行实测,检验内花键的各实际尺寸是否超过最大极限尺寸,外花键的各实际尺寸是否超过最小极限尺寸。对内、外花键分别用单项止端塞规和单项止端卡规测量,或者使用通用量具。单项止端量规不能通过的方为检验合格。

(2)第二种情形　对小径定心表面应采用光滑极限量规检验,大径和键(槽)宽用两点法测量,键(槽)的对称度误差和大径表面轴线对小径表面轴线的同轴度误差都使用通用量具来测量。

2)综合检验

(1)内花键　内花键应采用花键综合塞规(见图 8-43(a))控制其轮廓要素不超过其实效边界。综合塞规通过内花键,则同时控制内花键的小径、大径、槽宽、大径对小径同轴度和键槽的位置度等项目,以保证内花键的配合要求和安装要求。检测时,综合塞规通过,则表示合格。

(2)外花键　外花键应采用花键综合环规(见图 8-43(b))控制其轮廓要素不超过其实效边界。综合环规通过外花键,则同时控制外花键的小径、大径、键宽、大径对小径同轴度和花键的位置度等项目,以保证外花键的配合要求和安装要求。检测时,综合环规通过,则表示合格。

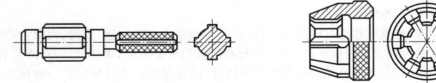

(a)花键综合塞规　　　　　　　　　　(b)花键综合环规

图 8-43　矩形花键综合量规

由于花键综合量规仅用以控制位置误差的最大值,因此花键综合量规(塞规和环规)只有通端,而没有止端。用花键综合量规检验零件的合格依据为可通过性,当零件在单项检验合格的情况下,若量规通过零件越松快,则说明零件的综合误差越小。

习　　题

8-1　螺纹的分类情况如何？互换性要求有什么不同？

8-2　以外螺纹为例，说明螺纹中径、单一中径和作用中径的联系与区别，三者在什么情况下是相等的？

8-3　圆柱螺纹的综合检验与单项检验各有什么特点？

8-4　通过查表写出代号为 M20×2-6H/5g6g 的外螺纹中径、大径和内螺纹中径、小径的极限偏差，并绘制公差带图。

8-5　用三针法测量代号为 M24×3-6h 的外螺纹单一中径，若测得 $\Delta\alpha/2=0$，$\Delta P=0$，$M=24.514$ mm，试判断该螺纹中径是否合格？

8-6　滚动轴承的互换性有何特点？其公差配合与一般圆柱体的公差配合有何不同？

8-7　滚动轴承的精度等级分为几级？其代号是什么？

8-8　滚动轴承承受负荷的类型与选择配合有什么关系？

8-9　某旋转机构的工作情况为：轴承座固定，轴旋转，径向负荷为 5 kN，若选用向心球轴承 6310/P6（$d=50$ mm，$D=110$ mm，基本额定动载荷 $C=47500$ N，$B=27$ mm，$r=3$ mm），试确定与轴承配合的轴和轴承座孔的公差带。

8-10　与圆柱配合相比，圆锥配合有哪些优点？对圆锥配合有哪些基本要求？

8-11　某圆锥最大直径为 100 mm，最小直径为 90 mm，圆锥长度为 100 mm，试确定圆锥角、素线角和锥度。

8-12　已知相互配合的内、外圆锥的基本锥度为 1∶20，基本圆锥直径为 100 mm，装配后得到配合性质是 H8/h7 的位移型圆锥配合零件，试计算该圆锥配合的轴向位移和轴向位移公差。

8-13　圆锥公差有哪几种给定方法？如何标注？

8-14　平键和花键联结在机械中起着什么作用？它们各自有什么特点？各自的主要几何参数有哪些？各自采用何种基准制？

8-15　对矩形花键的基本要求是什么？采用何种定心方式？为什么？

8-16　平键联结的公差与配合的选用依据是什么？区别不同情况时应如何选用？

8-17　平键的检验包括哪些内容？应如何考虑选择相应的量具？

8-18　某规格为 10 mm×82 mm×88 mm×12 mm 的矩形花键联结，一般传动要求，定心精度要求不高，花键孔在拉削后需进行热处理，以保证其硬度及经常轴向移动时所需的耐磨性。试确定内、外花键的公差与配合、标记、形位公差及表面粗糙度数值。

第9章 渐开线圆柱齿轮精度及检测

齿轮传动是机械、仪表中常见的传动方式。齿轮工作情况的不同,对齿轮传动的要求也会不同。本章介绍单个齿轮及齿轮副的评定项目和精度规定、齿坯精度要求及齿轮精度设计方法。相关国家标准有:GB/T 10095.1—2008《圆柱齿轮 精度制 第 1 部分:轮齿同侧齿面偏差的定义和允许值》,GB/T 10095.2—2008《圆柱齿轮 精度制 第 2 部分:径向综合偏差与径向跳动的定义和允许值》,GB/Z 18620.1—2008《圆柱齿轮 检验实施规范 第 1 部分:轮齿同侧齿面的检验》,GB/Z 18620.2—2008《圆柱齿轮 检验实施规范 第 2 部分:径向综合偏差、径向跳动、齿厚和侧隙的检验》,GB/Z 18620.3—2008《圆柱齿轮 检验实施规范 第 3 部分:齿轮坯、轴中心距和轴线平行度的检验》,GB/Z 18620.4—2008《圆柱齿轮 检验实施规范 第 4 部分:表面结构和轮齿接触斑点的检验》等。

9.1 概述

9.1.1 齿轮传动的基本要求

齿轮传动是一种广泛使用的机械传动方式。通常用于传递运动和动力及精密分度。机器的工作性能及使用寿命和齿轮的制造精度密切相关。根据用途,齿轮的基本要求可以归纳为以下四个方面。

1. 传递运动的准确性

理想的齿轮传动要求从动齿轮随主动齿轮按名义的传动比准确转过相应的角度,但由于各种加工误差和安装误差的影响,实际转过角度与理论转角间往往存在误差,导致实际传动比的变化。传递运动的准确性要求齿轮在一转的范围内,传动比的变化尽量小,保证从动轮与主动轮运动协调一致,可以用一转范围内的最大转角误差来表示。

2. 传动的平稳性

齿轮传动过程中,由于齿形误差、齿距误差等影响,即使转过很小的角度,也会造成瞬时传动比的变化,从而使从动齿轮的转速发生变化,产生瞬时加速度和惯性冲击力,引起振动和噪声。传动平稳性要求齿轮在转过一个齿的范围内,瞬时传动比的变化尽量小,以减小传动的冲击、振动和噪声。可以通过控制齿轮转过一个齿的过程中的最大转角误差来保证。

3. 载荷分布的均匀性

齿轮传动过程中,由于受力不均匀、接触面小等原因,导致应力集中,引起局部齿面的磨损加剧、点蚀甚至折断。载荷分布的均匀性(齿轮接触精度)要求齿轮啮合传动时,工作齿面要保证接触良好,载荷分布均匀,避免应力集中,保证齿轮的承载能力和使用寿命。

4. 传动侧隙

传动侧隙指装配好的齿轮副啮合传动时,在非工作齿面之间留有一定的间隙,用以储存润滑油,补偿齿轮的制造误差、安装误差以及热变形和受力变形,防止传动过程中出现卡死或烧伤现象。齿轮的侧隙必须合理,过大会增加冲击、噪声和空程误差。

9.1.2　不同工况齿轮的传动要求

由于齿轮传动的用途和工作环境差异很大,齿轮传动的基本要求的侧重也会随具体使用情况而不同。典型情况有以下几种。

1. 分度齿轮

例如,控制系统、精密分度机构、仪器仪表等使用的齿轮,用于传递精确的角位移,而扭矩和功率不大。主要要求是传递运动的准确性,保证主、从动齿轮的运动协调、分度准确。当需要可逆传动时,应限制侧隙或采取消隙措施,减少反转空程误差。

2. 高速动力齿轮

例如,汽轮机减速器齿轮等传递大动力的齿轮,传递功率大、速度高。主要要求传动平稳、噪声及振动小,对齿面接触精度的要求也很高。特别要注意控制瞬时传动比及一转传动比的变化,同时应留有足够的齿侧间隙,以保持良好的润滑,避免因温升而发生咬合故障。

3. 低速重载齿轮

例如,轧钢机、矿山机械及起重机械中的齿轮,传递扭矩大、速度低。主要要求齿面的接触良好,而对运动传递的准确性和平稳性要求不高。保证齿面的接触精度,满足齿轮强度和寿命要求,留出较大的侧隙,补偿受力受热变形。

9.1.3　齿轮加工误差

齿轮的加工方法按齿廓形成原理可分为成形法和展成法。成形法采用成形铣刀在铣床上铣齿,成形齿轮刀具的齿形与被加工齿轮的齿槽形状相同。常见的有盘形成形铣刀铣齿和指状成形铣刀铣齿,如图 9-1 所示。

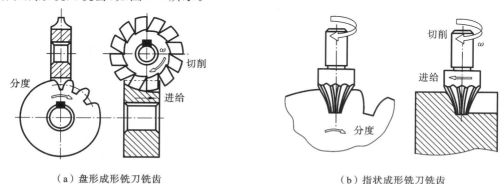

（a）盘形成形铣刀铣齿　　　　　　　（b）指状成形铣刀铣齿

图 9-1　成形法加工

展成法采用齿轮啮合原理加工,刀具与工件产生范成运动,经由刀具刃形若干次切削包络成工件的齿形。常见的有滚齿和插齿,如图 9-2 所示。

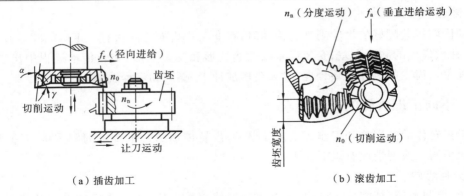

（a）插齿加工　　　　　　　　　　　　（b）滚齿加工

图 9-2　展成法加工

在齿轮加工过程中，由于机床、刀具及齿坯的制造、安装等误差都会导致齿轮加工误差。滚齿是齿廓加工中最为常见有效的方法。下面以图 9-3 的滚齿加工为例，分析引起齿轮加工误差的因素。

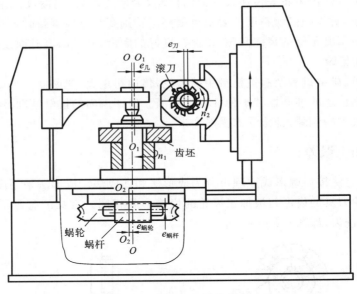

图 9-3　滚齿加工误差分析

OO—机床工作台回转中心轴线；O_1O_1—齿坯基准孔轴线

1.　几何偏心

几何偏心（$e_几$）是由于齿坯孔的中心轴线（O_1O_1）与齿轮加工的回转中心轴线不重合引起的安装偏心。几何偏心的存在使得齿坯中心轴线相对滚刀中心轴线位置发生变化，导致切出的齿的厚度和高度周期性变化，还会产生径向跳动误差。

2.　运动偏心

运动偏心（$e_运$）是由于分度蜗轮的制造误差（主要是齿距累积误差）及安装时的偏心（$e_蜗轮$）引起的。运动偏心的存在使齿坯相对滚刀的转速不均匀，导致齿轮产生切向周期性变化的切向误差，齿距和公法线长度也相应变化。

3．机床传动链误差

加工直齿时，范成运动传动链中各元件的误差，尤其是分度蜗杆由于安装偏心（$e_{蜗杆}$）引起的径向跳动和轴向窜动，使蜗轮（齿坯）在一转范围内的转速发生多次变化，造成加工的齿轮产生齿距偏差、齿形误差。加工斜齿时，还受到差动传动链的传动误差的影响。

4．滚刀的制造和安装误差

滚刀的安装偏心（$e_{刀}$）使齿轮产生径向误差。滚刀刀架导轨或齿坯轴线相对于工作台回转中心轴线的倾斜或轴向窜动，使滚刀的进刀方向与轮齿的理论方向不一致，造成轮齿的方向偏斜，产生齿向误差。滚刀的制造误差主要包括滚刀的径向跳动、轴向窜动和齿形角误差等，将引起齿轮的基圆齿距（基节）偏差和齿形误差。

按范成法滚切齿轮，齿廓的形成是滚刀周期性连续切削的结果。因而，加工误差是齿轮转角的函数，具有周期性。上述前两个因素所产生的误差以齿轮一转为周期，称为长周期误差；后两个因素所产生的误差，在齿轮一转的范围内多次重复出现，称为短周期误差（即高频误差）。长周期误差影响齿轮传动的准确性，短周期误差影响齿轮传动的平稳性。齿轮的齿向误差和齿形误差会影响载荷分布的均匀性。

9.2　单个齿轮的精度评定指标及检测

9.2.1　齿轮轮齿同侧齿面偏差及检测

1．齿距偏差

（1）单个齿距偏差（f_{pt}）　在端平面上，在接近齿高中部的一个与齿轮轴线同心的圆上，实际齿距与理论齿距的代数差。

（2）齿距累积偏差（F_{pk}）　任意 k 个齿距的实际弧长与理论弧长的代数差，理论上等于这 k 个齿距的各单个齿距偏差的代数和。k 值取 2 到 $z/8$ 的整数。

（3）齿距累积总偏差（F_P）　齿轮同侧齿面任意弧段（$k=1$ 至 $k=z$）内的最大齿距累积偏差。

齿距偏差可以在齿距仪（7级以下）或万能测齿仪（4～6级）上进行测量。齿距累积偏差测量通常采用相对法，即先以被测齿轮的任意一齿距作为基准，将仪器指示调零，然后沿整个齿圈依次测出其他实际齿距与基准齿距的偏差，将所有偏差求和取平均，将各齿距偏差减去偏差平均值，得到绝对齿距偏差，即图 9-4（b）所示各齿对应偏差，依图即可得到所求值。

齿距偏差是几何偏心与运动偏心的综合结果，齿距累积偏差体现了齿轮传递运动的准确性，单个齿距偏差体现了传动的平稳性。

2．齿廓偏差

实际齿廓偏离设计齿廓的量，该量在端平面内且垂直于渐开线齿廓的方向计值。

（1）齿廓总偏差（F_α）　在计值范围（L_α）内，包容实际齿廓迹线的两条设计齿廓迹线间的距离（见图 9-5（a））。计值范围（L_α）指满足规定的齿轮精度要求的部分（92%）有效长度（L_{AE}，即齿轮啮合长度）。

（2）齿廓形状偏差（$f_{f\alpha}$）　在计值范围（L_α）内，包容实际齿廓迹线的两条与平均齿廓迹

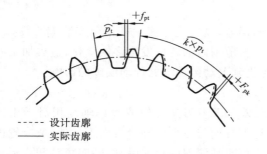

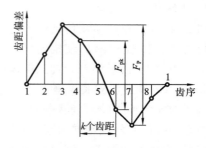

（a）齿距偏差和齿距累积偏差　　　　　　（b）齿距累积偏差和齿距累积总偏差

图 9-4　齿距偏差

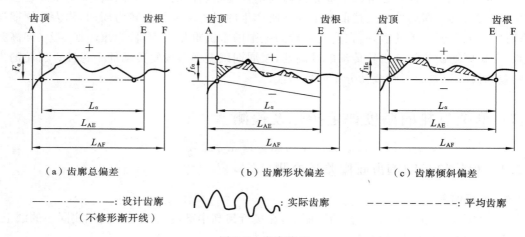

（a）齿廓总偏差　　　　　　（b）齿廓形状偏差　　　　　　（c）齿廓倾斜偏差

———·———·———：设计齿廓　　　　　∿∿∿：实际齿廓　　　　——————：平均齿廓

（不修形渐开线）

图 9-5　齿廓偏差

线完全相同的曲线间的距离（见图 9-5(b)），且两条曲线与平均齿廓迹线的距离为常数。

（3）齿廓倾斜偏差（$f_{H\alpha}$）　在计值范围（L_α）的两端与平均齿廓迹线相交的两条设计齿廓迹线间的距离（见图 9-5(c)）。

齿廓偏差常采用展成法专用单圆盘渐开线检查仪进行测量，仪器记录实际齿廓线与理论渐开线的偏差曲线。通过曲线分析，即可求出所需偏差。齿廓偏差主要影响运动的平稳性。

3. 螺旋线偏差

在端面基圆切线方向上测得的实际螺旋线偏离设计螺旋线的量。

（1）螺旋线总偏差（F_β）　在计值范围（L_β）内，包容实际螺旋线迹线的两条设计螺旋线迹线间的距离（见图 9-6(a)）。计值范围（L_β）指在轮齿两端各减两者（5％齿宽 b 及一个模数长度）中较小的一个后的迹线长度。

（2）螺旋线形状偏差（$f_{f\beta}$）　在计值范围（L_β）内，包容实际螺旋线迹线的，与平均螺旋线迹线完全相同的两条曲线间的距离，且两条曲线与平均螺旋线迹线的距离为常数（见图 9-6(b)）。

（3）螺旋线倾斜偏差（$f_{H\beta}$）　在计值范围（L_β）的两端与平均螺旋线迹线相交的两条设

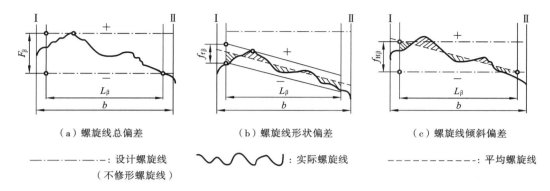

（a）螺旋线总偏差　　　　　（b）螺旋线形状偏差　　　　　（c）螺旋线倾斜偏差

—　·　—　·　—：设计螺旋线　　　　　⌇⌇⌇⌇⌇：实际螺旋线　　　　　- - - - - - - -：平均螺旋线
（不修形螺旋线）

图 9-6　螺旋线偏差

计螺旋线迹线间的距离（见图 9-6(c)）。

螺旋线偏差测量分为展成法和坐标法。展成法的仪器有渐开线螺旋线检查仪、导程仪等；坐标法测量采用螺旋线样板检查仪、齿轮测量中心和三坐标测量机等。螺旋线偏差反映轮齿在齿向方面的误差，是评定载荷分布均匀性的单项指标，$f_{f\beta}$ 和 $f_{H\beta}$ 不是必检项目。

4. 切向综合偏差

1）切向综合总偏差（F_i'）

切向综合总偏差（F_i'）是指被测齿轮与测量齿轮单面啮合时，在被测齿轮一转内，齿轮分度圆上实际圆周位移与理论圆周位移的最大差值（见图 9-7）。

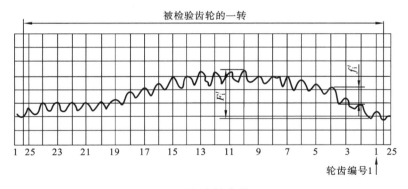

图 9-7　切向综合偏差

2）一齿切向综合偏差（f_i'）

一齿切向综合偏差（f_i'）是指被测齿轮与测量齿轮单面啮合时，在被测齿轮一个齿内的切向综合偏差值（见图 9-7）。

切向综合总偏差反映了齿轮在一转中的转角误差，由于测量是在接近工作状态下连续进行的，故能较为真实地体现齿轮传递运动的准确性。一齿切向综合偏差与切向综合总偏差的测量均采用齿轮单面啮合误差检验仪。一齿切向综合偏差能较好地反映齿轮工作时振动、冲击等高频运动误差的大小。虽然 F_i' 和 f_i' 是评定齿轮传动准确性和平稳性的最佳综合指标，但标准规定，不是必检项目。

9.2.2　齿轮径向综合偏差、径向跳动及检测

1. 齿轮径向综合偏差及检验

1)径向综合总偏差(F_i'')

在径向(双面)综合检验时,产品齿轮(即被测齿轮)的左右齿面同时与测量齿轮接触,并转过一整圈时出现的中心距最大值与最小值之差。采用齿轮双面啮合综合检测仪测得中心距变动曲线(见图9-8)。

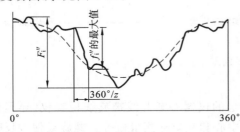

图 9-8　径向综合偏差

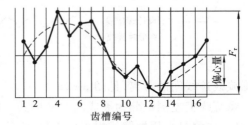

图 9-9　径向跳动测量结果图例

2)一齿径向综合偏差(f_i'')

当产品齿轮与测量齿轮双面啮合一整圈时,对应一个齿距($360°/z$)的径向综合偏差值。产品齿轮所有轮齿的 f_i'' 的最大值不应超过规定的允许值(见图9-8)。

径向综合偏差主要反映由几何偏心引起的误差。由于受左右齿面的共同影响,因而不如切向综合偏差反映全面,不适合验收高精度齿轮。径向综合偏差的测量仪器简单、操作方便,在大批量生产中应用广泛。

2. 齿轮径向跳动(F_r)及检验

径向跳动在国标正文中未给出,列在 GB/T 10095.2—2008 的附录 B 中。齿轮径向跳动为测头(含球形、圆柱形、砧形等)相继置于每个齿槽内时,从它到齿轮轴线的最大与最小径向距离之差。检测中,测头在近似齿高中部与左右齿面接触。根据一周的径向距离变动量作出相应曲线(见图9-9)。

径向跳动主要因齿轮加工时的几何偏心引起。误差性质与径向综合总偏差相似。如果选择了 F_i'',就不再检测 F_r。

9.3　渐开线圆柱齿轮精度等级和选用

9.3.1　渐开线圆柱齿轮精度等级

1. 轮齿同侧齿面偏差的精度等级

国家标准 GB/T 10095.1—2008 中规定,轮齿同侧齿面的 11 项偏差,分 0,1,2,…,12 共 13 个精度等级,0 级最高,12 级最低,适用于分度圆直径 5～10 000 mm、法向模数为 0.5～70 mm、齿宽 4～1 000 mm 的渐开线圆柱齿轮。

2. 径向综合偏差精度等级

国家标准 GB/T 10095.2—2008 中规定,径向综合总偏差 F_i'' 和一齿径向综合偏差 f_i''

分 4,5,6,…,12 共 9 个精度等级,其中 4 级最高,12 级最低。适用于分度圆直径 5～1000 mm、法向模数 0.2～10 mm 的渐开线圆柱齿轮。

3. 径向跳动的精度等级

国家标准 GB/T 10095.2—2008 附录中规定,径向跳动精度分 0,1,2,…,12 共 13 个等级,0 级最高,12 级最低,适用于分度圆直径 5～10 000 mm、法向模数为 0.5～70 mm 的渐开线圆柱齿轮。

0～2 级精度的齿轮要求非常高,我国目前的制造水平和测量条件难以达到。其余精度等级大致分为三类:3～5 级为高精度等级,6～8 级为中等精度等级,9～12 级为低精度等级,其中 5 级为确定其他等级偏差允许值的基础级。

9.3.2　精度等级的选用

选择齿轮的精度等级的基本原则是:在满足使用要求的前提下,尽量选择精度较低的等级。齿轮精度等级的选择必须以齿轮传动的用途、使用条件及技术要求为主要依据,即考虑齿轮的圆周速度、所传递的功率、工作的持续时间、工作规范,以及对传递运动的准确性、平稳性及噪声、振动、寿命等方面的要求。

确定齿轮精度等级的方法有计算法和类比法,通常选用类比法。

1. 计算法

由于齿轮传动的影响因素多且复杂,计算结果一般作为参考。计算法根据齿轮传动的精度要求,按误差传递规律,计算所允许的转角误差,确定与传递运动准确性相关的偏差值及对应精度等级;根据传动动力学、机械振动学的计算、振动和噪声指标,确定与传动平稳性相关的偏差值及对应精度等级;根据强度计算和寿命,确定载荷分布均匀性相关偏差值及精度等级;根据温升、受力等,确定侧隙及齿厚。

2. 类比法

类比法是将设计齿轮的工作情况与以往产品设计、性能试验、使用过程中积累的经验及技术资料进行对比,从而确定齿轮的精度等级。应优先确定主要精度要求的等级,如分度机构的齿轮,应先确定传动准确性方面的偏差对应的精度等级,再确定传动平稳性等精度要求。齿轮传动的各项要求对应的精度等级允许选用不同的等级,但不宜超过一个等级,同一要求对应的各指标的精度等级应相同。齿轮副中的两个齿轮的精度等级一般取相同等级,但也允许取不同等级,齿轮副的精度等级按精度低的齿轮精度等级确定。

齿轮的精度等级可参考表 9-1 和表 9-2 确定。

表 9-1　各种机械采用的齿轮精度等级

应 用 范 围	精 度 等 级	应 用 范 围	精 度 等 级
测量齿轮	2～5	内燃机车、电气机车	5～8
汽轮机减速器	3～6	通用减速器	6～8
金属切削机床	3～8	轧钢机	5～10
航空发动机	3～7	农业机械	8～10
轻型汽车	5～8	矿用绞车	6～10
重型汽车	6～9	起重机	6～9
拖拉机	6～10		

表 9-2　圆柱齿轮精度等级的适用范围

精度等级	圆周速度 /(m/s)		工作条件及适用范围	齿面最终加工
	直齿	斜齿		
3	~40	~75	要求特别精密的或在最平稳且无噪声的特别高速下工作的齿轮传动;特别精密的机构中的齿轮;特别高速传动(透平齿轮);检测 5~6 级齿轮用的测量齿轮	特精密的磨削或研齿;用精密滚刀或单边剃齿后大多数不经淬火的齿轮
4	~35	~70	特别精密的分度机构中或在最平稳且无噪声的极高速下工作的齿轮传动;特别精密的分度机构中的齿轮;高速透平传动齿轮;检测 7 级齿轮用的测量齿轮	精密磨齿;用精密滚刀或单边剃齿后大多数的齿轮
5	~20	~40	精密的分度机构中或要求极平稳且无噪声的高速下工作的齿轮传动;精密的机构用齿轮;透平齿轮;检测 8 级和 9 级齿轮用的测量齿轮	精密磨齿;大多数用精密滚刀加工,进而剃齿的齿轮
6	~15	~30	要求最高效率且无噪声的高速下平稳工作的齿轮传动或分度机构的齿轮传动;特别重要的航空、汽车齿轮;读数装置用特别精密传动的齿轮	精密磨齿或剃齿
7	~10	~15	增速或减速用齿轮传动;金属切削机床进给机构用齿轮;高速减速器用齿轮;航空、汽车用齿轮;读数装置用齿轮	无须热处理,仅用精确刀具加工的齿轮;淬火齿轮必须精整加工(如磨齿、挤齿等)
8	~6	~10	无须特别精密的一般机械制造用齿轮;包括在分度链中的机床传动齿轮;飞机、汽车制造业中不重要的齿轮;起重机构用齿轮;农业机械中的重要齿轮;通用减速器齿轮	不磨齿,不必光整加工或对研
9	~2	~4	不提出精度要求的齿轮;没有传动要求的手动齿轮	无须特殊精整加工

9.3.3　齿轮检验项目的确定

单个齿轮的主要检验项目如表 9-3 所示。在这些项目中,有些功能重复或可替代,标准规定以下项目不是必检项目。

(1)齿廓与螺旋线的形状偏差和倾斜偏差($f_{f\alpha}$、$f_{H\alpha}$、$f_{f\beta}$、$f_{H\beta}$)——用于工艺分析。

(2)切向综合偏差(F_i'、f_i')——可以用来代替齿距偏差。

(3)齿距累积偏差(F_{pk})——一般高速齿轮使用。

(4)径向综合偏差(F_i''、f_i'')和径向跳动(F_r)——反映齿轮误差不够全面,作辅助检验项目使用。

因此,齿轮主要的检验项目为单个齿距偏差、齿距累积总偏差、齿廓总偏差、螺旋线总偏差,齿厚要求按齿轮副侧隙要求计算确定。检验项目可根据供需双方的具体要求协商确定,或按推荐的检验组执行(见表 9-4)。

表 9-3　单个齿轮的主要检验项目

项　目　名　称			代　　号	对传动的影响	精度等级
轮齿同侧 齿面偏差	齿距偏差	单个齿距偏差	f_{pt}	平稳性	0~12
		齿距累积偏差	F_{pk}	准确性	
		齿距累积总偏差	F_P	准确性	
	齿廓偏差	齿廓总偏差	F_{α}	平稳性	
		齿廓形状偏差	$f_{f\alpha}$	平稳性	
		齿廓倾斜偏差	$f_{H\alpha}$	平稳性	
	螺旋线偏差	螺旋线总偏差	F_{β}	载荷分布均匀性	
		螺旋线形状偏差	$f_{f\beta}$	载荷分布均匀性	
		螺旋线倾斜偏差	$f_{H\beta}$	载荷分布均匀性	
	切向综 合偏差	切向综合总偏差	F_i'	准确性	
		一齿切向综合偏差	f_i'	平稳性	
径向综合偏差 与径向跳动	径向综 合偏差	径向综合总偏差	F_i''	准确性	4~9
		一齿径向综合偏差	f_i''	平稳性	
	径向跳动		F_r	准确性	0~12
齿厚偏差			E_{sn}	侧隙	—

表 9-4　推荐的齿轮检验组

检验组	检验项目	适用等级	测量仪器	备　注
1	F_P、F_{α}、F_{β}、E_{sn}	3~9	齿距仪、齿形仪、齿向仪、齿厚卡尺	小批量
2	F_P、F_{pk}、F_{α}、F_{β}、E_{sn}	3~9	齿距仪、齿形仪、导程仪、公法线千分尺	高速齿轮
3	F_P、f_{pt}、F_{α}、F_{β}、E_{sn}	3~9	齿距仪、齿形仪、齿向仪、公法线千分尺	小批量
4	F_i'、f_i'、F_{β}、E_{sn}	6~9	双面啮合测量仪、齿厚卡尺、齿向仪	大批量
5	F_r、f_{pt}、F_{β}、E_{sn}	8~12	摆差测定仪、齿距仪、齿厚卡尺	—
6	F_i''、f_i''、F_{β}、E_{sn}	3~6	单啮仪、齿向仪、公法线千分尺	大批量
7	F_r、f_{pt}、F_{β}、E_{sn}	10~12	摆差测定仪、齿距仪、公法线千分尺	—

9.3.4　偏差的允许值

国标 GB/T 10095.1—2008 和 GB/T 10095.2—2008 规定:表格中的允许值是以规定公式计算出的 5 级精度偏差值为基础,乘以级间公比,并经过圆整后得到的。相邻精度等级的级间公比为$\sqrt{2}$。部分指标的允许值见表 9-5 至表 9-9。

表 9-5 单个齿距偏差±f_{pt}和齿距累积总偏差 F_P 的允许值

(摘自 GB/T 10095.1—2008)

分度圆直径 d/mm	偏差项目 模数 m/mm	±f_{pt}/μm					F_P/μm				
精度等级		5	6	7	8	9	5	6	7	8	9
20<d≤50	0.5<m≤2.0	5.0	7.0	10	14	20	14	20	29	41	57
	2.0<m≤3.5	5.5	7.5	11	15	22	15	21	30	42	59
50<d≤125	0.5<m≤2.0	5.5	7.5	11	15	21	18	26	37	52	74
	2.0<m≤3.5	6.0	8.5	12	17	23	19	27	38	53	76
	3.5<m≤6.0	6.5	9.0	13	18	26	19	28	39	55	78
125<d≤280	0.5<m≤2.0	6.0	8.5	12	17	24	24	35	49	69	98
	2.0<m≤3.5	6.5	9.0	13	18	26	25	35	50	70	100
	3.5<m≤6.0	7.0	10	14	20	28	25	36	51	72	102
280<d≤560	0.5<m≤2.0	6.5	9.5	13	19	27	32	46	64	91	129
	2.0<m≤3.5	7.0	10	14	20	29	33	46	65	92	131
	3.5<m≤6.0	8.0	11	16	22	31	33	47	66	94	133

表 9-6 齿廓总偏差 F_α 和齿廓形状偏差 $f_{f\alpha}$ 的允许值

(摘自 GB/T 10095.1—2008)

分度圆直径 d/mm	偏差项目 模数 m/mm	F_α/μm					$f_{f\alpha}$/μm				
精度等级		5	6	7	8	9	5	6	7	8	9
20<d≤50	0.5<m≤2.0	5.0	7.5	10	15	21	4.0	5.5	8.0	11	16
	2.0<m≤3.5	7.0	10	14	20	29	5.5	8.0	11	16	22
50<d≤125	0.5<m≤2.0	6.0	8.5	12	17	23	4.5	6.5	9.0	13	18
	2.0<m≤3.5	8.0	11	16	22	31	6.0	8.5	12	17	24
	3.5<m≤6.0	9.5	13	19	27	38	7.5	10	15	21	29
125<d≤280	0.5<m≤2.0	7.0	10	14	20	28	5.5	7.5	11	15	21
	2.0<m≤3.5	9.0	13	18	25	36	7.0	9.5	14	19	28
	3.5<m≤6.0	11	15	21	30	42	8.0	12	16	23	33
280<d≤560	0.5<m≤2.0	8.5	12	17	23	33	6.5	9	13	18	26
	2.0<m≤3.5	10	15	21	29	41	8	11	16	22	32
	3.5<m≤6.0	12	17	24	34	48	9	13	18	26	37

表 9-7　螺旋线总偏差 F_β、螺旋线形状偏差 $f_{f\beta}$ 及螺旋线倾斜偏差 $f_{H\beta}$ 的允许值

（摘自 GB/T 10095.1—2008）

分度圆直径 d/mm	偏差项目 齿宽 b/mm ＼ 精度等级	$F_\beta/\mu m$					$f_{f\beta}$、$f_{H\beta}/\mu m$				
		5	6	7	8	9	5	6	7	8	9
$20<d\leqslant50$	$4<b\leqslant10$	6.5	9.0	13	18	25	4.5	6.5	9.0	13	18
	$10<b\leqslant20$	7.0	10	14	20	29	5.0	7.0	10	14	20
$50<d\leqslant125$	$4<b\leqslant10$	6.5	9.5	13	19	27	4.8	6.5	9.5	13	19
	$10<b\leqslant20$	7.5	11	15	21	30	5.5	7.5	11	15	21
	$20<b\leqslant40$	8.5	12	17	24	34	6.0	8.5	12	17	24
$125<d\leqslant280$	$10<b\leqslant20$	8.0	11	16	22	32	5.5	8.0	11	16	23
	$20<b\leqslant40$	9.0	13	18	25	36	6.5	9.0	13	18	25
	$40<b\leqslant80$	10	15	21	29	41	7.5	10	15	21	29
$280<d\leqslant560$	$20<b\leqslant40$	9.5	13	19	27	38	7.0	9.5	14	19	27
	$40<b\leqslant80$	11	15	22	31	44	8.0	11	16	22	31
	$80<b\leqslant160$	13	18	26	36	52	9.0	13	18	26	37

表 9-8　径向综合总偏差 F_i'' 和一齿径向综合偏差 f_i'' 的允许值

（摘自 GB/T 10095.2—2008）

分度圆直径 d/mm	偏差项目 法向模数 m_n/mm ＼ 精度等级	$F_i''/\mu m$					$f_i''/\mu m$				
		5	6	7	8	9	5	6	7	8	9
$20<d\leqslant50$	$1.0<m_n\leqslant1.5$	16	23	32	45	64	4.5	6.5	9	13	18
	$1.5<m_n\leqslant2.5$	18	26	37	52	73	6.5	9.5	13	19	26
$50<d\leqslant125$	$1.0<m_n\leqslant1.5$	19	27	39	55	77	4.5	6.5	9	13	18
	$1.5<m_n\leqslant2.5$	22	31	43	61	86	6.5	9.5	13	19	26
	$2.5<m_n\leqslant4.0$	25	36	51	72	102	10	14	20	29	41
$125<d\leqslant280$	$1.0<m_n\leqslant1.5$	24	34	48	68	97	4.5	6.5	9	13	18
	$1.5<m_n\leqslant2.5$	26	37	53	75	106	6.5	9.5	13	19	27
	$2.5<m_n\leqslant4.0$	30	43	61	86	121	10	14	21	29	41
	$4.0<m_n\leqslant6.0$	36	51	72	102	144	15	22	31	44	62
$280<d\leqslant560$	$1.0<m_n\leqslant1.5$	30	43	61	86	122	4.5	6.5	9	13	18
	$1.5<m_n\leqslant2.5$	33	46	65	92	131	6.5	9.5	13	19	27
	$2.5<m_n\leqslant4.0$	37	52	73	104	146	10	15	21	29	41
	$4.0<m_n\leqslant6.0$	42	60	84	119	169	15	22	31	44	62

表 9-9　径向跳动公差 F_r 的允许值(摘自 GB/T 10095.2—2008)

分度圆直径 d/mm	法向模数 m_n/mm	精 度 等 级				
		5	6	7	8	9
		F_r/μm				
20<d≤50	0.5<m_n≤2.0	11	16	23	32	46
	2.0<m_n≤3.5	12	17	24	34	47
50<d≤125	0.5<m_n≤2.0	15	21	29	42	59
	2.0<m_n≤3.5	15	21	30	43	61
	3.5<m_n≤6.0	16	22	31	44	62
125<d≤280	0.5<m_n≤2.0	20	28	39	55	78
	2.0<m_n≤3.5	20	28	40	56	80
	3.5<m_n≤6.0	20	29	41	58	82
280<d≤560	0.5<m_n≤2.0	26	36	51	73	103
	2.0<m_n≤3.5	26	37	52	74	105
	3.5<m_n≤6.0	27	38	53	75	106

9.3.5　齿轮精度的标注

国家标准规定:在技术文件需叙述齿轮精度的要求时,应注明 GB/T 10095.1—2008 或 GB/T 10095.2—2008。

关于齿轮精度等级标注建议如下。

(1)若齿轮的检验项目为同一等级时,可标注精度等级及标准号。如齿轮检验项目同为 7 级,可标注为 7　GB/T 10095.1—2008 或 7　GB/T 10095.2—2008。

(2)若齿轮的检验项目的精度等级不同时,如齿廓总偏差 F_α 为 6 级,而齿距累积总偏差 F_P 和螺旋线总偏差 F_β 均为 7 级,可标注为 6(F_α)、7(F_P、F_β)　GB/T 10095.1—2008。

9.4　齿轮副精度评定指标及检测

齿轮传动性能不仅与单个齿轮的制造精度有关,而且与齿轮副的安装及啮合情况有关,必须通过规定的技术指标加以控制。GB/Z 18620—2008 规定了相应的检测参数。

9.4.1　中心距偏差

中心距偏差 f_a 指在齿轮副的齿宽中间平面内,实际中心距与公称中心距之差。标准齿轮的中心距 $a = \dfrac{m_n}{2}(z_1 + z_2)/\cos\beta$,其中 β 为螺旋角。公称中心距是在考虑了最小侧隙及两齿轮的齿顶和其相啮合的非渐开线齿廓和齿根部分的干涉后确定的。

中心距偏差主要影响齿轮副的侧隙。在齿轮只是单向承载运转而不经常反转的情况下,最大侧隙不是主要的控制因素,此时中心距偏差主要取决于对重合度的考虑;对控制运动的齿轮,确定中心距允许偏差必须考虑对侧隙的控制;当齿轮上的负载经常反向时,确定中心距偏差必须仔细考虑轴、箱体和轴承的偏斜,齿轮轴线的不一致和错斜,安装误差,轴承跳动、温度影响、旋转零件的离心胀大等。

GB/Z 18620.3—2008 未提供中心距偏差的允许值。设计时可以参考成熟的同类产品的设计,也可参考表 9-10 加以确定。

表 9-10　中心距极限偏差 $\pm f_a$

齿轮精度等级	5～6	7～8	9～10
中心距极限偏差($\pm f_a$)	$\frac{1}{2}$IT7	$\frac{1}{2}$IT8	$\frac{1}{2}$IT9

9.4.2　轴线平行度偏差

由于轴线平行度偏差的影响与向量的方向有关,标准中规定了一对齿轮轴线在轴线平面内的平行度偏差 $f_{\Sigma\beta}$ 和在垂直面内的平行度偏差 $f_{\Sigma\delta}$(见图 9-10)。轴线平面是由两轴承跨距中较大的一个 L 和另一根轴上的一个轴承确定的。轴线平行度偏差会影响齿轮的正常接触,使载荷分布不均匀,同时还会使侧隙在全齿宽上大小不等。标准推荐最大允许值为

$$f_{\Sigma\beta} = 0.5\left(\frac{L}{b}\right)F_\beta \tag{9-1}$$

$$f_{\Sigma\delta} = 2f_{\Sigma\beta} \tag{9-2}$$

式中:b——齿宽;

L——较长的轴承跨距。

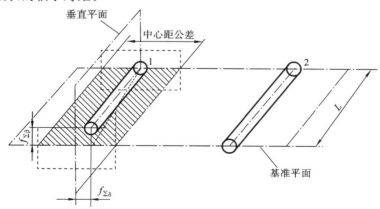

图 9-10　轴线平行度偏差

9.4.3　轮齿接触斑点

齿轮副的接触斑点指装配好的齿轮副在轻微制动下,运转后齿面上分布的接触擦亮痕迹。接触斑点的多少可以用沿齿高方向和沿齿宽方向的百分数表示(见图 9-11)。轻微制

动指所加制动扭矩能够保证齿面啮合不脱离,又不至于使任何零部件产生可以察觉的弹性变形为限度。检验时须经过一定时间的转动,并取接触斑点最少的那个齿作为齿轮副的检验结果。

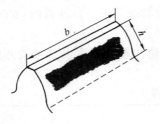

图 9-11　接触斑点的多少近似为:齿宽 b 的 80%,
有效齿面高度的 70%,齿端修薄

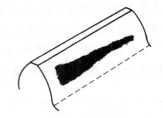

图 9-12　有螺旋线偏差、齿廓正确,
齿端修薄

产品齿轮与测量齿轮的接触斑点,可用于装配后的齿轮螺旋线和齿廓精度的评估(见图 9-12 和图 9-13),还可以用接触斑点来规定和控制齿轮轮齿的齿长方向的配合精度;齿轮副的接触斑点可以对齿轮的承载能力进行预估。接触斑点的检验,对于较大的齿轮副,一般在安装好的齿轮传动装置中检验,对于成批生产的机器中的中小齿轮,允许在专用啮合机上与精确齿轮啮合检验。

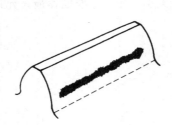

图 9-13　齿长方向的配合正确,有齿廓偏差

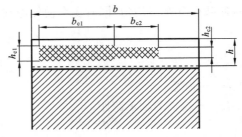

图 9-14　接触斑点分布示意图

接触斑点的分布类似于图 9-14 所示,表 9-11 给出了轮齿各精度等级的接触斑点的允许值。

表 9-11　齿轮装配后的接触斑点(摘自 GB/Z 18620.4—2008)

精度等级 按 GB/T 10095—2008	b_{c1} 占齿宽的百分比		h_{c1} 占有效齿面高度的百分比		b_{c2} 占齿宽的百分比		h_{c2} 占有效齿面高度的百分比	
	直齿	斜齿	直齿	斜齿	直齿	斜齿	直齿	斜齿
4 级或更高	50	50	70	50	40	40	50	30
5 和 6	45	45	50	40	35	35	30	20
7 和 8	32	35	50	40	35	35	30	20
9 至 12	25	25	50	40	25	25	30	20

注: b_{c1} 是接触斑点的较大长度, b_{c2} 是接触斑点的较小长度, h_{c1} 是接触斑点的较大高度, h_{c2} 是接触斑点的较小高度。

9.4.4　侧隙及齿厚偏差

侧隙是两个相配齿轮的工作齿面相接触时,在两个非工作齿面之间所形成的间隙。合理侧隙是为了补偿齿轮副的加工和安装误差、受力变形、受热变形及贮油润滑的需要。侧隙按齿轮工作条件决定,与齿轮的精度等级无关。侧隙大小可以通过改变中心距或控制齿厚偏差实现。我国采用"基中心距制",即在固定中心距极限偏差的情况下,通过改变齿厚偏差而获得所需的侧隙。

1. 侧隙

齿轮副侧隙可分为圆周侧隙 j_{wt} 和法向侧隙 j_{bn}（见图9-15）。

(1)圆周侧隙 j_{wt} 是指固定两相啮合的齿轮副中的一个,另一个齿轮所能转过的节圆弧长的最大值。

(2)法向侧隙 j_{bn} 是指两个相配齿轮的工作齿面相接触时,其非工作齿面之间的最短距离。

圆周侧隙可以用指示表测量,法向侧隙可用塞尺测量,两者可换算。齿轮副的侧隙应按工作条件,用最小法向侧隙加以控制。

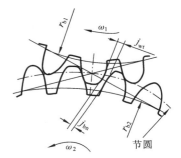

图 9-15　齿轮副侧隙

2. 最小法向侧隙

最小法向侧隙 j_{bnmin} 是指当一个齿轮的轮齿以最大允许实效齿厚与另一个也具有最大允许实效齿厚的相配齿轮在最紧的允许中心距相啮合时,在静态条件下的最小允许侧隙。

最小法向侧隙的确定可以参照以往设计或同类产品的侧隙,或根据工作速度、温度、润滑等计算得到。国家标准 GB/Z 18620.2—2008 提供了工业传动装置的最小法向侧隙（见表9-12）,适用于中、大模数钢铁金属制造的齿轮和箱体,工作时节圆线速度小于 15 m/s,其箱体、轴及轴承采用常用的商业制造公差。

表 9-12　对于中、大模数齿轮侧隙 j_{bnmin} 的推荐值

m_n	最小中心距 a_i					
	50	100	200	400	800	1600
1.5	0.09	0.11	—	—	—	—
2	0.10	0.12	0.15	—	—	—
3	0.12	0.14	0.17	0.24	—	—
5	—	0.18	0.21	0.28	—	—
8	—	0.24	0.27	0.34	0.47	—
12	—	—	0.35	0.42	0.55	—
18	—	—	—	0.54	0.67	0.94

注:表中数值也可按公式 $j_{bnmin}=\dfrac{2}{3}(0.06+0.0005|a_i|+0.03m_n)$ 计算。

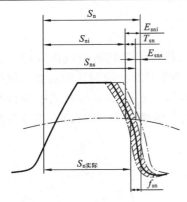

图 9-16　齿厚偏差

S_n—法向齿厚；S_{ni}—齿厚的最小极限；
S_{ns}—齿厚的最大极限；$S_{n实际}$—实际齿厚；
E_{sni}—齿厚允许的下偏差；
E_{sns}—齿厚允许的上偏差；
f_{sn}—齿厚偏差；T_{sn}—齿厚公差；
$$T_{sn} = E_{sns} - E_{sni}$$

3. 齿厚偏差的确定及测量

1）齿厚上偏差 E_{sns}

齿厚偏差如图 9-16 所示。由于最小侧隙是在公称齿厚基础上采用减薄齿厚获得的，故齿厚的上、下偏差均为负值。

$$j_{bn} = |E_{sns1} + E_{sns2}| \cos\alpha_n \tag{9-3}$$

式中：j_{bn}——齿轮副侧隙。

确定齿轮副中两齿轮齿厚的上偏差 E_{sns1} 和 E_{sns2}，除了考虑齿轮副所需的最小极限侧隙外，还应补偿由于齿轮的制造安装误差引起的侧隙减少量。

$$j_{bn} = j_{bnmin} + j_{n1} + j_{n2} \tag{9-4}$$

$$j_{n1} = 2f_a \sin\alpha_n \tag{9-5}$$

$$j_{n2} = \sqrt{f_{pb1}^2 + f_{pb2}^2 + 2(F_\beta \cos\alpha)^2 + (f_{\Sigma\delta}\sin\alpha_n)^2 + (f_{\Sigma\beta}\cos\alpha_n)^2} \tag{9-6}$$

式中：j_{n1}——中心距偏差 f_a（绝对值）引起的侧隙补偿量；
$\quad\quad j_{n2}$——齿轮加工误差与安装误差引起的补偿量；
$\quad\quad f_{pb1}$、f_{pb2}——两啮合齿轮的基圆齿距（基节）偏差（参见 GB/T 10095—2008）。

将式(9-4)代入式(9-3)可得

$$E_{sns1} + E_{sns2} = -2f_a\tan\alpha_n - \frac{j_{bnmin} + j_{n2}}{\cos\alpha_n} \tag{9-7}$$

两齿轮齿厚可以取相等；当齿数差较大时，为提高小齿轮的承载能力，小齿轮的齿厚减薄量应小些。

简化计算时可以采用式(9-8)，即

$$E_{sns1} = E_{sns2} = -\frac{j_{bnmin}}{2\cos\alpha_n} \tag{9-8}$$

2）齿厚公差 T_{sn} 及齿厚下偏差 E_{sni}

齿厚公差 T_{sn} 的大小与齿厚上偏差无关，主要取决于齿轮加工时径向进刀公差和齿圈径向跳动公差。

$$T_{sn} = 2\tan\alpha_n \sqrt{F_r^2 + b_r^2} \tag{9-9}$$

式中：F_r——齿圈径向跳动公差；
$\quad\quad b_r$——切齿进刀公差。推荐值按表 9-13 选用，基本尺寸取分度圆直径。

表 9-13　切齿时的径向进刀公差

齿轮精度等级	5	6	7	8	9
b_r	IT8	1.26IT8	IT9	1.26IT9	IT10

齿厚下偏差 E_{sni} 按式(9-10)计算，即

$$E_{sni} = S_{sns} - T_{sn} \tag{9-10}$$

3）齿厚的极限偏差代号及测量

依据齿厚上、下偏差与齿距偏差 f_{pt} 的比值，从图 9-17 中选取相应的齿厚极限偏差。如

果齿厚要求严格,无法采用给定的代号,可直接用偏差值表示。外齿轮可以用齿厚游标卡尺测量(见图 9-18)。

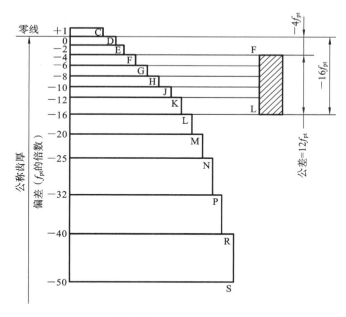

图 9-17　齿厚极限偏差

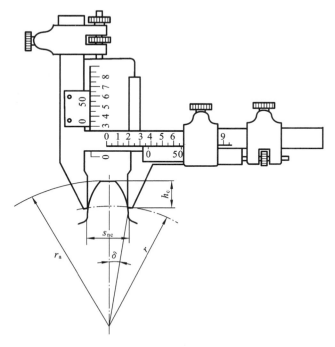

图 9-18　分度圆弦齿厚测量

r—分度圆半径;r_a—齿顶圆半径

4. 公法线长度 W_k 及测量

公法线长度是在基圆柱切平面上跨 k 个齿(外齿轮)或 k 个齿槽(内齿轮),在接触到一个齿的右齿面和另一个齿的左齿面的两个平行平面之间测得的距离(见图 9-19)。直齿的公称公法线长度按式(9-11)计算,即

$$W_k = m\cos\alpha[\pi(k-0.5)+z\times\text{inv}\alpha]+2xm\sin\alpha \tag{9-11}$$

式中:m、z、α、x —— 齿轮的模数、齿数、标准压力角、变位系数;

$\text{inv}\alpha$ —— 渐开线函数,$\text{inv}\,20°=0.014904$;

k —— 测量跨齿数(整数),标准齿轮($x=0,\alpha=20°$),$k=z/9+0.5$,k 取与计算值最接近的整数。

公法线偏差可以用公法线千分尺测量。为避免机床运动偏心对评定结果的影响,公法线长度取平均值。因此,公法线偏差指公法线平均长度偏差,即按跨齿数测得齿轮一圈内所有公法线长度的平均值与公称公法线长度的差值(见图 9-19)。

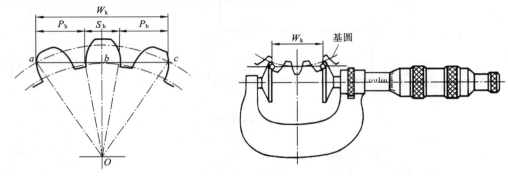

图 9-19　直齿圆柱齿轮公法线长度

公法线平均长度的偏差(上偏差 E_{bns} 和下偏差 E_{bni})能反映齿厚减薄的情况,且测量准确、方便。因此,外齿轮可以用公法线平均长度的极限偏差代替齿厚的极限偏差。

外齿轮的换算公式

$$E_{bns}=E_{sns}\cos\alpha_n-0.72F_r\sin\alpha_n \tag{9-12}$$

$$E_{bni}=E_{sni}\cos\alpha_n+0.72F_r\sin\alpha_n \tag{9-13}$$

由于内外齿轮的公法线长度极限偏差成倒影关系,即正负号相反,上、下偏差值颠倒。故

内齿轮换算公式为

$$E_{bns}=-E_{sni}\cos\alpha_n-0.72F_r\sin\alpha_n \tag{9-14}$$

$$E_{bni}=-E_{sns}\cos\alpha_n+0.72F_r\sin\alpha_n \tag{9-15}$$

在图样上标注跨距齿数 k 及公称公法线长度 W_k 及其上、下偏差 E_{bns} 和 E_{bni},即 $W_k{}^{+E_{bns}}_{+E_{bni}}$。

9.5　齿轮坯的精度

齿轮坯是齿轮轮齿加工前的工件。齿轮坯的内孔或轴颈、端面、顶圆等常作为齿轮加工、装配和检验的基准,因此,齿轮坯的精度将直接影响齿轮的加工质量及运行状况。由于加工齿轮坯时保持较紧的公差比加工高精度的轮齿要经济得多,因此要根据制造设备条件

尽可能使齿轮坯的制造公差保持最小值,这样可以给轮齿留出较大的公差,从而获得更为经济的整体设计。

9.5.1　基准轴线

1. 基准轴线与工作轴线

基准轴线是制造者(和检验者)对单个零件确定轮齿几何形状的轴线,由基准面确定。工作轴线是齿轮在工作时的回转中心轴线,由工作安装面确定。

常见情况是将基准轴线与工作轴线重合,即以安装面作为基准面;一般情况下,先确定一个基准轴线,然后将工作轴线等用适当的公差与之相联系。

2. 基准轴线的确定方法

基准轴线的确定方法有三种。

(1)用两个"短的"圆柱或圆锥形基准面上设定的两个圆的圆心来确定基准轴线上的两个点,如图 9-20 所示。

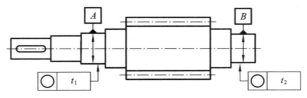

图 9-20　用两个"短的"基准面确定基准轴线

(2)用一个"长的"圆柱或圆锥形基准面来同时确定轴线的位置和方向,如图 9-21 所示。孔的轴线可以用与之相匹配且正确地装配的工作芯轴的轴线来代表。

(3)轴线的位置用一个"短的"圆柱形基准面上的一个圆的圆心来确定,而方向则用垂直于此轴线的一个基准端面来确定,如图 9-22 所示。

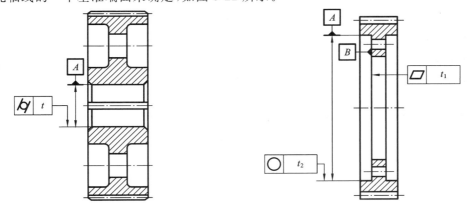

图 9-21　用一个"长的"基准面确定基准轴线　　图 9-22　用一个圆柱面和一个端面确定基准轴线

如果采用方法(1)或(3),其圆柱或圆锥形基准面必须是轴向很短的,以保证它们自己不会单独确定另一条轴线。在方法(3)中,基准端面的直径应该越大越好。

对齿轮轴上的轮齿进行制造和检测时,最常采用两中心孔确定基准轴线(见图9-23),轮齿公差和(轴承)安装面的公差均须相对于此轴线来确定。安装面相对于中心孔的跳动按表

9-14 确定。务必注意中心孔 60°接触角范围内应对准成一线。

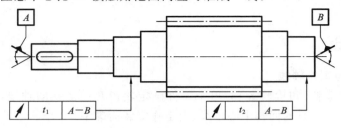

图 9-23 用中心孔确定基准轴线

9.5.2 齿坯精度

1. 基准面与安装面的形状公差

基准面和工作安装面及其他制造安装面的形状公差都应不大于表 9-14 所规定的数值,并尽可能减小至能经济制造的最小值。表中 L 为较大的轴承跨距,D_d 为基准面直径,b 为齿宽。

表 9-14 基准面与安装面的形状公差

确定轴线的基准面	公 差 项 目		
	圆 度	圆 柱 度	平面度
两个"短的"圆柱或圆锥形基准面	取 $0.04\dfrac{L}{b}F_\beta$ 或 $0.1F_P$ 中的小值		
一个"长的"圆柱或圆锥形基准面		取 $0.04\dfrac{L}{b}F_\beta$ 或 $0.1F_P$ 中的小值	
一个"短的"圆柱面和一个端面	$0.06F_P$		$0.06\dfrac{D_d}{b}F_\beta$

2. 安装面的跳动公差

当基准轴线与工作轴线不重合时,工作安装面相对于基准轴线的跳动公差应不大于表 9-15 所规定的数值,并尽可能减小至能经济制造的最小值。

表 9-15 安装面的跳动公差(摘自 GB/Z 18620.3—2008)

确定轴线的基准面	跳动量(总的指示幅度)	
	径 向	轴 向
仅指圆柱或圆锥形基准面	$0.15\dfrac{L}{b}F_\beta$ 或 $0.3F_P$,取两者中的大值	
一个圆柱基准面和一个端面基准面	$0.3F_P$	$0.2\dfrac{D_d}{b}F_\beta$

3. 齿坯尺寸公差

齿坯的内孔或齿轮轴的轴承安装面是工作安装面,也常作为基准面和制造安装面,尺寸公差按表 9-16 选取。

表 9-16 齿坯尺寸公差

齿轮精度等级①	5	6	7	8	9
孔	IT5	IT6	IT7		IT8
轴颈	IT5		IT6		IT7
顶圆柱面②	IT7		IT8		IT9

注:①当齿轮各参数精度等级不同时,取最高的精度等级;

②当顶圆不作为齿厚的测量基准时,尺寸公差可按 IT11 给定,但不大于 0.1 mm。

9.5.3 轮齿及其他表面的粗糙度

齿面的粗糙度影响齿轮传动精度、表面承载能力及弯曲强度,其推荐值如表 9-17 所示。

表 9-17 齿面粗糙度 Ra 的推荐值(摘自 GB/Z 18620.4—2008)   μm

模数/mm	齿轮精度等级					
	5	6	7	8	9	10
$m<6$	0.5	0.8	1.25	2.0	3.2	5.0
$6\leqslant m\leqslant 25$	0.63	1.0	1.6	2.5	4.0	6.3
$m>25$	0.8	1.25	2.0	3.2	5.0	8.0

齿坯其他表面粗糙度的选取参见表 9-18。

表 9-18 齿坯其他表面粗糙度 Ra 的推荐值   μm

齿轮精度等级	6	7	8	9
基准孔	1.25	1.25~2.5		5
基准轴颈	0.63	1.25	2.5	
基准端面	2.5~5		5	
顶圆柱面	5			

9.6 齿轮精度设计举例

【例 9-1】 某通用减速器中的一对直齿齿轮副,模数 $m=3$,齿形角 $\alpha=20°$,小齿轮齿数 $z=32$,中心距 $a=192$ mm,不变位,齿宽 $b=20$ mm,轴承跨度 $L=100$ mm,孔径 $D=40$ mm,圆周速度 $v=6.5$ m/s,小批量生产。试确定小齿轮的精度,并绘制齿轮工作图。

解 (1)确定齿轮精度等级。

由给定的设计条件,参照表 9-1,通用减速器齿轮的精度等级为 6~8 级。再根据圆周速度 6.5 m/s,依据表 9-2,确定齿轮精度为 7 级,F_P 可放宽至 8 级(减速器传递运动的准确性要求较低)。

(2)确定检验项目及允许值。

参考表 9-4,该齿轮属于小批量生产,中等速度,无特殊要求,可选检验项目为 F_P、f_{pt}、F_α、F_β。由表 9-5 至表 9-7 得,$F_P=0.053$ mm,$f_{pt}=\pm 0.012$ mm,$F_\alpha=0.016$

$mm, F_\beta = 0.015$ mm。

(3) 确定齿厚极限偏差。

① 法向最小侧隙 j_{bnmin} 由中心距 $a = 192$ mm,$m = 3$ mm 得

$$j_{bnmin} = \frac{2}{3}(0.06 + 0.0005|a| + 0.03m) = 0.164 \text{ mm}$$

② 齿厚上偏差 E_{sns} 按式(9-8)简化计算,得

$$E_{sns} = -j_{bnmin}/(2\cos\alpha_n) = -0.0164/(2\cos20°) \text{ mm} = -0.087 \text{ mm}$$

③ 齿厚公差 T_{sn} 查表 9-9(按 7 级精度),得 $F_r = 0.03$ mm,查表 9-13,得 $b_r = IT9 = 0.087$ mm,则

$$T_{sn} = \sqrt{F_r^2 + b_r^2} \cdot 2\tan\alpha_n = (\sqrt{0.03^2 + 0.087^2} \cdot 2\tan20°) \text{ mm} = 0.067 \text{ mm}$$

④ 齿厚下偏差 E_{sni}

$$E_{sni} = E_{sns} - T_{sn} = (-0.087 - 0.067) \text{ mm} = -0.154 \text{ mm}$$

公称齿厚 $S_{nc} = mz\sin\dfrac{90°}{z} = 4.71$ (mm),故齿厚及偏差为 $4.71_{-0.154}^{-0.087}$。

⑤ 公法线偏差   齿厚的偏差可以用公法线的偏差替代。

按式(9-18)和式(9-19),得

上偏差 $E_{bns} = E_{sns}\cos\alpha_n - 0.72F_r\sin\alpha_n = -0.089 \text{ mm}$

下偏差 $E_{bni} = E_{sni}\cos\alpha_n + 0.72F_r\sin\alpha_n = -0.137 \text{ mm}$

跨齿数 $k' = z/9 + 0.5 = 32/9 + 0.5 = 4.05,取 k = 4$

法线公称长度按式(9-17)计算,得

$W_k = m\cos\alpha[\pi(k-0.5) + z \cdot inv\alpha] = 3\cos20°[\pi(4-0.5) + 32 \cdot inv20°] \text{ mm} = 32.344 \text{ mm}$

公法线及偏差表示为 $W_k = 32.344_{-0.137}^{-0.089}$ mm。

(4) 确定齿坯精度和表面粗糙度。

① 内孔尺寸偏差   由表 9-16 查出,取 IT7,基控制,内孔尺寸及偏差为 $\phi40H7(_0^{+0.025})$Ⓔ。

② 齿顶圆直径及偏差   齿顶圆直径为

$$d_a = m(z+2) = 3 \times (32+2) \text{ mm} = 102 \text{ mm}$$

由于齿顶不作为齿厚测量基准,取齿顶圆直径公差为 0.1 m,偏差取 ±0.05 m,即 ±0.15 mm。

③ 基准面几何公差   内孔轴线为基准轴线,几何公差为内孔圆柱度公差 t_1,则

$$0.04\frac{L}{b}F_\beta = 0.04 \times (100/20) \times 0.015 \text{ mm} = 0.003 \text{ mm}$$

$$0.1F_P = 0.1 \times 0.053 \text{ mm} = 0.0053 \text{ mm}$$

t_1 取上述两者中的小值,故 $t_1 = 0.003$ mm。

齿轮端面在加工和安装时作为安装面,应提出其相对于基准轴线的跳动公差,参考表 9-15,跳动公差

$$t_2 = 0.2\frac{D_d}{b}F_\beta = 0.2 \times (70/20) \times 0.015 \text{ mm} \approx 0.011 \text{ mm}$$

由于精度等级较高(相当于 IT5),考虑加工的经济性,放宽至 0.015 mm(IT6)。

④ 齿面粗糙度　查表 9-17,齿面粗糙度 Ra 推荐值 $1.25\ \mu m$,考虑加工的经济性,可放宽至 $1.6\ \mu m$。其他表面粗糙度参见表 9-18。

(5) 绘制齿轮工作图。

齿轮零件工作图(尺寸未全)如图 9-24 所示,齿轮相关参数列于表 9-19。

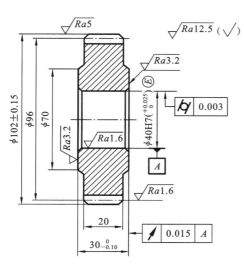

图 9-24　齿轮零件工作图

表 9-19　齿轮相关参数

模数	m	3
齿数	z	32
齿形角	α	20°
变位系数	x	0
精度		8(F_P)、7(f_{pt}、F_α、F_β) GB/T 10095.1—2008
齿距累积总偏差	F_P	0.053
单个齿距偏差	f_{pt}	±0.012
齿廓总偏差	F_α	0.016
螺旋线总偏差	F_β	0.015
跨距齿数	k	4
公法线长度及极限偏差		$W_k=32.344^{-0.089}_{-0.137}$

技术要求:
1. 热处理调质 210～230HBS;
2. 未注尺寸公差按 GB/T 1804—m;
3. 未注几何公差按 GB/T 1184—K。

习　　题

9-1　齿轮传动有哪些方面的要求?

9-2　齿轮轮齿同侧齿面的精度检验项目有哪些? 这些项目对齿轮的传动主要有何影响?

9-3　齿轮副的精度项目有哪些?

9-4　如何选择齿轮的精度等级?

9-5　齿轮副的侧隙控制方法有哪些? 齿厚及公法线的平均长度极限偏差如何确定?

9-6　齿坯有哪些精度要求?

9-7　某一通用减速器的一对直齿齿轮副,模数 $m=3$,齿形角 $\alpha=20°$,小齿轮齿数 $z_1=24$,大齿轮齿数 $z_2=69$,不变位。大齿轮结构如图 9-25 所示,较大的轴承跨度 $L=150\ mm$,大齿轮转速 $n_2=600\ r/min$,小批量生产。试设计大齿轮精度,并绘制相应零件图。

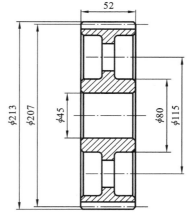

图 9-25　齿轮零件结构图

附录　符号含义及说明

符　号	含　义	说　明	页码
GPS	几何产品技术规范与认证	Geometrical Product Specifications and Verification	
EN	欧共体标准		
ANSI	美国国家标准学会标准		
DIN	德国国家标准		
JIS	日本国家标准		
B.S	英国国家标准		
GB	中国国家标准		
JB	原机械部标准		
ISO	国际标准化组织标准		
IEC	国际电工委员会标准		
Rr	优先数系	$R10$ 表示公比为 $\sqrt[10]{10}$，即 1.25 的优先数列	
D、d	孔、轴公称尺寸		
D_a、d_a	孔、轴局部尺寸		
ES、EI	孔上下极限偏差		
es、ei	轴上下极限偏差		
T_D、T_d	孔、轴尺寸公差		
X、Y	间隙、过盈		
T_f	配合公差	$T_f = T_D + T_d$	
IT	标准公差值	IT7 表示 7 级精度对应的标准公差值	
H、h	基孔制、基轴制	如 $\phi 50H7/g6$，$\phi 30K7/h6$	
δ	测量误差		
l	测量值		
L	真值		
ε	测量相对误差		
$\bar{L}$	测量算术平均值		
σ	标准偏差		

续表

符　号	含　义	说　明	页码
s	标准偏差估计值		
v_i	残余误差	$v_i = l_i - \overline{L}$	
Ⓔ	包容要求	图样标注	
Ⓜ	最大实体要求	图样标注	
Ⓛ	最小实体要求	图样标注	
Ⓡ	可逆要求	图样标注	
Ⓕ	自由状态条件(非刚性零件)	图样标注	
Ⓟ	延伸公差带		
⌒	全周(轮廓)		
20	理论正确尺寸		
MMR	最大实体要求	maximum material requirement	
LMR	最小实体要求	least material requirement	
MMC	最大实体状态	maximum material condition	
LMC	最小实体状态	least material condition	
MMS	最大实体尺寸	maximum material size	
LMS	最小实体尺寸	least material size	
MMVC	最大实体实效状态	maximum material virtual condition	
LMVC	最小实体实效状态	least material virtual condition	
MMVS	最大实体实效尺寸	maximum material virtual size	
LMVS	最小实体实效尺寸	least material virtual size	
D_M、d_M	孔、轴最大实体尺寸		
D_L、d_L	孔、轴最小实体尺寸		
D_{MV}、d_{MV}	孔、轴最大实体实效尺寸		
D_{LV}、d_{LV}	孔、轴最小实体实效尺寸		
D_{fe}、d_{fe}	孔、轴体外作用尺寸		
D_{fi}、d_{fi}	孔、轴体内作用尺寸		
lr	取样长度		
ln	评定长度		
Ra	轮廓算术平均偏差		
Rz	轮廓最大高度		
Rp	轮廓最大峰高		

续表

符　号	含　义	说　明	页码
Rv	轮廓最大谷深		
Rsm	轮廓单元的平均宽度		
$Rmr(c)$	轮廓支承长度率		
C_p	工艺能力指数		
P	螺距		
P_h	导程		
$D_{2S}、d_{2s}$	单一中径(螺纹)		
AT	圆锥角公差		
T_F	圆锥的形状公差		
f_{pt}	单个齿距偏差		
F_{pk}	齿距累积偏差		
F_P	齿距累积总偏差		
F_α	齿廓总偏差		
$f_{f\alpha}$	齿廓形状偏差		
$f_{H\alpha}$	齿廓倾斜偏差		
F_β	螺旋线总偏差		
$f_{f\beta}$	螺旋线形状偏差		
$f_{H\beta}$	螺旋线倾斜偏差		
F_i'	切向综合总偏差		
f_i'	一齿切向综合偏差		
F_i''	径向综合总偏差		
f_i''	一齿径向综合偏差		
F_r	齿轮径向跳动		
E_{sn}	齿厚偏差		
j_{bnmin}	最小法向侧隙		
T_{sn}	齿厚公差		
W_k	公法线长度		

参 考 文 献

[1] 王伯平. 互换性与测量技术基础[M]. 3 版. 北京:机械工业出版社,2009.

[2] 张展. 机械设计通用手册[M]. 北京:机械工业出版社,2008.

[3] 杨铁牛. 互换性与技术测量[M]. 北京:电子工业出版社,2010.

[4] 李军. 互换性与测量技术基础[M]. 武汉:华中科技大学出版社,2007.

[5] 赵瑾. 互换性与技术测量[M]. 武汉:华中科技大学出版社,2006.

[6] 甘永立. 几何量公差与检测[M]. 6 版. 上海:上海科学技术出版社,2004.

[7] 陈隆德,赵福令. 互换性与测量技术基础[M]. 6 版. 大连:大连理工大学出版社,2004.

[8] 黄云清. 公差配合与测量技术[M]. 北京:机械工业出版社,2001.

[9] 杨练根. 互换性与技术测量[M]. 武汉:华中科技大学出版社,2010.

[10] 韩进宏,王长春. 互换性与测量技术基础[M]. 北京:中国林业出版社,北京大学出版社,2006.

[11] 张铁,李旻. 互换性与测量技术[M]. 北京:清华大学出版社,2010.

[12] 廖念钊. 互换性与技术测量[M]. 5 版. 北京:中国计量出版社,2007.

[13] 陈于萍,周兆元. 互换性与技术测量[M]. 2 版. 北京:机械工业出版社,2005.

[14] 张文革,石枫. 公差配合与技术测量[M]. 北京:北京理工大学出版社,2010.

[15] 周兆元,李翔英. 互换性与技术测量[M]. 3 版. 北京:机械工业出版社,2011.

[16] 黄健求. 机械制造技术基础[M]. 北京:机械工业出版社,2005.

[17] 张福润,徐鸿本,刘延林. 机械制造技术基础[M]. 2 版. 武汉:华中科技大学出版社,2005.

[18] 耿南平. 公差配合与技术测量[M]. 北京:北京航空航天大学出版社,2010.

[19] 徐学林. 互换性与技术测量[M]. 长沙:湖南大学出版社,2007.

[20] 卢秉恒. 机械制造技术基础[M]. 北京:机械工业出版社,2008.

[21] 王启平. 机械制造工艺学[M]. 哈尔滨:哈尔滨工业大学出版社,1999.

[22] 陈宏钧. 实用机械加工手册[M]. 北京:机械工业出版社,2003.

[23] 孔庆华,母福生,刘传绍. 极限配合与测量技术基础[M]. 上海:同济大学出版社,2008.

[24] 毛平准. 互换性与测量技术基础[M]. 北京:机械工业出版社,2010.

[25] 张美云,陈凌佳,陈磊. 公差配合与测量[M]. 2 版. 北京:北京理工大学出版社,2010.

[26] 朱定见,葛为民. 互换性与测量技术[M]. 2 版. 大连:大连理工大学出版社,2015.

[27] 杨曙光,张新宝. 互换性与技术测量[M]. 4 版. 武汉:华中科技大学出版社,2014.